曉肚知腸

腸菌的小心思

曉肚知腸：
腸菌的小心思

段雲峰　著

中和出版
OPEN PAGE

中

推 薦 序

　　認識段雲峰整整 10 年了。2008 年夏天，北京奧運會前夕，我帶着自己的學生們去灤平縣的養豬場觀察飼餵微生物製劑後動物的行為。作為植物分子遺傳學專業畢業的碩士生，段雲峰向我表達了想參與微生物與行為方面研究的想法。憑着豐富的分子生物學和遺傳學的知識背景，2009 年他如願以償地考入中科院心理研究所，成為我的學生，在我的實驗室從事行為生物學研究。獲得博士學位之後，他得到了博士後項目支持，繼續在我的實驗室做博士後研究。博士後出站以後，他選擇沿着微生物與人類健康的思路走入更加深層的科學研究領域。

　　從幾乎不相信，到反覆質疑，最後幾乎是走火入魔地進入到共生微生物與行為和長壽關係的研究領域中，段雲峰先後做了服刑人員的腸腦和攻擊行為關聯研究，長壽人群腸道菌群特徵等主題研究，自己從中體會到共生微生物與人類行為之間的多層次關聯。許多現在看來理所當然的理論，多年前竟然很難説服心理學家和微生物學家重視。因此可以肯定，這些研究無論在當時還是現在都具有創新性，具備重要的應用價值。

　　在研期間，段雲峰博士熱情協助研究室的同學們進行多方面心理疾病與腸道微生物關係的研究，研究室的多個重要成果中都有他的辛勤付出。這些協作研究不僅讓他獲得了更多相關領域的知識，而且培養了他運用這些知識

解決問題的能力。

　　不同於其他科普作家或者道聽途說、淺嘗輒止的寫手，段雲峰博士憑藉自己多年的觀察和研究，以及積累的科學知識書寫成冊，因此在他書中所涉及內容不僅包含多個微生物與人類健康關聯的信息，更重要的是他在這個領域深層的認識和獨到的見解。這本書深入淺出，適合具備中學及以上文化水平，乃至進行專業研究的科研人員閱讀。如果您想了解共生微生物與您的健康之間到底有甚麼樣的關聯，甚至想知道您為甚麼會生病，那麼這本書在很大程度上會幫助您回答這些疑問。我為我的這位優秀學生寫推薦，一方面是鼓勵段雲峰博士不斷進取；另一方面則想強調，這是一本值得您收藏和多次閱讀的書籍。

　　2400 多年前，古希臘醫生希波克拉底就說過：「萬病始於腸道！」（All disease begins in the gut.）雖然希波克拉底還沒來得及告訴我們具體是腸道微生物的原因，但他的提示卻被今天的年輕學者們發揚光大。讀這本書，也許能讓您在健康的道路上少走很多彎路。

金鋒

中國科學院心理研究所行為生物學研究室

2018 年 8 月

前　言

　　到了三十幾歲的年紀，相信不少人家中都曾有或正在有濕疹嚴重的新生兒、中風的患者以及高血壓或者患糖尿病的老人，而家中同時出現這 3 類患者的經歷可不是人人都會有的，碰巧我經歷過。

　　在十幾年前，我可能不會意識到老人和孩子的健康問題或許都和腸道微生物相關，但是我現在十分確定。經過這幾年對腸道微生物方面知識的不斷學習和研究，我越來越感覺到腸道微生物之於人類健康的重要意義，我想許多從事腸道微生物領域相關研究工作的科研工作者與我的感受應該是一樣的。現在回想起來，雖然一直從事這方面的研究工作，但讓我重新審視腸道微生物這一微小到幾乎讓人忽視的物種，是從我家孩子出生開始的。

　　正視生命誕生的時刻 —— 出生。因為妻子身體的原因需要剖腹產，當時我就意識到「不好，我家寶寶一出生就輸在腸道微生物的起跑線上了」。早有研究發現，剖腹產嬰兒的胎便菌群中有益的乳酸桿菌屬定植程度顯著低於順產嬰兒。新生兒的菌群與分娩方式有關，剖腹產嬰兒身上來自母體陰道的細菌較順產嬰兒少很多，據稱將產婦陰道中的微生物塗抹於新生兒身上能夠在一定程度上縮小這種差異。

　　那麼，對於這種輸在起跑線上的「項目」，剖腹產嬰兒後期能夠趕上順產嬰兒嗎？需要多長時間？2017 年希爾（Hill）等人發表的一篇題為《嬰兒出

生至 24 週腸道菌群組成的演變》的文章或許在某種程度上能夠給出一定的答案。研究人員通過監測 192 名嬰兒自出生至 24 週期間腸道菌群組成的變化發現，足月剖腹產嬰兒腸道菌群在第 8 週後與足月順產嬰兒趨於相似。也有研究認為剖腹產和順產給嬰兒帶來的菌群差異會持續更長時間。那麼，在這段時間，因這種差異導致的嬰兒健康問題是否能夠在後期彌補或者只能伴其一生，目前還沒有定論。

　　珍惜生命初期的源泉 —— 母乳。正是因為孩子剖腹產，我對妻子母乳餵養的事情格外關注，因為母乳餵養將是錯過順產機會的嬰兒快速追趕腸道微生物健康多樣性的關鍵一環。

　　母乳中含有嬰兒成長需要的所有營養和抗體，是自然的恩賜。站在微生物角度來看，母乳中擁有近千種微生物，每毫升數量可達百萬個，這些微生物源自母親的胃腸道菌群以及哺乳期間乳房的細菌，是嬰兒腸道中定植的第一批微生物，能夠幫助嬰兒建立起腸道菌群共生系統，對增強免疫力保護嬰兒的健康十分重要。而且母乳中含有的天然低聚糖有上千種，它們並不是直接供給嬰兒的，而是嬰兒體內腸道微生物平衡的根基。在有選擇性地促進雙歧桿菌等有益微生物生長的同時，抵禦腸道病原微生物的感染，維持腸道的微生物群落正常，為嬰幼兒生長發育保駕護航。

　　現在的嬰兒配方奶粉都是參照母乳的成份調配的，但處於一直模仿母乳從未達到的程度。母乳中的菌群數量和低聚糖含量都是配方奶無法企及的。嬰幼兒時期腸道微生物的定植對人體健康具有十分長遠的意義，而母乳對嬰幼兒腸道的影響無疑是巨大的。

　　回歸生命的本源 —— 遺傳基因。微生物能夠在人體中定植，是二者相互選擇的結果，一方面與人體接觸到的微生物相關，另一方面取決於人體自身

的基因。研究人員發現了十幾種可遺傳的與健康相關聯的微生物，這些微生物均能從環境中獲得，但人類個體基因組的獨特性決定了哪些微生物更佔主導優勢。參與調節腸道微生物的人類乳糖分解酶基因與雙歧桿菌之間可能就存在着一些關聯性。也許人生本就沒有起跑線！

　　一個人從父母那裡遺傳的基因類型，從母體獲得的微生物，出生後的經歷（包括順產或剖腹產的出生方式、出生後的餵養方式以及出生後接觸到的環境）都將影響體內腸道微生物的定植生長，同時這些小東西也在影響着它的寄主。腸道微生物並不是千人一面的，就像每個人是一個獨特的個體一樣，腸道微生物也有其「千人千面」的獨特性。甚麼樣的人接觸了甚麼樣的微生物，平時如何與其相處，都決定了這個人終將有甚麼樣的微生物菌群與其相依相伴、互相影響，這種現象存在於人體的一生之中。

　　2004 年一篇發表在《美國科學院院報》上的題為《腸道菌群是調節脂肪存儲的環境因子》的論文，為肥胖症研究揭示了一個十分重要的外因 —— 腸道菌群。這篇里程碑式的論文是位於美國聖路易斯的華盛頓大學戈登實驗室發表的，當然它的意義遠不只針對肥胖症的解決，這篇文章可以説開啟了人類研究以腸道菌群為代表的人體共生微生物與健康和疾病關係的新紀元。戈登實驗室的研究給科學界研究腸道微生物與疾病的關係打開了一扇門，現今眾多的科學家們都在這個領域裡深耕細作。

　　近幾年，關於腸道微生物與人類疾病和健康關係的研究方興未艾，生物學和醫學相關領域的人都為之興奮，近期更是幾乎每個月都會出現幾篇具有重要意義的文章。與學術界「千帆競渡，百舸爭流」的景象形成鮮明對比的是大眾對其鮮有了解。現今社會，隨着物質的極大豐富，人們對疾病與健康的關注和重視程度達到了前所未有的高度。現代的醫學科技延長了人類的生命

週期，生命質量卻亟待提升。「健康是 1，其他都是 0」，毫不誇張地說健康已經成為每一個現代人追求的最大財富。

在本書中我將腸道微生物調節人類健康的內容進行梳理，嘗試解讀人體是如何與腸道微生物共存共榮的，希望為大家關注的疾病與健康提供一個新的視角 —— 從微生物的角度。當然，就像渺小人類之於浩瀚星河，我們對腸道微生物的探索研究當前還只是處於初級階段，作為該領域的一個小小科研工作者，我懷着無比崇敬的心情，希望以簡單生動的語言將之描述一二。

段雲峰

2018 年 6 月

目錄

一

「隱秘的世界」—— 微生物

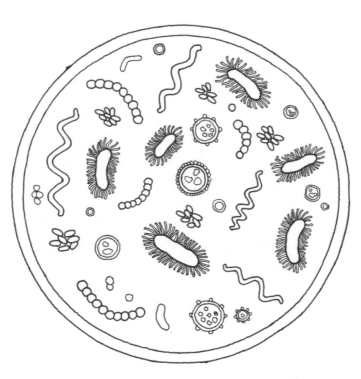

1 哇，我看到了！初識微生物

　　記得小學四年級時，鄉領導要到我們村小學檢查，我這種愛調皮搗蛋的孩子就「優先」被抓去打掃衛生了。非常「幸運」，我和另一位同學被安排打掃教具室 —— 全校最髒、塵土最厚的地方。這裡除了地球儀、三角尺、排球和籃球等我們常用的教具之外，還有很多刷了淺棕色油漆的木箱子。這些跟學校年齡一樣大，從來就沒有打開過的箱子裡不知道裝的是甚麼。

　　裡面究竟是甚麼呢？是的，你猜對了！對於當時那個充滿好奇的孩子來說，偷偷打開似乎是必然的。我們倆用抹布把外面厚厚的灰塵擦掉，鋁質的銘牌上寫着：顯微鏡。我們倆聽說過，但從沒見過。拉開側面的鈎子，打開箱蓋，一個嶄新的閃着亮光的灰色顯微鏡呈現在面前。這是一台單筒的顯微鏡，1 個目鏡，3 個物鏡，最下面是一個可以活動的小鏡子，旁邊還有幾個黑色的鏡頭整齊地躺在海綿裡。我們倆擺弄了幾下也沒搞明白怎麼用，就把它給放回去，繼續打掃衛生了。但這時候我的心裡已經埋下了一顆好奇的種子。

　　幾個月後，放暑假了，抓蟈蟈、逮螞蚱、撈小魚等日常活動都玩膩了，百無聊賴之際，那顆好奇的種子萌發了，我想起了學校的那台顯微鏡。趁着中午大人們都午睡了，我偷偷溜進學校，從窗戶爬進教具室，找到了那台顯微鏡。按照箱子裡的說明書，我很快學會了如何使用。遺憾的是，說明書上

並沒説怎麼製片。但是這也沒甚麼妨礙，我先把手指頭放在下面看看，手上的指紋溝溝壑壑的，還能看清皮膚上黏的砂土和衣服纖維。揪兩根頭髮，撿兩片樹葉，抖點花粉，我還把人民幣也都仔細看了看——幾乎身邊的東西都拿來看了，連鼻涕和唾沫也沒有放過。沒過多久，我找到了載玻片，自己摸索着學會了製片。老看這些「死的」東西慢慢就沒了興致，於是某一天下午，突然想看點活的東西了，我施展了抓蟲的絕活，各種蟲子都給我抓來一頓折騰，蜘蛛、螞蟻、蝴蝶和蜻蜓等無一倖免。

老翻窗戶去教具室裡看太麻煩，於是就把它搬回家裡，方便繼續觀察，凡是想到的東西都放在顯微鏡下看看。有一次，在看破水缸裡沉積的雨水時，我第一次看到水裡游來游去的活的東西！相比那些昆蟲，這些可以在視野裡動來動去的生物更有意思。水裡有比較大個頭的孑孓（蚊子的幼蟲），還有綠色的藻類以及可能是草履蟲的游來游去的「小怪物」。雖然，時間過去很久了，但現在依稀記得當時第一次在顯微鏡下看到了肉眼無法看到的活的東西的情形，激動的心情時至今日回憶起來還感觸頗深，那感覺就像發現了全新的世界！再後來，我還觀察了蔥葉，在顯微鏡下看，半透明的蔥白上的薄膜像極了一層層磚疊起來的「城牆」。遺憾的是，由於當時沒有松柏油，在高倍鏡下看到的都是模模糊糊的東西，沒有見到過細菌。

暑假結束了，顯微鏡也玩夠了，臨開學前，我又把它送回了教具室。開學後，一方面，為了顯擺我的膽大，另一方面，急於跟朋友們分享暑假裡的獨特經歷，我跟同學說起了用學校裡的顯微鏡看到了他們看不到的東西，並且大談那些我看到的奇妙的不可思議的畫面。一開始他們感覺也挺新奇，可後來因為根本就不知道我形容的是個甚麼東西，漸漸地也沒了興趣。也許，沒親眼看到過的世界，別人再怎麼形容也想像不出來。

顯微鏡為媒，結緣生物學

實際上，顯微鏡發明至今也有幾百年了。早在 1667 年，英國自然科學家羅伯特．虎克（Robert Hooke）就用顯微鏡觀察並記錄了各種草本植物的細胞結構。由於植物細胞細長方形特別像修道院中的單人小室（cell），於是他就給這些細胞起了一個名字：cell，還在 *Micrographia* 這本書中記錄了數百張細胞結構圖像，這使他成為細胞科學之父。我觀察到的蔥白上的「城牆」實際上就是植物的細胞，只可惜我不會畫畫，沒能把看到的東西畫出來，語言表達能力又不怎麼樣，以至於沒能跟同學們描繪出美妙的顯微世界。

也許是命運的選擇，或者是命運對我的「懲罰」。正是那個暑假讓我喜歡上了生物，喜歡上探索未知的生命世界。在以後的幾年中，我仍然對自然界充滿了好奇，喜歡自己在家裡種草養花，喜歡養魚、養蟲子。一到夏天，就到臭水溝裡捉蚯蚓餵熱帶魚，一兩週就繁殖出了無數的小魚。然而，遺憾的是，我並不是大自然中生命的保護者，而是一個破壞者，在數得清的幾個暑假裡，就有數不清的小生命葬送在我的手中。還是在上大學以後，我才深刻體會到當時自己的殘忍，那些葬送在我手中的小生命是多麼可憐，為此我懊悔了很久，當然這是後話。高考之後，我選擇了生物技術專業，繼續我的生命世界探索歷程。一開始並不知道具體學甚麼，只因為名字裡有「生物」。作為當時可能是學校裡唯一用過顯微鏡的人，同學中只有我一個人選擇了生物專業！

上了大學，我才真正學習到了顯微鏡的專業知識，那時候用的顯微鏡已經都是雙筒的了，加上各種各樣的染色劑，加上石蠟包埋，再滴上松柏油，在顯微鏡下一個個細胞宛若盛開的花朵，絢爛多姿，五顏六色，美麗極了！

最容易看到的還是植物細胞,它們的個頭比較大,又有厚厚的細胞壁,在顯微鏡下看得非常清楚,比我當年看過的大蔥細胞好看多了。

第一次看到細菌

在實驗課上,我第一次看到了細菌,經過革蘭染色後,不同類型的細菌顯示出了不同的顏色,形狀和大小也不一樣。歷史上,第一個發現細菌的人是一位曾經賣布的商人,他的名字也是虎克,跟第一個發現細胞的科學家一樣,只是他叫列文虎克 (Leeuwenhoek)。這位來自荷蘭的商人,在 1674 年進一步改善了顯微鏡,能夠觀察更微小的生物,這使其一不小心取得了舉世矚目的突破,他意外地發現了細菌!可以說正是他的這個意外發現,開創了微生物領域,為微生物學和現代醫學打下了基礎。他也被稱為微生物學的開拓者,是第一個看到細菌和原生動物的人。

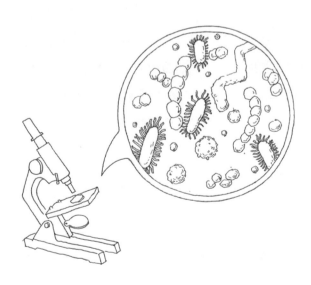

如果沒有親眼見過微生物，單靠語言來形容還真是困難。從種類上說，微生物包括細菌、真菌、病毒和一些小型的原生動物等。大多數微生物都很小，100萬個細菌不過芝麻大小，單個細菌憑肉眼根本看不到。但是，在地球三十多億年的絕大多數時間裡，這些微生物是地球的主宰，它們分佈於地球的任何角落，從火山口到南北極冰川，從珠穆朗瑪峰到馬里亞納海溝，從岩石裡到霧霾顆粒中……它們的總數量和質量都遠遠超過地球上所有的動物、植物等肉眼可以看得見的生物的總和，它們掌握着整個地球上物質的轉化過程，默默為所有的動植物打造適宜生存和成長的內在和外在環境。

雖然人類知道微生物的存在已經數百年了，然而對它們的了解也不過近幾十年的事，特別是對人體內的微生物的研究也就十幾年。接下來，讓我帶大家一起認識並感受微生物這一「個頭雖小，作用巨大」的非凡生命吧。

② 微生物 —— 功不可沒的分解者

地球上的生命總共分為三類，一種是勤勞的「生產者」，它們負責利用太陽能合成生物質。各種植物和藻類體內的葉綠體進行光合作用生產地球上絕大多數的生物質，給地球上的生命提供了源源不斷的能源 —— 煤炭、石油、天然氣等，還有我們和食物鏈底層動物吃的食物，以及我們所穿的衣服。它們供給了人類的衣、食、住、行，用衣食父母來形容它們一點兒也不過分，這麼看來「地球母親」主要是指它們。

第二種就是像人類這樣的「消費者」了，這裡說的不是「花錢買東西」這樣的消費者，而是指從維持生命運轉的能量來源上看，自己不能生產「能量」，只能從「生產者」那兒獲取。人要吃飯，牛要吃草，地球上的動物，有

一個算一個，都是能量的消費者，都必須依靠「生產者」生活。人類是這群消費者中最「財大氣粗」的，為了生存消耗的能源最多，並且最多的能源消耗並不是為了維持生存，而是為了獲得更高的生存質量，汽車、火車、飛機等超高能耗的交通工具跟生存本身沒有半毛錢關係。論消費能源，人類是任何其他動物都比不了的超級消費者。

　　第三種就是「分解者」，地球上的各種微生物，它們就像地球的「大管家」一樣負責物質的分解和轉化，生產者生產的東西沒被「消費」怎麼辦？分解者來消化分解，把它們再轉化為可以被生產者利用的物質。森林裡的落葉沒有堆積成山就是微生物們的功勞。植物分解成的營養被植物再利用，中間還缺乏一些營養，主要是氮元素，而氮元素在動物身上比較多，不用擔心，動物死後也會被微生物分解後回歸土壤，與植物分解的物質一起再次被植物生長所利用，它們三者之間形成了非常好的物質和能量循環，一個好的生態系統一定是這三者配合良好，並且比例適中。然而，人類的參與會將三者的平衡打亂，種地就是人類破壞這個循環過程的做法之一。

養好菌，種好地

當人類從自然採食和狩獵轉向農業生產時，就不得不開闢一片土地，把原本生存在這片土地上的生產者除掉，種上少數的幾種作物。開始的幾年，藉助土壤裡分解者千百萬年積攢下來的養分可以維持較好的產量，由於作物（生產者）採收後秸稈和糧食都被人類收走了，秸稈餵了牲口，糧食餵了人，沒有東西留給分解者了，也就不會再有養分回流到土壤。等原有的養分消耗殆盡，分解者「餓」死了，生產者缺乏養分也不能高產了。

聰明的人類找到了一種方法，專門給土壤添加養分，問題不就解決了？於是，肥料出現了！最早的肥料可能就是動物糞便了，也就是動物分解生產者後的廢物，也是被肚子裡的微生物分解過的產物，但是裡面氮肥含量太高了，養分不均衡，生產者還需要植物來源的養分。很多年前農村使用的有機肥 —— 漚肥就完美地解決了這個問題，裡面既有植物也有動物的排泄物，還有非常多的微生物，漚肥的過程就是分解者工作的過程，物質得以轉化。

然而，漚肥的量太少了，還十分費時費力，滿足不了大規模農業生產的需要，這時候化肥出現了。完全不需要分解者再去費力幹活，直接把生產者需要的養分補給它們不就行了。化肥雖然簡單高效，但是忽視了一個重要問題 —— 沒考慮給分解者吃甚麼！分解者需要的食物是動植物的「屍體」，長時間給土壤使用化肥，分解者沒有了食物，沒有了活兒幹，生存會越來越困難。分解者越來越少，土壤也就慢慢沒有了生命力。長時間使用化肥的土壤多年以後會板結，缺乏營養，再好的化肥也比不了分解者產生的養分豐富，時間長了產量一定會慢慢下降，一旦不用化肥產量將急劇降低。

聰明的農民總是善於利用分解者，時不時也要照顧一下它們的心情，種

地時除了使用化肥外，也要合理使用有機肥，給它們點食物，讓它們有活路，物質的循環才得以順利地進行下去 ── 這樣生產者和分解者才能緊密配合起來，生產出質量上乘的糧食供消費者使用。生態農業、循環農業和有機農業模式就是充分考慮了分解者的利益，而不是眼睛只盯着生產者，只考慮作為消費者自己的利益，所以，這些農業生產模式是可持續的，也是未來農業的發展方向。

在一些地方，農民們已經開始秸稈還田了，作為農業副產品，如果農民不再養牲畜，秸稈的最好歸宿就是回歸土壤，交給分解者來處理。大規模的農業生產一定要考慮分解者 ── 微生物們的利益。

假如，微生物消失了

假如有一天，地球上的微生物消失了，或者它們罷工了，那麼地球上將屍骨遍野，雜亂無章。沒有了微生物的分解，所有動植物的屍體都將維持原樣。不僅如此，動物們吃下去的食物因為沒有微生物的幫助無法被「加工」成寄主需要的營養物質，土壤中可被植物吸收利用的氮元素也越來越少，最終，所有的動植物在離開了微生物的幫助後都將面臨滅亡。離開微生物的世界將不再是正常的世界，而離開我們人類的世界，只要有微生物存在，仍將正常運轉。

假如人體的微生物消失了呢？跟地球上的所有生態系統一樣，人體也是個生態系統，微生物仍是人體裡的分解者，食物來自生產者，人還是消費者。在人體的體表和體內，分佈着數萬億個微生物，這些細菌、真菌、病毒和原生動物比人體自身細胞數量還多，並且它們編碼的基因數量比人體自身

的基因數量多數百倍。作為分解者，微生物能做的事情可能遠遠超乎我們的想像。然而，人類對人體微生物的探索才剛剛開始，就像宏觀世界一樣，人類探索宇宙的活動進行了多年但仍有很多未解之謎，人類對微觀世界的認識亦然。我們對人體微生物的認識和了解只是冰山一角，還有大量的謎題等待人們破解。

對照上面提到的生產者、分解者和消費者之間的關係以及農業生產過程，如果把人體比作農業生產過程的話，我們的身體就像土壤，健康將是這片「地」的產出，分解者仍是微生物。我們該如何提高產出呢？這將是這本書主要探討的問題。可以預見的是，人體的微生物消失或減少了，也會像土壤失去微生物一樣，導致我們的身體出現「板結」和「貧瘠」，缺乏活力和生命力，最終導致產出受到嚴重影響，身體的健康狀況自然不會好。當然，人類很聰明，為了維持身體健康，醫藥研發人員、營養和食品學家開發了多種多樣的營養品、食品和藥品，然而，這些東西就跟農民使用的化肥一樣，只是解決了產量問題，並沒有解決物質和能量循環問題，沒有考慮身體裡的分解者 —— 微生物的需求。

如果你是管理人體健康的「農民」，該如何去做呢？

③ 真菌 —— 微生物裡的「植物吸血鬼」

真菌，是比較特殊的一類微生物。它是真核生物，細胞裡面有一個細胞核，核裡面有密集的 DNA (deoxyribonucleic acid)，比起細菌和病毒那些鬆散的 DNA 來，真菌細胞核內的 DNA 不僅多而且還有一層核膜包裹，就像有個專門的「司令部」一樣，功能更多，也更高等。真菌雖然與動物和植物一樣都

是真核生物，不同的是其細胞外殼 —— 細胞壁的主要成份是甲殼素（chitin），也叫幾丁質，跟蝦、蟹、昆蟲等甲殼動物的外殼成份一樣。

在歷史上，由於這些真菌都是和蔬菜一起被食用，並且經常跟植物生長在一起，很長一段時間，人們把它們當作植物。實際上，所有的真菌都沒有葉綠素，不能進行光合作用，也不能自己製造營養，只能依附其他生物生存，所以，它們是典型的異養生物。這樣看來，真菌似乎跟動物更接近，都屬於後鞭毛生物，並且細胞構成更接近甲殼動物。

「食腐」的真菌

別看真菌不大，卻都是「食腐」的腐生生物，靠着腐化吸收周圍其他生物屍體生存。有些真菌是真的食腐，有的就沒有那麼大耐心，還沒有死的動植物也會依附上去，「幫助」其死亡。我們平常吃的蘑菇就屬於真菌，並且是典型的腐生，它們吃的食物就是秸稈、木屑等植物屍體。有一次，我給朋友家的孩子講這部分的時候，他把真菌稱作「植物吸血鬼」，聽起來還挺在理，真菌跟吸血鬼一樣靠吸食別人的「血」活着，只不過真菌吸收的是動植物的營養。我也暫且把它們叫作「植物吸血鬼」吧。

「植物吸血鬼」可不是只有一種，通常被分為三類：酵母菌、霉菌和蕈菌。前兩種真菌個頭都比較小，用肉眼幾乎看不到。但第三種就幾乎都是大個頭了，並且大部分我們都很熟悉，它們就是人們常說的蘑菇。不僅人們肉眼看得見，而且大多數都成了美食，如香菇、草菇、金針菇、平菇、木耳、銀耳、竹蓀和牛肝菌等。蘑菇都很美味，但不是果實，我們能夠看到或者吃到的部分其實是由眾多菌絲體集合成的子實體，也就是真菌的生殖器官。傘

狀的蘑菇背面分佈了大量的孢子，等到蘑菇成熟了，小傘下側變黑會產生很多小孢子。當小傘反折過來，露出的孢子們就能隨風擴散到周邊，繼續萌發長成小蘑菇。

我們能看到的蘑菇實際上是蕈菌的一小部分，隱藏的菌絲才是真菌的主要部分。它們就像植物的根系一樣，蔓延到依附的食物上，甚至可以伸到活着的細胞內或細胞間隙來汲取營養。等到菌絲吸收到足夠的營養，生長到一定階段需要產生後代時，菌絲才會形成子實體，也就是我們看到的蘑菇。我們吃到的蘑菇其實就是幼嫩的子實體。

人體裡的「吸血鬼」

我們看到的絕大部分「植物吸血鬼」都是依靠腐爛的樹木、枯草等腐生生活，是比較「安全」的、可以友好相處的「吸血鬼」。然而，有少數真菌是依靠活着的生物生存的，也就是寄生生活在活着的動植物身體上，這才是真

正的「吸血鬼」！更可怕的是，有一部分真菌是真的會把活人當作食物來源。是的，你沒看錯！我來提幾個這種「吸血鬼」的名字，大家應該都不陌生，比如毛癬菌、白色念珠菌和陰道纖毛菌等。還覺得陌生？我再提示一下，大家就知道它們是誰了。首先，介紹一種毛癬菌。灰指甲就是由一些毛癬菌侵入指甲引起的。另一種，名字既有顏色又有形狀，聽起來很具形象性的真菌——白色念珠菌，存在於人的口腔、腸道和上呼吸道等地方的白色念珠菌經常引發多種感染和炎症，是引起真菌性陰道炎和鵝口瘡等疾病的罪魁禍首。洗髮水廣告上經常說要去除的頭皮屑，實際上是頭皮上生長的真菌引起的頭癬脫落物；「香港腳」與真菌侵染腳部皮膚引起的腳癬有關。

當想到這些真菌通過菌絲深入到人體細胞中多少還是有些害怕的，這可比「吸血鬼」可怕多了，「吸血鬼」至少可以看得見摸得着，但是這種看不到摸不着的真菌就這樣慢慢侵入人的身體裡，依靠我們的身體生存，並且還會引起人體的各種不適，想像一下就感覺渾身不自在。

真菌感染要小心？

最近，電視上經常出現一個公益廣告，是關於白癜風患者的，雖然白癜風患者部分皮膚白花，非常明顯，大家看到了可能會不由自主地遠離，實際上白癜風並不傳染，大家無須迴避。但是，那些被真菌感染的人還是需要適當迴避一下的。最好不要跟他們共用某些生活用具。

當然，如果家人或朋友中有人不幸得了上面提到的任何一種疾病，你也不用特意迴避，為甚麼這麼說呢？明知道有「吸血鬼」出沒不需要趕緊躲開嗎？問題是，你能躲得開嗎？這些真菌實際上無處不在，自然界中到處都

是，包括你自己身上，想躲開也是徒勞。希望大家理性對待。

　　自然界裡的真菌無處不在，被侵染的也只是少部分人，我們應該對他們的不幸報以同情，同時慶幸自己的免疫力還可以，我們身體上的相應真菌還沒有機會侵染我們。因為真菌是「欺軟怕硬」的，只侵染那些抵抗力差，免疫力弱的「老、弱、病、殘」，對那些健康人則無可奈何。除非你的免疫力比較低，否則就不用擔心。所以比躲開那些感染人群更重要的是，要注意提高自身的免疫力，積極鍛煉身體，養成良好的作息習慣，吃好飯並且保持好心情，讓身體裡的「衛士」們來抵抗「吸血鬼」們的入侵。

4　食品發酵的功臣 —— 霉菌和酵母菌

　　上面說過了「植物吸血鬼」中個頭最大的一種。剩下的兩種真菌並不是長成蘑菇的模樣，酵母菌和霉菌長得都很小，肉眼很難看到。霉菌屬於三種真菌中排名第二大的，它們的寬度可以達到 2~10 微米，身體呈長管狀，特別像頭髮絲，也被稱為絲狀菌。根據它們的「長相」和「膚色」，人們把霉菌分為根霉、毛霉、麴霉和青霉等，根據名字我們幾乎能猜到它們大概的長相。

霉菌

　　霉菌十分常見，默默存在於我們身邊，連空氣中都含有大量霉菌的孢子。它們只要遇到合適的環境就會生根發芽，尤其喜歡溫暖潮濕的地方。衛生間、水池下、陰涼的牆角等很容易長出一些絨毛狀、絮狀或蛛網狀的菌落，有黃色、青色、白色等各種顏色，這就是霉菌。

　　除了陰暗潮濕的地方那些青綠色讓人看着噁心的霉菌菌落外，日常生活中的很多食品都跟霉菌有關。一些水果蔬菜的腐爛也是由於感染了霉菌，比如橘子腐爛變軟後的白色菌落，饅頭長毛之後的那些白色或青色的毛毛。饅頭上長的「毛」實際上是毛霉，具有毛狀的外形。毛霉能產生蛋白酶，有很強的分解大豆等高蛋白含量食物的能力。我們的祖先很早就開始利用霉菌生產美食了。中國的傳統食品豆腐乳、豆豉、毛豆腐、臭豆腐等就是利用毛霉分解蛋白質產生氨基酸等鮮味物質的能力生產的。某些毛霉還具有較強分解碳水化合物的能力，可以把澱粉轉化為糖，一些美味的發酵食物正是人們利用不同霉菌的特性生產的。

　　食品工業中常用的霉菌，除了毛霉屬之外，還有根霉屬和麴霉屬。根霉具有很強的糖化酶活力，能把澱粉高效分解為糖，是釀酒工業常用的糖化菌。麴霉屬則具有非常強的分解有機物質的能力，產生延胡索酸、乳酸、琥珀酸等多種有機酸，在醬、醬油、白酒、黃酒釀造等工業中得到廣泛應用。作為釀造大師們，必須熟練掌握運用各種微生物，這樣才能釀造出口味美好、質量穩定的發酵食品。

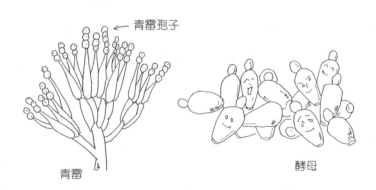

青霉孢子 →

青霉　　　　　　　　　　　酵母

酵母菌

酵母菌也是常用於釀造生產的一類真菌，可以算得上是人類利用最多、最充分的一類真菌。由於酵母菌能夠發酵產生酒精和二氧化碳，我們喝的絕大多數酒，吃的絕大多數發酵麵食都離不開酵母菌。酵母菌也是人類文明史中被應用得最早的微生物。據說，距今 4 萬~5 萬年前的舊石器時代人類就會釀酒了。某個原始人意外發現了某種含糖的果子自然腐爛後出現了又香又辣的液體，喝了還讓人很興奮，於是模仿自然界中的酵母發酵過程製作酒。全球各地，酒的種類很多，啤酒、葡萄酒、黃酒和白酒等的釀造過程都需要酵母菌參與把各種糧食或者糖類轉化成酒精。酵母菌在葡萄、果蔬的表面分佈很多，有時候根本不需要添加酵母菌就能夠做出美味的發酵食品。傳統製作葡萄酒的方式也是利用葡萄表面的野生酵母菌，不需要額外添加。現代生產工藝已經擯棄了這一過程，而採用提純好的乾酵母，這樣釀出的葡萄酒質量穩定，適合工業化生產，符合商品化的要求。

除了酒之外，人類常吃的鬆軟的麵包、饅頭等發酵食品也是利用了酵母分解澱粉生成二氧化碳的過程，掰開麵包，大大小小的空洞就是二氧化碳氣體的傑作。記得我小時候，家裡蒸饅頭從來沒見過媽媽加酵母，只需要把一塊麵放「壞」了，做饅頭的時候當作「麵肥」或「麵起子」來用就可以了。只是這樣的發酵過程除了酵母菌的參與之外，還有其他細菌，比如會產酸的乳酸菌，這些菌會導致麵變酸，發酵結束後還需要加鹼來中和一下才能做出鬆軟可口的饅頭。

天然的發酵過程會受溫度、濕度、麵的成份、水分含量和加鹼的量等因素的影響，經驗不夠的人很難掌握好發酵的火候，也就很難控制做出的饅頭

的品質。就連我那做了幾十年饅頭的媽媽，來到北京後按照這種傳統的方法再也沒有做出過好吃的饅頭。不是饅頭發不起來就是鹼放少了饅頭發酸，氣得她老人家發話再也不蒸饅頭了。我總安慰她說是因為北京氣候不如老家，高樓大廈裡「好的」酵母菌太少了。現在，我們買的雪白鬆軟的饅頭，製作過程中實際上只用了純酵母發酵或泡打粉，缺少了乳酸菌的參與，不再有酸產生也就不用再加鹼麵中和了。這樣製作出來的饅頭也能夠口感鬆軟，而且質量更穩定。然而，這種方便快捷的饅頭缺少了其他微生物的參與，也就缺少了這些微生物產生的風味物質，這也許就是我們很難吃到「小時候的味道」的原因。

寫到這裡，我又開始懷念小時候吃的饅頭的味道了！懷念小時候，在寒冷的冬天手裡捧着媽媽早起剛蒸好的饅頭，邊走邊吃去上學的情景。白白的、冒着熱氣的饅頭，咬一口鬆軟，嚼一口香甜。真希望深知如何使用大自然饋贈的微生物製作饅頭的媽媽，仍然可以在北京的家裡做出鬆軟香甜的饅頭，做出小時候的味道啊。

⑤　致癌又要命的毒物 —— 霉菌毒素

懷念完小時候吃的饅頭的味道，驚歎於大自然給予人類味蕾的饋贈之餘，我們也得知道微生物的世界並不都是美好的。霉菌，除了可以用於發酵食品，產生風味物質之外，有些霉菌還會產生霉菌毒素。

霉菌毒素，聽這名字就知道不是甚麼好東西。霉菌毒素是霉菌在農作物和農產品中產生的一系列有毒次級代謝產物，是自然發生的最危險的食品污染物之一。霉菌毒素通過被其污染的食品或飼料進入人和動物體內，引起人

和動物的急性或慢性中毒，損害機體的神經組織、造血組織、皮膚組織、肝臟及腎臟等，主要表現在神經和內分泌紊亂、免疫抑制、肝腎損傷、影響生育甚至致癌致畸等方面。

防不勝防的霉菌毒素

黃麴霉毒素、嘔吐毒素、玉米赤霉烯酮及赭麴霉毒素等是目前發現的 200 多種霉菌毒素中的佼佼者，是食品中污染最普遍、造成經濟損失和社會影響最大的霉菌毒素。玉米、小麥和花生等常見的農作物和農產品比較容易為霉菌所侵染進而產生霉菌毒素。

談到霉菌毒素，就不能不提黃麴霉毒素。它是黃麴霉和寄生麴霉定植在農產品上產生的，是人類最早認識、了解最清晰、污染最普遍、對人類健康危害最大的一類霉菌毒素。早在 1993 年，黃麴霉毒素就已經被世界衛生組織（World Health Organization, WHO）的癌症研究機構劃定為 I 類致癌物，遠遠高於氰化物、砷化物和有機農藥的毒性，是一種劇毒物質。黃麴霉毒素現在發現的有十幾種，其中黃麴霉毒素 B1 是最常見也是最危險的致癌物，還包括前些年因牛奶質量問題讓公眾認識的黃麴霉毒素 M1 —— 奶牛食入被黃麴霉毒素 B1 污染的飼料後將其代謝為黃麴霉毒素 M1 進而污染了牛奶。

除了毒性大，霉菌毒素的另一個可怕之處是穩定、極耐高溫，一般的方法根本破壞不了。最讓人頭疼的是，霉菌毒素普遍存在於人類和動物的食物中，幾乎避無可避。如果不追求極致，不想被餓死，只要吃飯就一定會無奈地吃下含有霉菌毒素的食物。這麼劇毒的物質，20 世紀 60 年代才被人們發現。隨着人類對霉菌毒素認知的逐漸深入，各國對其監管的程度也越來越

嚴格。尤其是近些年，人們的生活水平逐步提升，對食物的需求也由溫飽轉向健康安全。世界各國的監管機構對此也沒有辦法，只能根據各種毒素的污染情況和毒性程度，對不同類型的產品設定一個最大容許量（稱之為限量標準）。根據劑量確定毒性，只要每克產品中霉菌毒素的含量不超過這個值，危害就小到可以忽略不計了。如果超出了，產品就不能再用於規定用途，嚴重超標的還會被銷毀。

農戶自產產品請慎選

現在大的飼料和養殖企業都會按照國家規定嚴格控制幾種常見霉菌毒素的含量。因為動物吃了有毒飼料會中毒，毒素還會在體內累積和轉化，最終被人類消費後殃及人體健康。一些小的養殖企業或者養殖戶沒有相應的檢測條件，甚至有些根本就不知道飼料裡面還有這種東西，自然也就不會控制毒素的含量了。

記得有一次去山裡玩，順路去我經常買雞蛋的老鄉家裡看了看，我發現他給雞吃的玉米很多都發霉了。雞吃了發霉的玉米後，會將毒素殘留在雞蛋中。從此，我再也不買他家的雞蛋了。此前，我和很多朋友一樣，一方面，作為吃貨很懷念小時候的味道；另一方面，對中國的食品安全信心不足，總是青睞農戶自產的產品，認為按照傳統的養殖、種植方式生產的食品安全性更高，也更願意花高價購買這些產品。然而，當我看過很多農戶的養殖、種植過程後，徹底打消了這個念頭。我也經常勸跟我之前想法一樣的朋友，比如就從比氰化物還毒的黃麴霉毒素來說，沒有經過嚴格檢測和監控的自產產品，其健康風險遠比正規企業生產的產品要高很多。

剛才說的玉米是經常被拿來做飼料的，最多也就是給動物吃一吃，殘留在肉蛋奶中的毒素含量一般也不會很大。除了玉米，大豆和花生等油料作物也是黃麴霉的主要侵染對象。要知道在中國仍然存在很多榨油作坊。這些作坊基本上不可能有霉菌毒素的檢測和監控條件。記得前幾年《焦點訪談》節目就曝光過廣西的眾多榨油作坊。雖然政府要求其必須具備檢測黃麴霉毒素的能力，但是很多小作坊都是買來儀器設備應付檢查，日常從不使用。其產品品質監測基本真空，黃麴霉毒素的含量處於失控狀態，食品安全完全沒有保障。

按照工業加工的流程，浸取出來的「粗油」一般都是要經過幾步精煉，每一次精煉都會降低毒素的含量，多次精煉後，其含量就可以忽略不計了。所以，從安全的角度，經過精煉的油是可以讓人放心食用的油。但是，精煉過程確實會把一些風味物質也損失掉，油吃起來不「香」了。有時候安全和美味就像魚和熊掌一樣難以兼得。當然，也不是完全沒有辦法，只是需要費點事兒。如果大家實在喜歡吃聞起來更香的粗油，可以盡量使用收割之後及時曬乾、通風乾燥徹底、保存完好的花生或者其他油料作物來榨油。此外還要注意，在榨油之前必須仔細挑選，去除任何發霉的、外表破損的和不飽實的籽粒，只有這樣榨出的油，安全風險才小得多。顯然，這樣榨出的油根本無法量產以滿足大眾的需要。

霉菌毒素，擋都擋不住

霉菌毒素在農作物的正常生長期就有可能存在了。比如，在玉米種植過程中，如果土壤中的黃麴霉侵染了種子，那麼在玉米生長的初期霉菌毒素就

會與之相伴。霉菌的孢子散落在空氣和土壤等與農作物密切接觸的環境中，農作物在生長過程中隨時面臨被霉菌侵染的風險。

　　現代農業生產大量依靠機械，現有的作物品種適應密植、種植太密、野草過多、氮肥不足。再加上大環境上，溫室氣體的排放增加，全球都在變暖。空氣的污染，霧霾天的增加會減少日光照射，減少水汽的蒸發上升，更容易製造出潮濕的地表環境，這些因素都將在較長的時間裡提高霉菌毒素產生的可能性。如果作物自身再有細微的破損，那麼被侵染的概率就太高了。

　　收穫過玉米的人都知道，一些剛收的玉米穗上有些已經長了很多霉菌。雖然霉菌的生長狀態代表不了霉菌毒素的污染程度，也確實存在有一部分霉菌菌株產毒能力差，但是霉菌的出現起碼說明作物被侵染了，產生霉菌毒素的可能性很高。也有一些糧食作物收上來以後看不出有霉菌存在，但是一測霉菌毒素的含量卻十分高，這和霉菌的菌株種類有很大的關係。有一年南方高溫高濕，我就聽到有飼料企業的朋友抱怨糧食在地裡還沒收上來霉菌毒素就超標了。

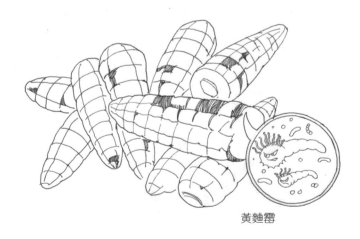

黃麴霉

　　除了種植過程，霉菌毒素在作物採收和儲存過程中產生的概率也不小。現在糧食的採收大都實現了機械化，這個過程與原來的收割過程不一樣。傳統的糧食採收過程是收割之後立即在房頂或曬場上晾曬，我們小時候大多採用這種方式。那時候學校有秋假，就是方便大家收糧食的。由於秋季乾燥少雨，沒多久糧食就乾透了，這時候農民才脫粒，最後才把糧食賣掉。而現在，機器採收之後農民直接把糧食賣給糧商，缺少了晾曬過程。現在的農村也幾乎沒有房頂可以晾曬糧食了，更沒有了大的曬場，同時也極度缺乏晾曬糧食和搬運糧食的勞動力。那些留守的老人們更願意把這些活交給機器，把剛收穫的糧食直接賣給糧商，換成厚厚的一疊人民幣，可以說是既省心又省力了。糧商收購完糧食後，一般採用機器加熱烘乾的方式讓糧食乾燥。如果這個過程不及時，或者糧商為了節約成本少烘乾一會兒，就給了霉菌可乘之機，它們會抓住機會大量繁殖，直接導致了霉菌毒素的含量升高。

　　當然，人類也不是完全沒有辦法遏制這種現狀。讓我們看一下霉菌生長四要素：碳水化合物（玉米等穀物飼料）、潮濕的環境（充足的水分）、適宜的溫度和足夠的氧氣。從這幾個方面入手就可以抑制霉菌的生長。人們可以採用合理密植、增加作物間隙、去除雜草、通風換氣、增加排水、防止積水等措施來減少作物生長期霉菌的產生。在採收過程中盡量保持作物外殼完整，讓種皮隔絕霉菌與種子裡碳水化合物接觸的機會，從而少為霉菌提供養分；在糧食採收後的保存過程中，就是在晾曬過程中，盡量不要處於潮濕環境，把水分降到最低；把糧食儲存在陰涼乾燥的地方，保持低溫；盡可能降低氧氣含量，一些比較好的糧庫會採用氣調保存的方式，降低氧氣含量增加二氧化碳濃度，從而達到抑制霉菌生長的目的。做到這幾個方面非常不容易，專門的糧庫可以做到，一般的小型保存庫和家庭散戶就難了。

讓人傷腦筋的霉菌毒素

在農業生產中，毒素超標的糧食並不少見，人們又沒有辦法去除毒素，如果將這些糧食全部銷毀，將會造成極大的損失。管理者處理霉菌、毒素超標的糧食有幾個辦法，一是稀釋，即把超標的糧食與不超標的糧食混合起來，把總的含量降到國家標準以下。現在對這種方法的異議很多，一般不建議使用了。另一種是改做其他用途。前面我們說過國家會根據產品的用途來規定其霉菌毒素的限量，比如這批玉米做不了牛料可以做禽料啊，禽類壽命短，比起豬和牛來，幾個月就可以端上餐桌了，霉菌毒素在它們身上累積的傷害還沒顯現出來就已經被吃了；而豬對嘔吐毒素十分敏感，可以說比人都敏感，那麼豬飼料中嘔吐毒素的含量就一定要控制好；對於奶牛，為了控制牛奶中黃麴霉毒素 M1 的含量，餵食奶牛的飼料中黃麴霉毒素 B1 的量一定要十分低。

人們是不是一直認為人吃的食物霉菌毒素含量最低呢？答案是肯定的，但是據我了解的情況是很多食品企業在霉菌毒素監管方面做得遠不如飼料企業專業和嚴格。這點極具諷刺性，業內的人們經常開玩笑說人吃的還不如動物吃的管控嚴格呢。造成這一情況的原因我想也許是飼料企業追求利益最大化，霉菌毒素既不能超標，又不能總是使用價格高的低霉菌毒素產品，那麼做好內控，根據霉菌毒素的含量決定將其用在對應標準的動物飼料上，即可在既定的紅線範圍內追求最高的利潤；而食品企業因為在源頭上使用的就是好的原材料，加工出的產品自然不會差，加之產品利潤也不高，當然不願意在霉菌毒素檢測上投太多錢。儘管大多數知名的食品企業對霉菌毒素都有嚴格的監管，但是在檢測力度和警惕性方面比飼料企業還是要差一些。

　　另外值得一提的是一般情況下毒素的存在都不是一種，而是幾種毒素共同存在，這種復合型污染產生的毒性是協同的，能夠實現 1+1>2 的效果。養殖動物們雖然吃了符合國家限量標準要求的飼料但是依然可能造成很大的身體損傷，那麼病死率仍會升高，於是養殖場只能使用各種抗生素來提高奶牛的產奶量和生豬出欄率。經過這樣的一輪消化代謝，霉菌毒素的量可能已經比較低了，但是卻引入了不少藥物和抗生素的殘留。可喜的是相關監控部門和企業已經注意到了這方面的問題，從根源監控動物對霉菌毒素的攝入量，注意控制幾種毒素的協同效應，加大藥物尤其是抗生素殘留的檢測力度，使現代養殖向着更健康的方向發展。

⑥　能培育「超級細菌」又能救命的藥物 —— 抗生素

　　微生物的世界並不都是美好的，但也並不都是不好的。霉菌的產物不是都如上面提到的霉菌毒素一樣對人有害，有一些霉菌的產物還能救人性命，比如大家熟知的青霉菌產生的青霉素（penicillin，或音譯為盤尼西林）就挽救了無數人的性命。青霉素是一種抗菌素，也被稱作抗生素。大家一定記得小時候的科學啟蒙故事：1928 年，英國細菌學家弗萊明，在一次幸運的意外中發現，長了霉菌的培養皿中葡萄球菌被抑制了，從而，他首先發現了世界上第一種抗生素 —— 青霉素。

　　毫無疑問，抗生素的研製成功，大大增強了人類抗細菌感染的能力，減少了人類的傷亡。經過幾十年的研究發展，抗生素已經被廣泛應用於治療肺炎、肺結核、腦膜炎、心內膜炎、白喉、炭疽等多種帶「炎」的疾病。除了青霉素，鏈霉素、氯霉素、土霉素、四環素等新的抗生素也在隨後的幾十年

裡不斷產生，人類治療感染性疾病的能力也在持續增強。但是，隨之而來的
是抗生素耐藥問題。

耐藥菌是這樣產生的

　　抗生素戰勝細菌就靠那麼「三板斧」：抑制細胞壁或蛋白質的合成；干
擾細菌 DNA 的合成和抑制其生長繁殖。細菌當然不會坐以待斃，它們一定
會採取相應的對策抍死掙扎。細菌，這種在地球上能存活 30 多億年的物種，
可不是一般的生物啊。它們有億萬年不間斷的進化能力，對環境具有非常好
的適應能力。耐藥性細菌的出現就是它們進化的本能過程，是一種優勝劣汰
的自然現象。

　　我們可以做個簡單的實驗，將細菌接種到兩個培養基上，一個裡面含有
鏈霉素，一個不含，然後放在培養箱中恆溫培養。第二天，我們可以看到不
含鏈霉素的培養皿上密密麻麻長了一片細菌，而含有鏈霉素的培養皿上僅長
出星星點點的幾個菌落。鏈霉素幾乎殺死了 99.9% 的細菌，但是別忘了，那
幾個幸存的菌落屬於「優勝」的幸運兒，它們並沒有被抗生素殺死。當細菌
遇到抗生素，那些對藥物敏感的菌株陸續被殺滅了，而一些細菌出現了偶然
的基因錯配，也就是自己出現了突變，形成了對藥物不敏感的突變株。

　　細菌通過基因突變和改變自身結構等方式削弱抗生素的作用，產生了耐
藥性。總結起來，細菌對抗抗生素的手段很多，比如合成可以把抗生素給吃
掉的分解酶；長出外排泵，把進入細胞的抗生素再給送出去；改造細胞壁，
加裝上防護網，讓抗生素進不來；修飾靶點，換個「鎖芯」，使抗生素找不到
它，無法發揮活性。你看，細菌有這麼多辦法，總有一種對策是管用的，一

些細菌就這樣活了下來。不僅如此，它們還可以把自己掌握的本領穩定地傳遞給後代或者告訴身邊的小伙伴們。

　　細菌相互之間交流溝通很頻繁，一旦某個細菌知道怎麼對抗抗生素了，它就會跟其他細菌進行交流溝通，很快，其他細菌也會慢慢學會如何抵抗。時間久了，這種抗生素就會失去作用，也就不能再起作用了。一傳十，十傳百，一代傳一代，細菌們就都掌握了這門技術，最終，細菌們對抗生素產生了耐藥。一種細菌對一種抗生素產生耐藥性還沒啥事，大不了換一個抗生素來殺死它們。但是，最可怕的是一些能耐比較大的細菌，它們可以對大部分抗生素產生耐藥性，這種細菌就是「超級細菌」，如耐甲氧西林金黃色葡萄球菌（MRSA）和抗萬古霉素腸球菌（VRE）就可以讓絕大多數抗生素都束手無策。

青霉　　　　　　　　　抗生素　　　　　　　　　抗生素濫用

　　「超級細菌」並不是這些細菌具有了甚麼「超能力」，被它們感染的人仍然是出現相同的感染症狀，只不過，任何抗生素都拿它們沒辦法了。據歐洲臨床微生物和感染疾病學會預計，一旦哪個患者感染了「超級細菌」，可能至少 10 年內都無藥可治！技術再好，經驗再豐富的醫生，都面臨「巧婦難為無

米之炊」的境遇。無藥可治,躺在床上等死應該是這個世界上最可怕的事情。

從濫用抗生素,到無能為力

當然,我們也不能怪細菌,這是它們的本能。在過去的幾十年中,人們為了殺死病菌,不停地開發新的抗生素,細菌也在不停地對新抗生素產生耐藥性,抗生素的種類是有限的,而細菌卻可以通過萬千變化躲避打擊。於是,抗生素的種類越來越多,細菌也隨之演變出更多的光怪陸離的品種。目前為止,人類研發抗生素的速度已經趕不上耐藥性細菌的產生速度了。有專家預測,在不久的將來人類會再次陷入沒有抗生素的時代,人類對抗很大一部分疾病的能力可能會倒退回一百年前,一些輕微的、常見的細菌感染都有可能引起致命的後果。真不希望這一天到來。

有一年春節期間,大學同學打來求救電話,他的岳父因結腸炎動手術,感染了艱難梭菌,醫生說是耐藥性的「超級細菌」。他知道我在做微生物方面的研究,想問問有沒有辦法。遺憾的是,我也無能為力。10 年前,耐藥性艱難梭菌感染導致死亡的比例已達到千分之二了,就是感染的每 1000 個人裡會有兩個人死亡。這些年,隨着細菌耐藥性的增加,這一比例在逐年上升。對付「超級細菌」,糞菌移植 (把健康人的腸道菌群移植給被耐藥菌感染的患者) 是效果較好的治療方法。雖然,我幫他聯繫了做糞菌移植的專業機構,但是兩個月後,他的岳父終因無藥可救而遺憾地離開了人世。糞菌移植應該是非常有效和有前途的治療這種疾病的手段,但是,他岳父的腸道情況已經不再適合移植。

這是個真實的、發生在我身邊的案例,要知道這種情況非常有可能發生

在任何一個人身上，包括我自己。躺在高級的病房中，用着全世界最先進的醫療儀器和設備，卻沒有任何一種藥物可以治療，在家人、醫生和護士的陪伴下默默地等待細菌感染而亡，真是一想起來就讓人淚目！

停止濫用！我們還有機會

客觀地講，要怪只能怪我們人類自己沒有利用好抗生素。實際上，抗生素的濫用（而不是抗生素本身）才是細菌產生耐藥性的最大推手。濫用的意思就是「太任性」，不該使用的時候也用，該少用的時候沒有控制住量，該用7天的時候不放心療效而延長到1個月，能用一種抗生素的情況下非得用多種抗生素。最可氣的是，在養殖場裡，健康的動物一出生，抗生素就添加在了每天吃的飼料中進行預防性或增產性的使用。有一項研究發現，在人類常用的1000多種藥物中，有超過25%的非抗生素類藥物具有殺菌效果，能夠作用於40種腸道微生物中的至少一種。也就是說，即使不用抗生素，使用其他藥物也有可能使微生物產生抗藥性！

基因突變是產生耐藥細菌的根本原因，但基因突變是偶然事件，大部分的突變是沒有效果或是有害的，只有極少數有微弱的耐藥效果，一次突變就能讓細菌獲得完美耐藥性幾乎不可能。現實中，耐藥性幾乎都是逐步積累突變、慢慢出現的。原本，只要抗生素和細菌見面的機會少一點，給細菌出現突變產生耐藥性基因的機會就會少一些，耐藥性出現的時間會無限延長。現在好了，抗生素在全球各地都遭到濫用，它們每時每刻都在與細菌接觸，這無疑加速了細菌耐藥基因的產生。所以說，如果沒有抗生素的濫用，細菌的耐藥性也不會以如此快的速度在全球蔓延開來。

前些年，抗生素濫用的情況在中國十分普遍。近幾年來，人們逐步意識到了抗生素濫用的危害，這不僅影響一個地區、一個國家，它會威脅所有地球人的健康。可喜的是，在一些大的醫院，給患者輸液已經被嚴格監管，不能再隨便打抗生素；在一些城市的藥店，人們已經不能隨便買到抗生素。希望更多的人意識到抗生素濫用的危害，從自己做起，從這一刻開始，科學合理地使用抗生素，不要等到細菌感染無藥可救的那一刻！

７　曾殺死歐洲 1/3 人口的微生物 —— 細菌

前面提到的微生物個頭算是大的，細菌與真菌不同，一般個頭都不大，最不同的地方是細菌沒有細胞核，它們都是原核生物。細菌跟真菌一樣，也是有各種各樣的形狀。從形狀上來說，細菌可以分為球狀、桿狀、鏈狀、螺旋狀等，長短大小都不一樣。實際上，只要知道細菌的名字，我們通常就能知道它們的形狀，比如大腸桿菌、幽門螺桿菌和嗜熱鏈球菌。細菌中還有一個類群是古細菌，從名字上就能知道它們是非常古老而獨特的一個分支，主要分佈於人類幾乎到達不到的極端環境中，但在人的腸道和皮膚上也有分佈。

無論甚麼形狀的細菌，實際上都是「圓頭圓腦」的，並且大部分都長着毛，就像絕大多數動物一樣。這些毛的作用可不是防寒保暖，有些毛可以幫助細菌運動，有些則幫助細菌與細菌直接交換信息。

小細菌，能長成地球大小？

由於細菌通常只有零點幾到幾微米大小，而人的頭髮直徑有 50~80 微

米，幾十個細菌擺起來才夠一個頭髮絲的大小，所以，人類僅憑肉眼是根本看不到它們的。球菌一般長的都比較小，直徑在 1 微米左右，而桿菌通常大一些，寬 0.2~1.25 微米，長度可以達到 5 微米。桿菌是典型的電線杆型，也是細菌中最常見、數量最多的類型。雖然，細菌都很小，但是如果細菌的數量多了，組團在一起的時候我們也是可以看到的。當然微生物的世界總有特例。並不是所有細菌人類憑肉眼都看不到，據稱德國科學家在非洲的海底發現了一種世界上最大的細菌，單個細菌的直徑有 0.1~0.75 毫米，幾乎有果蠅的頭那麼大，完全可以用肉眼看到。

　　細菌的繁殖速度非常快。它們的繁殖方式跟動物不一樣，動物是有性繁殖，而細菌的繁殖方式是分裂，直接複製自己就可以了。當一個細菌生長到一定階段就會從中間分開，變成兩個，然後這兩個再分別繼續生長，到一定階段又分別開始分裂，周而復始地重複複製和分裂，差不多每隔十幾分鐘一個細菌就能分裂成兩個，兩個再分裂成四個，進行指數級分裂。更形象一點來說，這個過程就像一個雞蛋慢慢地可以長成雙黃蛋，然後，從中間切開（分裂）後變成了各有一個黃的雞蛋，再等每一個雞蛋都長大變成雙黃後再切開，沒多長時間，細菌的數量就變得非常多了。有人測算過，如果營養充足，一個大腸桿菌可以在一天內變成一百億個，在兩三天的時間裡，重量就能從 1 毫克增加到跟地球差不多。當然了，這都是理論上的，實際上細菌永遠也不能長成地球的大小和重量，因為它們也會衰老和死亡，營養也不會無限制地供應。雖說如此，細菌還是很容易長到人類肉眼可見的尺寸的。當人們把細菌放在富含營養的培養基上，細菌們就開始生長和繁殖。差不多 24 小時後就能在培養基上看到大小不同的斑點。這些斑點就是約 100 萬個細菌堆疊在一起形成的，人們給這種斑點起了個名字，叫做菌落（colony）。由於一個細菌

就能形成一個菌落，人們就用菌落形成單位（colony-forming unit ，CFU）來計數細菌的多少。不同的細菌可以形成不同形狀、不同顏色的菌落。有的菌落鼓成一個包，有的形成平面，有的菌落長得像一張網，有的菌落長得像八爪魚。有經驗的研究人員僅僅通過菌落的不同就可以分辨不同的細菌。

細菌還可以做畫？

如果讀者想看看菌落長甚麼樣子，可以在網上買一個加了培養基的培養皿，自己印個手印或者哈一口氣在裡面，放在室溫下一兩天，然後，你就能看到培養基上生長的不同菌落了。紅色、油亮、圓珠型的菌落像極了紅寶石，應該會討得女孩子的喜歡；金黃色，呈放射狀鋪開的菌落更像太陽。國際上還有一個瓊脂板繪畫大賽（Agar Art Contest），就是用這些肉眼看不到的細菌培養出一幅幅美麗的藝術作品，其中還有一些經典的名畫，比如用變形桿菌、鮑曼不動桿菌、糞腸球菌、肺炎克雷伯菌創作的凡·高的《星月夜》。這樣的畫作不僅好看，還具有生命力，唯一的不足就是無法固定下來，除非細菌們在某一時刻都死掉，並且不會再有新的細菌生長。有創意的各位還可以發揮想像力，用不同的細菌來做自己喜歡的細菌畫。

殺人無數的病菌

別看細菌畫好看，人們對大多數細菌可沒有好印象，一提到細菌，所有人都會避而遠之，生怕被它們感染了。我們聽到的細菌的名字經常跟疾病聯繫在一起，比如肺炎鏈球菌、肺炎克雷伯菌、鼠疫桿菌、結核桿菌、霍亂弧

菌、痢疾桿菌等。

人們害怕細菌是根深蒂固的，歷史上，因為細菌感染致死的人數非常多，比如鼠疫桿菌引起的黑死病是人類歷史上最嚴重的瘟疫。因為症狀是腹股溝或腋下的淋巴有腫塊，然後皮膚會出現青黑色的斑塊，所以，被稱為黑死病。這種菌致死率極高，染病後幾乎所有的患者都活不過 3 天。據統計，因為感染黑死病死亡的總人數超過 2 億人，肆虐全球至少超過了 300 年。遺憾的是，當年人們並不知道甚麼動物是傳染源，歐洲人曾經把瘟疫的爆發遷怒於猶太人，他們殺死了大量猶太人。少數頭腦清醒的人意識到動物才是傳播疾病的源頭，於是，他們殺死了所有的家畜，大街上滿是貓狗的死屍。人們並不知道老鼠才是真正的傳染源，而教會認為貓是幽靈和邪惡的化身，鼓動人們捕殺貓，這幾乎導致貓瀕臨滅絕，沒有了天敵的老鼠肆意繁殖，傳播了更多的鼠疫桿菌。

黑死病使歐洲約 2500 萬人死亡，佔當時歐洲總人口的 1/3。一個小小的鼠疫桿菌就能引發這麼大面積的破壞，人類沒有理由不害怕細菌，特別是致病菌。在細菌與人類的戰爭史中，為了消滅細菌，人類付出了慘重的代價。

對人類有益的細菌

還是那句話，微生物的世界並不都是不好的，但也不都是好的。從對人類的影響上，細菌被分為三類：有害菌、有益菌和中性菌。上面提到的致病菌就是典型的有害菌，人類的多種疾病都跟這類細菌有關。相比有害菌，人們對有益菌的了解並不多，人類發現的少數幾種對人體有益的細菌主要有乳酸桿菌、雙歧桿菌和芽孢桿菌，這也是目前最常見的益生菌。在食品和健康

領域應用最多的細菌應當是乳酸桿菌了，人們飲用的酸奶就是主要由乳酸桿菌發酵製作的。

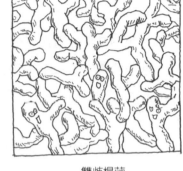

乳酸桿菌　　　　　　　　　　　　雙歧桿菌

　　大多數細菌屬於中性菌，始終保持中立，在適當的條件下或者變為有益菌或者變成有害菌。限於我們對細菌的了解，有害菌、有益菌和中性菌的界定並不十分清晰，同一種細菌可能游走於這三類之間，有益菌也許會叛變變成有害菌，有害菌也可能良心發現變成有益菌，還有左右搖擺的中性菌。

到底有多少種細菌？

　　細菌的數量是否多到數都數不清，時至今日學界仍沒有統一的結論。儘管有人估計地球上有 1000 億種微生物，海洋中有 2000 萬到 10 億種微生物，數量達到 1030，佔據海洋生物重量的一半以上。地球上的絕大多數細菌是人類無法培養的，因此，人類對這些細菌的了解還非常少，具體的種類和數量也都是人們估算出來的。

　　目前，並沒有甚麼好的辦法來對細菌做個統計，因此，這個數字並不

準確。實際上，依靠基因測序技術估計地球上的細菌只有數百萬種。截至 2016 年，我們有效命名的細菌和古細菌數量將超過 13 000 個。人們還是找到了不依賴培養的細菌分類或命名方法，這就是 1980 年實施的「細菌編碼 (bacteriological code)」國際規則。根據這個國際規則，清單中公佈的有效原核生物種和屬的數量分別從原來估計的 30 000 個下降到約 1800 個和 300 個，其中大部分的種類後來被證明是一樣的，在分類上只能歸併到一起。自那時起，微生物分類學家每年只能分離描述幾百個新物種。

16S rRNA —— 細菌的「姓名標籤」

由於傳統的分類方法很難鑒定不同種類的細菌，而微生物分類學的根本革命是通過分子生物學方法，或者說基因測序的方法。這種方法是細菌核糖體小亞基 rRNA 的比較序列分析，也稱為 16S rRNA 基因序列分析。當然，鑒定真菌的方法與之類似，稱作 18S rRNA 和 ITS 基因序列分析。在後文中，我將會提到很多細菌名稱，這些細菌的名稱絕大多數都是通過這種技術鑒定出來的。

在介紹這種方法前，有幾個知識點需要普及一下。細菌是原核生物，雖然它們沒有細胞核，但是它們的 DNA 還是有專門的結構，其中，核糖體就是 DNA 上的主要部件。這個核糖體也不是一個整體，它實際上是含有 3 種類型的 rRNA 小亞基：分別是 23S、16S 和 5S rRNA。這三種 rRNA 就像三條刻有密碼的鐵鍊子。其中，16S 這條鍊子含有 1540 個鐵環，有一些鐵環上帶有重要的身份信息，就像狗鍊子上拴的銘牌一樣，代表了每一種細菌的名字，其鐵環的排列和構成與細菌的分類地位一致，且非常穩定。

在細菌基因組中，編碼 16S rRNA 的序列包含 9~10 個可變區（variable region）和 11 個保守區（constant region）。保守區反映了物種間的親緣關係，而可變區則體現了物種間的差異。通過對可變區的檢測就能夠將不同的細菌區分開，正是由於 16S rRNA 具有良好的進化保守性，適宜分析的長度，以及與進化距離相匹配的良好變異性，使之成為當之無愧的細菌分子鑒定的標準標識序列。目前，16S rRNA 的基因序列信息已經廣泛應用於菌種鑒定和系統發生學研究。

16S rRNA 基因測序，解碼細菌

在實際應用中，一般在細菌 16S rRNA 編碼基因中 V3~V5 的可變區設計一段細菌通用引物，通過 PCR（聚合酶鏈式反應，polymerase chain reaction）的方式擴增出所有細菌的 16S rRNA 片段，然後，把所有細菌含有密碼的鐵鍊子中的其中一段信息通過高通量基因測序的方式給讀取出來，再對每種細菌的這段信息進行分析就能把細菌的名字給翻譯出來了。隨着基因測序技術的發展，這種 16S rRNA 基因分析技術已經變得非常快捷方便，越來越多細菌的 16S rRNA 基因序列被測定並收入國際基因數據庫中。

現在，數以億計的 16S rRNA 基因序列已經存放在公共數據庫中了。2015 年 7 月，SILVA 數據庫（www.arb-silva.de，國際知名微生物核糖體 RNA 數據庫）發佈了 1 411 234 個近全長細菌和 53 546 個古細菌 16S rRNA 基因序列，即使這樣，仍存在相當多的未知細菌需要被探索。正是由於這麼龐大的數據庫存在，我們才能快速和方便地對檢測到的細菌進行命名，這無疑加速了我們認識人體微生物的進程。只要花費幾百元就能對一個樣本中的

所有細菌進行測序和分析，未來，這種測序技術的價格會越來越便宜，我們對這些微生物的了解也會越來越多。

我的一部分工作是對這一段序列進行基因測序，通過測序和數據比對分析就可以知道每個人腸道中都有哪些微生物。我經常把自己的工作形象地說成是「細菌名字解讀師」，就是利用基因測序的方法給每一個檢測到的細菌貼上正確的名字標籤。

8　生存繁衍都靠它 —— 細菌的妙用

考拉生存技藝大揭秘 —— 吃糞便解毒

對於現代人來說，從小的認知是飯前便後要洗手，洗手要用抑菌皂或洗手液。在許多人的認知中，細菌都是壞的，都應該消滅。然而，現在的研究發現，細菌對人類來說不只有壞處，還有好處，甚至還能好到離開了它們人類都活不了的程度。生活在澳洲大陸上的考拉給我們提供了一個細菌對動物的生存至關重要的極端案例。

考拉（koala），別名樹袋熊，因它們的肚子上有個育兒袋而得名。作為澳大利亞的國寶，它們是公認的最能代表澳洲人隨和、慵懶、開朗、樂觀特徵的文化名片，其地位堪比中國的大熊貓。它們性情溫順，體態憨厚，行動緩慢，大部分時間都生活在桉樹上。每天睡眠 18~22 小時，而其餘醒着的時間大都耗費在了吃飯上，過着典型的「吃了睡，睡了吃」的生活。這樣的生活狀態對於快節奏的人類來說顯得十分難得，讓人豔羨。可是，當人們深入了解這種生活狀態產生的原因後，又為此唏噓不已，既感慨於小考拉生活境況

之艱難，又驚歎於大自然造化萬物之巧妙。加州大學戴維斯分校進化生物學家喬納森‧艾森 (Jonathan Eisen) 説：「考拉代表了哺乳動物罕見極端且迷人的案例——我們知道它們生存所需的微生物組的特定功能。」

考拉食譜單一，僅以澳大利亞 600 多種桉樹中極少數種類的桉樹葉子為生。這些桉樹葉營養成份不高，纖維多，而且毒性還非常大，一般動物吃了可能就一命嗚呼了。然而，「物競天擇，適者生存」，考拉進化出來的消化系統和代謝機制尤其適應這一貌似低營養、高毒性的單一食物。考拉能活下來的原因，簡單概況就是：懶得動和超強解毒微生物。

考拉漫長且緩慢的消化過程，能夠使食物在消化系統中停留更多的時間，並且最大程度的從食物中吸收珍貴的能量和營養。同時，幾乎接近靜止的生活狀態，則使其最大程度節省了從飲食中獲得的能量，保存了體力。而且更要命的是，桉樹葉子裡面有毒素。考拉的盲腸長達 2 米，是消化纖維的

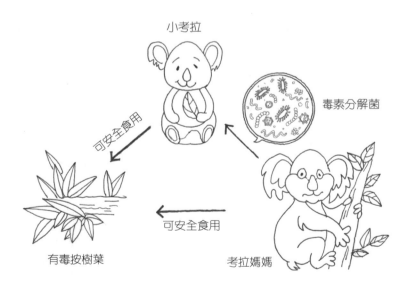

小考拉

毒素分解菌

可安全食用

可安全食用

有毒按樹葉

考拉媽媽

重要器官，同時還得擔負解毒重任。盲腸中數以百萬計的微生物，可將桉樹葉中的纖維分解為可以吸收的營養物質。與此同時，有一類被稱作單寧-蛋白質-復合物降解腸細菌（tannin-protein-complex-degrading enterobacteria）的腸道微生物值得特別注意，由於它們可以分解桉樹葉中的單寧，才使得考拉免於中毒身亡。

這種腸道微生物並非來自遺傳，而是從媽媽那裡通過微生物的水平傳遞「繼承」下來的。考拉寶寶要如何才能獲得這種微生物呢？小考拉獲得這些微生物的方式很奇特，也很簡單 —— 直接吃媽媽的「粑粑」！在 22~30 週齡時，考拉媽媽的盲腸中會排出一種半流質的軟物質（被稱為 pap）。pap 富含消化道微生物，包括數量特別多的那種毒素降解菌。與人類嬰兒在吃固體食物之前，會吃一段時間的粥狀半流質輔食一樣，小考拉從母乳向桉樹葉的過渡時期，也需要以這種物質為食。這種食物營養豐富，且富含水分和微生物，易於小考拉的消化和吸收。最重要的是，通過直接採食，微生物從考拉媽媽傳遞給小考拉，使得分解纖維和單寧的細菌定植在小考拉腸道中並逐漸正常開展工作，之後小考拉就可以安全地採食桉樹葉，再也不會被毒死了。

對於小考拉來說，失去某種特定的微生物會妨礙它們處理唯一食物來源的能力，造成生存危機。相應地，人類嬰兒如果不能及時有效地獲得某些腸道微生物，其正常的營養代謝和大腦發育都會受到影響。兒童成長期身體瘦小、體質羸弱、免疫力差、注意力不集中、暴躁易怒很有可能就是由這一原因導致的，嚴重的則可能患上多動症、注意力缺陷、自閉症以及精神分裂等精神疾病。

如果考拉的腸道微生物遭到破壞，最終導致考拉死亡的原因可能是被桉樹葉毒死。看來，考拉之所以能夠成為考拉，部分原因是它們體內和生活

環境中的微生物。人類之所以成為人類，部分原因也是因為其體內和生活環境中的微生物。我們傾向於認為每種動物都是一個獨特的個體，但所有的動物，包括人類，代表着一個巨大的微生物群，我們研究得越多越深入，越能夠認識到微生物在使每個人成為獨特的個體方面的重要性。

自然界的用菌高手 —— 戴勝鳥

《題戴勝》

唐·賈島

星點花冠道士衣，

紫陽宮女化身飛。

能傳世上春消息，

若到蓬山莫放歸。

　　秋天是北京最好的季節，在研究所的草地上，我經常看到一兩隻樣子獨特的鳥，它們長着細長的彎嘴，頭頂上有扇形的棕栗色羽冠，身上有黑白相間的斑紋，模樣格外拉風。這種鳥叫戴勝鳥 (Hoopoe，*Upupa epops*)，顧名思義是頭上戴着「勝」的鳥，戴勝的冠羽平時收起來，在興奮的時候就會展開，令人聯想起「勝」這種頭飾，因而得名 (「勝」是中國古代女人的一種鳳冠狀羽冠頭飾)。民間也稱它山和尚、咕咕翅、雞冠鳥、發傘鳥、臭姑鴣、臭姑姑等。

　　在中國，戴勝鳥象徵着祥和、美滿和快樂。戴勝鳥美麗，盡職盡責，能照顧好自己的後代。2008 年，以色列將戴勝鳥確定為國鳥。令人意想不到的

是，這種樣子美麗而奇特，身體卻散發惡臭的戴勝鳥竟然成了微生物學家感興趣的研究對象。

戴勝鳥在孵化後代時非常盡職盡責，但是有個「壞習慣」，它們在養育雛鳥時非常「懶散」，從不處理小鳥的糞便，整得鳥巢又髒又臭。除此之外，戴勝雌鳥在孵卵期間，屁股腺體中會排出一種黑棕色的油狀液體，這種液體也是又髒又臭，它們還經常拿這些液體塗抹鳥蛋和身體。人們猜測，它們身上散發的惡臭就是來自鳥窩和身上的糞臭味，「臭姑姑」的俗名也由此而得。

這種糞臭味卻引起了科學家的興趣。原來，讓人噁心的「糞便」中暗藏玄機！戴勝鳥繁衍後代竟然離不開「糞便」中的一種微生物 —— 糞腸球菌（*Enterococcus faecalis*）！研究人員做了一個實驗，他們對比了塗抹和不塗抹這種液體後鳥蛋的變化，結果發現，塗抹之後蛋殼顏色會發生變化。一旦接觸到分泌液，鳥蛋的顏色就會變深；如果人為控制不讓鳥蛋接觸分泌液，鳥蛋的顏色會變淺，同時，這些鳥蛋極易出現感染而導致不能孵化。在整個孵化期間，蛋殼顏色是隨着孵化從藍灰色到綠褐色改變。這也就不難理解，在繁殖期裡為甚麼戴勝鳥會大量分泌這種黑棕色液體並塗抹到蛋殼上了，那是為了給蛋殼消毒和防腐！所以，通過觀察蛋殼的顏色就可以判斷蛋的健康狀態，顏色越深表示蛋殼上面的糞腸球菌越多，抗菌活性越高，蛋的健康狀況越好。

動物生活在一個處處充滿細菌的世界裡，雖然鳥蛋有堅硬的外殼保護，可也免不了受到一些細菌的侵染，這些細菌鑽到蛋殼裡會感染發育中的卵。蛋殼的表面並不光滑，而是佈滿了「隱窩」，這些隱窩中有鳥類的分泌物，其附着在蛋殼外面形成一層保護膜，這層保護膜具有防止細菌感染的作用。我們平時吃的雞蛋上面也有一層保護膜，一旦雞蛋被清洗過後，保護膜遭到破壞，出現「壞蛋」的概率就會增加。

助力繁衍，維護羽毛

　　究竟分泌物中的甚麼成份抑制了細菌感染？研究人員進一步分析了液體分泌物的成份，發現這種糞腸球菌產生的一種抗菌肽起着關鍵作用。這種抗菌肽具有廣譜抗菌性，能夠抑制多種細菌的生長，也就是說只要有糞腸球菌存在，它們分泌的抗菌肽就能發揮類似抗生素的作用。正是由於這種廣譜抗菌肽的存在，蛋殼上的微生物才得到了抑制，達到了保護卵不受侵染的目的，提高了蛋的孵化率。若戴勝鳥分泌液中的糞腸球菌減少，它們產蛋的數量就少，蛋的孵化率也會降低。這就難怪戴勝鳥在繁殖季節會大量分泌這種帶有細菌的又黑又臭的液體了，有這麼好的抗菌物質，戴勝鳥「捨不得」打掃糞便也就不難理解了。

　　糞腸球菌的存在與否關乎戴勝鳥繁衍後代的頭等大事，對它們來說臭不臭還重要嗎？戴勝鳥臭臭的窩可以保護鳥蛋和雛鳥的健康，臭一點兒孩子又多又健康！戴勝鳥並不懶，而是能夠充分利用微生物的「聰明鳥」。

　　除此之外，研究人員還發現戴勝鳥分泌液中的糞腸球菌具有非常強的抑制地衣芽孢桿菌生長的作用。在自然界中，微生物無處不在，有一些微生物以羽毛為食，有一類地衣芽孢桿菌（*Bacillus licheniformis*）大量地存在於野生鳥類的羽毛和皮膚中，被稱為羽毛降解菌。這種菌產芽孢，能夠抵抗極其惡劣的環境而不死，一旦孢子遇到合適的條件就能快速萌發生長。實際上，地衣芽孢桿菌是一種在土壤中非常常見的革蘭陽性菌，像戴勝鳥這種經常接觸地面的鳥，羽毛中能夠找到大量這種細菌。除了降解羽毛，這種細菌還可以影響羽毛的顏色，在鳥類換羽和羽毛顏色形成過程中扮演重要角色。如今，人們也在利用這種菌分解羽毛的特性，把禽類養殖和加工生產過程中丟棄的

雞、鴨和鵝等禽羽收集起來，交給細菌分解，從而將動物不能消化的角蛋白分解為可被消化吸收的水解蛋白或者氨基酸，作為蛋白飼料再餵給養殖動物。

　　研究人員將羽毛與地衣芽孢桿菌一起培養，發現羽毛會被很快分解掉；當把羽毛與糞腸球菌和地衣芽孢桿菌混合培養時，發現羽毛幾乎不被分解。進一步研究發現，糞腸球菌能產生類似抗生素的細菌素，能夠強烈抑制地衣芽孢桿菌。地衣芽孢桿菌受到抑制，就不能產生角蛋白酶，也就不能分解羽毛，保護了羽毛的完整性，鳥兒們美麗的羽毛才能繼續保持鮮亮。

　　看來戴勝鳥和糞腸球菌是互惠共生關係，也就是說戴勝鳥靠糞腸球菌幫助自己繁衍後代和維護羽毛，糞腸球菌靠戴勝鳥提供的營養生存，它們之間的配合堪稱完美。這種互惠共生的關係不僅在戴勝鳥中發現，科學家在其他鳥類如鴿子、海鷗等中也觀察到了類似的現象。

糞腸球菌和屎腸球菌

　　值得一提的是，由於糞腸球菌在鳥類中太普遍了，人類也將糞腸球菌當作一種特殊的檢驗標記來判斷和追蹤海運貨物的來源和污染情況。海岸邊經常會有大量海鷗等海鳥出沒，而鳥類存不住糞便，一邊飛一邊排，導致海港中的海水裡存在大量的鳥糞，其中的糞腸球菌含量自然也會跟着增加。通過檢測貨物攜帶的糞腸球菌的量就可以初步判定貨物被污染的情況，並且不同地區的糞腸球菌菌株是不一樣的，檢測糞腸球菌菌株還可以推測貨物曾經到達過哪些港口。

　　人類腸道中也有糞腸球菌，而且正常人糞便中這類細菌的數量可以達到1000萬個每克。從名字中也可以看出這種細菌跟糞便脫不了干係。雖然，還

沒有發現糞腸球菌影響人類的繁衍，但是已有研究發現糞腸球菌是人體內的共生菌，所有健康人的腸道中都存在糞腸球菌。

　　腸道中還有一種細菌，跟糞腸球菌的名字類似，稱作屎腸球菌 (*Enterococcus faecium*)。我一直沒搞明白糞和屎有甚麼區別，這不都是一種東西嗎？不過從細菌分類上兩種菌確實是不一樣的，但也有很多共同的地方──都屬於腸道中常見的共生細菌。在過去的幾十年中，糞腸球菌和屎腸球菌都曾作為益生菌使用，由於有些人在食用過程中出現了副作用，導致現在對這兩種菌的安全性和有效性存在爭議，一些地區還把它們從益生菌名單中去掉了。我國公佈的《可用於食品的菌種名單》中也不見了兩種菌的蹤影。雖然，在食品和保健品中不允許使用，在一些藥品型益生菌產品中仍能看到它們的身影，比如媽咪愛（含有枯草芽孢桿菌和屎腸球菌 R0026）和培菲康（含有長雙歧桿菌、嗜酸乳桿菌和糞腸球菌）。

　　大多數情況下，糞腸球菌和屎腸球菌在腸道中是沒有安全問題的，可一旦離開腸道，轉移到身體其他部位就有問題了。雖然，腸球菌比起雙歧桿菌和乳桿菌等益生菌在腸道中更為常見，但是它們屬於條件致病菌，具有潛在致病性，在適宜的條件下可能會透過腸道屏障進入體內引發菌血症，然後，菌體隨着血液循環進入泌尿系統、關節、心臟等，它們增殖到一定數量就可能引起嚴重的炎症。

　　需要注意的是，作為藥品或食品的益生菌中糞腸球菌和屎腸球菌的菌株都是做過安全性驗證的，理論上安全性還是可以的，但是，為了安全起見，以防萬一的做法還是首選安全性更加可靠的乳酸桿菌和雙歧桿菌類益生菌。

⑨ 細胞的「吸血鬼」── 病毒

病毒，從名字上看就不是甚麼好東西，它們與細菌真菌相比要小得多，直徑在幾十到幾百納米，大小約是細菌的百分之一，必須通過電子顯微鏡才能看到。病毒專門靠感染細胞活着，所以說它是細胞的「吸血鬼」。病毒雖小，危害卻是很大的。

從形狀上來看，病毒跟細菌類似，主要有球狀、桿狀、螺旋狀等，還有比較特殊的，比如二十面體，像個人造衛星。病毒的構造非常簡單，比細菌和真菌要低等，只有一個蛋白質的外殼和住在裡面的一個核酸分子，連細胞核和細胞結構都省了，只是一種簡單的非細胞形態，必須寄生在活的細胞裡生活。至今，對於病毒究竟是活的還是死的仍存在爭議，說它是死的吧，它又能主動感染細胞，還可以繁殖後代，可說它是活的吧，它自己又不能獨立生存，必須靠感染活細胞利用其現成的器件完成自己的繁衍。乾脆大家別爭論了，就把病毒當作介於生命體及非生命體之間的有機物種吧，它就是沒有細胞結構的特殊生物體。無論甚麼病毒，人們都不會對它們有好感，常聽說的病毒有艾滋病病毒（HIV）、皰疹病毒（HV）和流感病毒（IV）等都會引起人類的疾病甚至導致死亡。

結構簡單，高效繁殖

實際上，看似簡單的病毒做起事來卻十分高效。我們先來說說核酸分子，病毒只帶有少量核酸分子，但都是精華，裡面只包含了完成其繁殖過程的全部遺傳物質，根本不需要形成核，外面再套一個外殼就構成了一個完整

的病毒。細菌沒有細胞核，屬於原核生物，裡面的核酸分子少並且比較鬆散，就像棉花糖一樣；真菌擁有細胞核，是因為它裡面的核酸分子比較多，在有限的空間裡像棉花糖一樣根本盛不下，因此，必須摺疊，壓縮成致密的細胞核，就像糖塊一樣密實。動植物都是高等生物，所以核酸分子更多，細胞核也更致密和複雜。病毒僅靠少量核酸分子就能完成它們整個的生命週期，核酸分子可以是 DNA 或 RNA（ribonucleic acid），非常簡潔和高效。

　　病毒除了內部的核酸，還穿着個外殼，這個外殼就像人穿的衣服一樣是區分不同病毒的依據。根據不同病毒外殼中成份的組成可以區分不同的病毒，比如，流感病毒外殼的一種成份是柱狀的血凝素（H, hemagglutinin），它的作用是讓病毒可以找到並且抓住活的細胞，是為了進入細胞進行繁殖，我們稱它為「抓手蛋白 H」；另一種是呈蘑菇狀的四聚體糖蛋白的神經氨酸苷酶（N, neuraminidase），它的作用是讓已經自我複製好的病毒從細胞中釋放出去，是為了從細胞中跑出來，我們稱它為「跑路蛋白 N」。我們經常聽到的甲型流感病毒，其 H 可分為 16 個亞型，N 可分為 9 個亞型。不同 H 和 N 可以構成不同的病毒亞型，H7N9 就是其中一種病毒的名字。

病毒的一生

　　我們來總結一下流感病毒的一生：首先，由抓手蛋白 H 找到並黏附到活的細胞上，這些活的細胞可以是動植物的細胞，也可以是細菌或真菌，只要是活的細胞，理論上都可以被病毒拿來繁衍後代；然後，病毒在細胞上面打一個孔，把病毒裡面的核酸分子注射進活細胞裡，這個核酸分子就會整合到活細胞的核酸分子上，開始調動活細胞合成病毒自己的外殼並且複製核酸分

子；最後，等複製到足夠數量的核酸分子和外殼後，開始組裝成完整的病毒，之後跑路蛋白 N 就開始從細胞內部撕開一個口子，讓已經組裝好的病毒釋放出去，於是，無數的病毒就被製造出來了。這些病毒又開始了新的征程，繼續侵染活的細胞，繁衍後代。

理論上，一種病毒穿一種衣服，只能感染一種活細胞，肝炎病毒只侵入肝臟細胞。一種病毒只對一個物種感興趣，煙草花葉病毒只侵染煙草；對不同的物種而言，流感病毒也是不一樣的，可以分為人流感、禽流感、豬流感、馬流感等類型。一旦一種病毒可以同時感染不同的物種時那就不得了了，這種病毒就是超級病毒了。如果禽流感可以感染人，就一定會引起人類的恐慌，畢竟鳥類數量很多，還可以飛來飛去，病毒隨着鳥類到處傳播，用不了多久，全球的人類可能都會受到影響，說不定會引起人類的大滅絕。但幸運的是，還好沒有出現這樣的病毒。出現這種病毒的可能性也非常低，因為對病毒來說，它們也不想這樣做，把宿主都殺死了，自己也將失去依附對象，自然也會跟着滅亡。

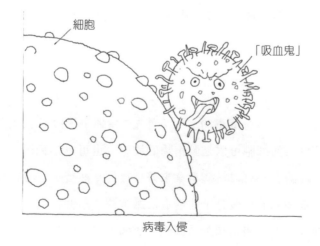

病毒入侵

吃細菌的病毒 ── 噬菌體

除了可以感染動植物的病毒，還有一類病毒是專門感染細菌的，這種病毒叫「噬菌體」，可以稱得上是「細菌吸血鬼」。噬菌體和細菌在地球上共存的歷史最長，它們倆在人類出現之前的幾十億年就開始在一起了，它們之間的抗爭史估計講都講不完。由於這兩者之間的打鬥跟我們人類沒甚麼太大關係，所以，我們對「噬菌體」的了解比較少。隨着「超級細菌」和抗生素耐藥性問題的出現，我們對一些細菌開始束手無策了，這時候，人類開始找「噬菌體」尋求幫助，讓這個細菌的剋星來殺死細菌。目前，已有科學家找到了一些可以殺死特定細菌的「噬菌體」，最終，還是希望利用它們來殺死那些對人類有害的已經產生了耐藥性的細菌。

對付流感病毒，吃抗生素沒用

值得注意的是，病毒跟細菌不同，可以殺死細菌的抗生素，對病毒感染是無效的。因此，流感季節如果是流感病毒感染，使用抗生素是無效的，既浪費時間又浪費錢，知道這個原理的醫生一定不推薦流感病毒感染時使用抗生素。對於一般的病毒感染，人體都會產生免疫力。

病毒感染人體後，侵染幾個細胞，完成自己的繁殖後人體很快就會做出反應，先犧牲掉幾個細胞，滿足病毒繁殖的需要後人體就會做好防禦，開始調動人體免疫系統，防止病毒的進一步感染，病毒達到繁殖的目的後也就乖乖地走了，這個過程如果不加人為的干預也許一兩天就好了。

一般的流感病毒感染不用治療，幾天之後自然就好了。但是對於免疫

力不好的人，人體免疫系統跟病毒作鬥爭的時候，免疫系統被調走抗病毒去了，就可能讓不好的細菌乘虛而入，引起繼發性細菌感染，加重病情。碰到這種情況就必須用抗生素了，讓它們來管管細菌。

實際上，對於病毒也有可以防治它們的武器，那就是治療病毒感染的干擾素。干擾素可以干擾病毒的複製過程，並不直接殺傷或抑制病毒，作用是讓病毒不能製造病毒，侵入細胞後不能複製，只能自個兒瞎溜達。有意思的是，由於干擾素在干擾病毒複製的過程中也會順帶抑制細胞本身的複製，人們發現了一些居然可以抑制腫瘤細胞複製的干擾素，對治療乳腺癌、骨髓癌、淋巴癌等癌症和某些白血病還有一定療效。雖然，干擾素有如此神奇的抑癌效果，但是它們的價格一般都比較高，還會引起一些副作用，不到萬不得已，醫生一般不推薦患者使用。

二

人體是個「大江湖」

1　腸道微生物 —— 伴隨一生的朋友

前面幾節，我已經把各種微生物介紹給大家了，有的微生物可以致病，有的微生物可以幫助我們製作美味的食品。這一節，我將專門介紹人體上的微生物。

微生物是地球的主宰，在地球上，無論有沒有人類分佈的地方，都有微生物的分佈，包括人類自身，也是由微生物主宰的。從出生那刻起，人類自身就注定要和微生物共處一生，這些微生物就猶如人體的一個器官，它們是否正常決定了人體的健康狀況。

「超級生命體」

分佈在人體體表和體內的微生物，數量可達百萬億，最近的研究估計有 390 000 萬億，而我們人類自身的細胞數量才 300 000 億個，微生物比自身細胞數量都多。這萬億的細菌和真菌分佈在你的眼、耳、口、鼻以及膀胱、胎盤和血液等你看得到和看不到的每一寸皮膚和黏膜上，其中有 80% 生活在消化道內，其種類超過 1000 種，重量可達 2 千克，幾乎可以裝滿一大桶可樂瓶子。

當我們端坐在椅子上，體會一下我們身體中 90% 的細胞都不屬於我們自己，並且這些大約只有人體細胞千分之一大小的「小東西」編碼的基因數量可以達到 300 萬~900 萬，是人類自身編碼的基因數量的數百倍！這是一種怎樣的感覺？我們自己已經不是我們自己了，我們是人體和微生物的共生體，人體為微生物提供了棲息地，提供了它們生存的生態環境，微生物是我們身體裡的「居民」，我們與微生物是共生在一起的，相互依靠，互利共生，是人體不可或缺的部分。

人體是一個獨特的完整的生態系統，是個「生命小宇宙」，所以，人體也被稱作「超級生命體（super organisms）」。現在已經非常明確了，人體微生物在數量和基因總數上都要比人類多得多，而且它們注定會對我們的健康產生重要影響。過去十年，人體微生物在調節代謝、免疫和人類行為等方面的重要作用已經越來越多地被發現。

測便識腸菌

腸道，特別是大腸，是人體第一大微生物聚集區，緊隨其後的是口腔，女性的生殖道裡微生物的種類和數量也很多。你應該已經注意到，人體微生物主要的聚集區都相對封閉且溫暖濕潤，非常適宜微生物的生長和繁殖，並且食物越豐富的地方微生物就越多，因此，腸道毫無爭議地位列第一。

據推測，健康成人腸道內的細菌總重量可達 1~1.5 千克，如果對此沒有概念的話，下次排完大便回頭看看馬桶裡的它們，除了水之外，糞便中的大部分乾物質是細菌，差不多有 20 多克，腸道中保留或附着的細菌更多。正常人一次排的糞便有 250g 左右，其中 80%~90% 是水，去除水分之後的乾物

質裡有 30%~50% 是由腸道細菌和其「屍體」構成，其餘的是食物殘渣、人體代謝廢物及脫落的腸黏膜細胞。從數量上來說，每克乾大便中含有的細菌數量可以達到 6000 億~10 000 億個，脫落的腸細胞數量也能達到 107 個。正是由於糞便中攜帶了大量的腸道微生物，人們通過檢測它裡面的微生物來間接了解腸道微生物的組成，這也是我工作的一部分，分析腸道微生物的細菌組成，評估腸道微生態的健康狀況。

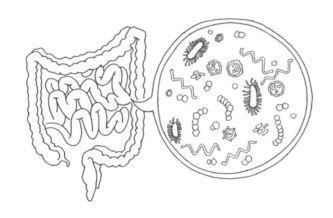

腸道微生物來自哪裡？

實際上，糞便中的微生物也並不都是來自大腸，從嘴巴到肛門這 8~9 米長的整個消化道的表面都分佈有不同的微生物。口腔裡的微生物以舌頭表面居多，唾液中也含有一定比例的微生物，這裡的微生物重量可以達到 20 克，平均每毫升唾液中有十億到百億數量級的細菌，主要以消化鏈球菌、梭桿菌和擬桿菌為主。想像一下在每一次接吻過程中，相互交換的微生物數量可達數千萬或數億個，所以，接吻的過程不僅是雙方在表達愛意，還在交換彼此

體內的微生物。

咀嚼過程中，口腔裡的微生物會跟食物混合在一起，通過食管後很快進入胃。食物在胃裡跟胃液再次混合，pH 值極低的胃酸可以殺死食物中的細菌和病毒。但是，並不是所有微生物都會被殺死，有些耐酸的微生物還長期生活在胃裡，如著名的幽門螺桿菌。這種菌是引起胃炎的一種細菌，澳大利亞的兩位科學家因發現這種菌和胃炎之間的相關性而獲得了諾貝爾獎。一般胃部不舒服的話，很多醫生都會建議患者去做一個幽門螺桿菌檢測，看看是不是這個菌感染引起的。胃裡的細菌除了幽門螺桿菌之外，還有其他的耐酸細菌，據估計，每毫升胃液中平均只有數千到數萬個，明顯要比口腔裡少得多。

很多人認為，胃酸會將進入胃裡的微生物全部殺死，實際上一些微生物進化出了不同的應對策略來適應或者躲過胃酸，經過胃酸消化後，微生物並沒有被完全殺死，只是數量減少非常明顯，仍有一些細菌苟延殘喘地存活在胃容物中，這些殘存的微生物實際上是腸道微生物的主要來源。我都懷疑，很多可以活着穿過胃的微生物，是我們的胃有意「放水」，特別是一些有益菌，我們的胃能夠識別它們並發送特殊的通行證，好讓它們能夠進入腸道開展工作。

進入胃部的食物需要 4 小時左右才能進入小腸。消化道中最長的部分就是小腸，分為十二指腸、空腸、回腸三個部分，有 6~7 米長。一些細菌在離開胃後數量就變得很少了，那些好不容易躲過胃酸的細菌們，進入小腸後會在短時間內通過細胞分裂的方式指數級繁殖，數量急劇增多。

緊鄰胃的部位是十二指腸，在十二指腸上的開口處，肝臟分泌的膽汁和胰腺分泌的胰液會排泄到十二指腸內，與胃裡出來的食物混合。胰液含碳酸

氫鹽和多種消化酶，可以分解碳水化合物、脂肪和蛋白質三種食物成份，是消化力最強的消化液。胰液的 pH 值為 7.8~8.4，是呈鹼性的液體，正好跟呈酸性的胃裡出來的食物中和一下，恢復中性的 pH 值，避免損傷腸道。據估計，正常成人每日胰液分泌量為 1~2 升，相當於三四瓶礦泉水的量。胰液中的碳酸氫鹽主要中和進入十二指腸的胃酸的，避免了強酸腐蝕腸黏膜，剩餘的碳酸氫鹽可以繼續維持小腸的鹼性環境，促進小腸內多種消化酶的活性。

膽汁的主要成份有膽鹽、膽固醇、卵磷脂（磷脂醯膽鹼）和膽色素等，作用是促進脂肪的分解和吸收，但是裡面卻不含消化酶。一個很有意思的現象，成年人體每天生成的膽汁量為 500~1000 毫升，其中 75% 的膽汁不是膽分泌的，而是肝細胞分泌的。俗話說「肝膽相照」，就十分形象地形容了它們之間的這種親密關係。

膽汁裡的膽鹽，除了促進脂肪及脂溶性維生素 A、D、E、K 的消化和吸收，還具有很強的抑制腸道細菌生長的作用。那些不怕胃酸的細菌進入小腸後也會再一次被膽汁絞殺，這時，絕大多數的細菌會再次被消滅掉。即使經過了胃酸和膽汁的兩輪絞殺，小腸中的細菌數量還能達到每毫升數萬到數十萬個數量級，明顯高於胃裡的微生物數量。

腸道微生物參與「製作」大便？

小腸內的細菌主要是擬桿菌、乳桿菌和鏈球菌等。由於小腸內壁有大量的環形皺襞，表面又有很多絨毛狀的突起，網球場大小的小腸表面積可以容納的細菌數量和種類至今仍不算很明確，再加上小腸部位很難取樣，所以，我們對小腸內微生物的了解並不多。從十二指腸到回腸，隨着離胃距離越來

越遠，酸性也越來越弱，躲過了酸和鹼的洗禮，經過一段時間的繁殖後，細菌數量也在逐漸增加，到回腸末端，細菌數量達到每毫升數百萬到數億個，是小腸的幾百倍了。

　　在小腸中沒有被消化和吸收的食物殘渣會進入大腸，每天大約有 600 毫升，比一瓶礦泉水多一點。大腸只有 1.5 米，形狀很像「門」字，從大腸入口（「門」字的左下角）開始依次分為升結腸、橫結腸、降結腸、乙狀結腸和直腸。與小腸相比，大腸的功能要單一得多，其主要功能是負責製造並儲存大便。大腸不停地蠕動，目的就是把那 600 毫升的稀粥樣的食物殘渣製作成「香腸」狀的大便。

　　這個過程簡單來說就是隨着食物殘渣向前蠕動，大腸要逐一檢測裡面的成份，把有用的東西回收回來，避免浪費，逐步吸收裡面的水分和礦物質，並且還要把人體排泄出的多餘的鎂、鈣和鐵等物質糅進糞便裡。

　　製作大便的整個過程比較緩慢，需要 12~48 小時。在這段時間裡，腸道裡的微生物可是佔盡了便宜，食物殘渣對細菌來說是絕對的美食，腸道緩慢的蠕動，給了它們足夠的時間進食，它們會充分消化吸收裡面的營養並發展壯大自己。大腸裡的微生物都是通過口腔，一路過關斬將從食物和環境中進來的，最終，它們在水土豐美的大腸安家落戶了。

　　因此，大腸裡的細菌數量要遠遠多於小腸，可達每毫升數千億到萬億，同時細菌的種類也明顯增多。由於大腸遠離消化道入口，幾乎沒有氧氣，這就造成了這裡超過 98% 的細菌為專性厭氧菌，主要是擬桿菌、普氏菌、雙歧桿菌、腸桿菌和真桿菌等。有研究估計，人體腸道中存在 1000~1150 種細菌，這不是說每個人的肚子裡都有這麼多種菌，而是說在人類的腸道中曾經檢測出來過這麼多種菌，平均到每個人身上含有 160 多種優勢菌。

小腸維持生存，大腸決定生存質量

我們都知道，小腸的作用是分解食物並將營養吸收進體內，那麼大腸究竟有甚麼作用呢？一個非常有意思的研究，比較了小腸和大腸的作用。最終發現，去掉動物的小腸，沒有了營養來源，動物就無法生存，而如果拿掉動物的大腸，它們仍能存活。這樣看起來，對於動物的生存，小腸是必需的，大腸的作用似乎並不大。但是，隨着近年來研究的深入，我們開始對大腸的作用有了新的認識，我們以前大大低估了大腸對人體健康的作用。實際上，小腸是維繫生命所必需的，為生命運行提供能量，是生存的基礎，而大腸卻是維持生命正常運行所必需的，決定了生存的質量。

近幾年的研究發現，大腸的功能不僅僅是製作和儲存糞便，它還承擔着更為重要的工作。大腸蠕動的過程也是微生物分解和合成各種活性物質的過程。大腸轉運的食物殘渣在腸道微生物的作用下發生了轉化，血液中 36% 的小分子物質是由腸道微生物代謝產生的。大腸是一些特殊食物成份的加工廠。食物中的纖維素很難被人體分解利用，因為人體缺乏分解它們的酶，只能保留在食物殘渣中進入大腸，而腸道裡的微生物有多種酶可以降解纖維素，產生短鏈脂肪酸（short-chain fatty acids，SCFA），所以，這裡的微生物特別喜歡它們。

短鏈脂肪酸是碳原子數少於 6 個的脂肪酸，也稱揮發性脂肪酸（volatile fatty acids，VFA），按照其結構稱為甲酸、乙酸、丙酸、異丁酸、丁酸、異戊酸、戊酸等。其中，丁酸是結腸上皮細胞的主要能量來源，能夠維持大腸的正常功能以及結腸上皮細胞的形態和功能，並且還可以促進腸道有益菌，如乳酸桿菌和雙歧桿菌的生長，抑制大腸桿菌等有害菌的數量，維護腸道微

生物的平衡。也就是說，腸道微生物通過分解食物殘渣為腸道的運動提供了直接的能量，並且還為人體提供了大量的物質資源。

腸道微生物除了可以產生像短鏈脂肪酸這樣的有益物質，還可以產生硫化氫和氨等毒性物質，這些毒性物質很容易進入血液系統引起系統性的病變，成為各種疾病的罪魁禍首。不同種類的微生物，或者不同狀態的微生物產生的物質不同，這就導致腸道微生物中所謂有益菌和有害菌構成的不同，它們的代謝產物也不同，對健康的影響也不一樣。

清除腸道菌群，後果很嚴重

有一天，我在跟一個朋友介紹腸道微生物的時候，他本身就是個急性子，聽到這麼複雜的腸道微生物後沉不住氣了說：「管它有益菌還是有害菌，統統把它們清除掉，這樣豈不是清靜了？」實際上，早在 20 世紀 60 年代，人們確實這樣做過。他們在實驗室裡培育出了體內完全沒有微生物的「無菌小鼠」(germ-free mice)，神奇的是，他們發現這些小白鼠的壽命還出奇得長，是普通小鼠的 1.5 倍！按照這個結果來看，人體內如果完全沒有細菌的話，似乎對人類健康也沒有甚麼壞的影響，反而更有益。實際上並非如此簡單，這樣的無菌小鼠只能養在無菌的環境裡，還必須吃特別配製的飼料，而飼料中添加的特殊成份很多都是動物自身不能合成而微生物可以合成的。一旦把這些完全無菌的小鼠放到自然環境中，由於它們缺乏微生物的刺激沒有形成正常的免疫系統，抵抗力非常差，碰到環境中的細菌可能就立馬死掉了。

完全無菌的環境確實避免了有害菌對身體的傷害，可以延長一些壽命，但是同時也缺乏了有益菌的刺激，使得免疫系統發育不完善，而且也缺少了

貓和狗，它們體內的菌也會不一樣。

人與菌的雙向選擇

　　菌和宿主就像兩個人搞對象，相互看對眼了才能最終走到一起。人體能定植的菌都是經過人體和細菌雙向選擇過的。在相互選擇的過程中，人類選擇細菌的方式很多，人體為了獲得自身需要的、好的細菌定植精心設置了重重考驗。

　　第一重考驗就是化學考驗，唾液和汗液中大量的抗菌物質以及胃酸和膽鹽等都可以抑制微生物的生長，只有不被這些化學物質殺死的微生物才能被人體接納。

　　第二重考驗是物理考驗，人的皮膚和體內的黏膜給微生物黏附設置了層層物理屏障，只有那些可以依附到黏膜層的微生物才有可能被人體委以重任。

　　第三重考驗是生物考驗，免疫細胞會分泌特異性的免疫球蛋白，專門識別和控制細菌的進入及黏附，一旦某些微生物被免疫細胞識別為「異物」，它的小命也就到頭了，而那些被免疫細胞識別為朋友的微生物則會被放行，甚至，還會有專門的細胞負責引導它們到人體特殊的部位開展工作。

　　能在人體定殖的微生物都是克服了人體這些考驗的種群。就像找對象一樣，其實微生物和人體的選擇是雙向的，這些微生物也很挑剔，人體環境不適合其生存時，它們也不會搬過來，或者搬過來也待不長，住一段時間就又搬走了，是個完全雙向的自由選擇過程。

「來了您吶，請跟我來！」

　　微生物進入人體選擇的定居位置是不一樣的，人體也不是讓所有細菌隨便住，每個地方的微生物都有自己的生態位。對於那些需要的微生物，人體不會命令免疫系統去跟蹤和消滅它，而且還通過一些信號不斷地與它們對話，一步一步引導它們到達合適的位置定居。

　　仔細想像整個過程，人體和微生物的關係就像旅店和旅客。微生物定植的過程很像旅館的夥計招待客人住店的過程。人體免疫系統就像夥計一樣在門口迎接並審視每一個進來的顧客（微生物），是熟客的就恭恭敬敬，客客氣氣地迎進來，並且派人帶到貴賓間（人體的不同部位）；對那些陌生的客人，先要審視一番，仔細盤查一下，看看帶沒帶武器，有沒有身份證，盤問一下此行的目的，沒問題後才派人安排住處；對於那些通緝在案的壞人，它們直接就扣押下來或者乾脆就地正法了。而這些微生物顧客們也很挑剔，進了旅

館也要仔細瞧瞧，評估一下房間衛不衛生，洗澡方不方便，伙食怎麼樣，服務態度如何，只有各方面都滿意了才會住下，如果感覺不滿意，它們就另尋下家，毫不猶豫。

人與菌的互惠互利

所有定居下來的菌也很懂得江湖規矩，需要與人體達到雙贏才能住得安穩長久。細菌在享受人體提供的生存空間和食物的同時，自然也會感恩戴德地極力回報人體，最起碼得交點租金吧。實際上，腸道菌群給人的回報是多方面的。

首先，當有壞人（病原菌）想強行進入「旅館」實施燒殺搶掠時，腸道菌群能夠奮不顧身地挺身而出，一起抵禦外來病原菌的入侵。即使有壞人混進了旅館也不用擔心，這些外來的病原菌想要在人體留下來就必須要找到空位，但人體的不同部位都已經安排滿了正常菌群，病原菌想要奪取任何一個位置都必須和這裡的菌進行惡戰，由於本地菌人多勢眾，大多數情況下都是這些病原菌敗下陣來。人體正常菌群在此繁衍生息了很久，糧草充足，朋友眾多，而病原菌孤孤單單沒有後援，很容易就被打敗了。

其次，人體正常菌群一旦定居下來就會在此繁衍生息，那些身懷絕技的菌會想法生產點維生素、短鏈脂肪酸和氨基酸等營養物質供人體使用；那些沒技術但是有力氣的菌可以賣賣苦力，幫助人體幹點力氣活，把人體不容易分解或是分解不了的食物幫忙分解一下；對於那些既沒有技術又不願意出苦力的菌們，它們還可以當當保安，在四周多走走，幫忙看家護院，負責識別壞人，提早預防壞人的入侵，提高人的自身免疫力；對於那些上面的工作都

不願意幹，自身長得漂亮，氣質非凡，姿色誘人的菌們，它們還可以做點文藝工作，豐富一下大家的業餘生活，幫助人體生產一些 5- 羥色胺、多巴胺等刺激神經系統的物質，活躍一下整體的氣氛。總之，微生物們可以為人體做的事情還有很多。

人體就是一個社會

　　人體就是一個社會，一個完整的生態系統。人體為微生物提供生存場所和營養，而微生物則為人體產生有益的物質，並保護人類健康。人體和微生物都需要做的就是維持整個人體生態系統的平衡，在人體這個生態系統裡，每時每刻都在發生着戰爭 —— 菌和菌之間，菌和人之間，當然也存在着相識、相戀、相愛、結婚和繁殖後代的溫馨場景，還會有爾虞我詐、精誠合作、互利共生、共同生活、共同繁榮……

　　我們每個人的生態系統是繁榮昌盛還是逐漸衰落，這完全取決於我們自己怎麼看待和對待我們體內的微生物。

　　遺憾的是，人類作為最高等的動物，在很長的一段時間裡，並沒有認識到這些體內微生物的存在，當然也就沒有善待和維護好它們。抗生素的濫用，過潔的衛生習慣，不健康的飲食和生活方式都在破壞着人體和微生物長期共進化形成的平衡狀態，當這種生態平衡被打破，人體菌群發生紊亂時，人就可能患上各種生理或心理上的疾病。

　　人體健康必須依賴共生的微生物，我們應該做的是擁抱微生物，而不是拒之千里！

③ 人體第二大「江湖」—— 口腔

在口腔裡，居住着眾多的微生物，這裡是僅次於腸道的人體第二大微生物棲息地。與身體其他部位一樣，口腔裡也棲息着細菌、真菌和病毒等，種類可以超過 1000 種。細菌是口腔中的主要居民，種類有六七百種，主要是厚壁菌門、擬桿菌門、變形菌門和放線菌門。

比起乾燥的皮膚，口腔簡直就是細菌們的夢想家園，這裡不僅物產豐富（嘴巴可是用來吃東西的喲），而且溫暖潮濕（唾液給這裡的微生物帶來豐富的營養和充足的水分），特別適合細菌生存。跟「平原」比較多的皮膚比起來，口腔的環境要更複雜多變，可謂有山有水、高低起伏、氣候多變、四季分明。這裡有柔軟的舌頭和堅硬的牙齒，還有兩片嘴唇。口腔中的牙齒、齦溝、舌、頰黏膜、硬齶、軟齶、扁桃體等這些高低不平的表面為各類微生物提供了棲身之所，共同形成口腔微生態系統。

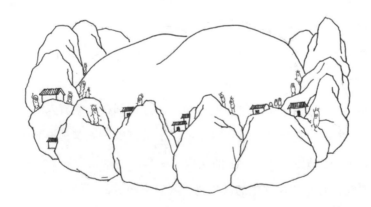

穩定的口腔細菌

口腔微生物種類雖然多，但其本身還是比較穩定的。我們每天都會從口腔吃進不同的食物，喝各種各樣的湯湯水水，外部的空氣也常常與口腔親密接觸，但這似乎並不能影響這裡微生物的組成和比例。即使搬了家，從一個城市換到另一個城市，口腔微生物也基本保持不變。

有人猜測這也許是人體對微生物的免疫選擇的結果，或者說是因為本地微生物比較「排外」，外地的微生物根本就住不進來。在全球範圍內，通過對比來自不同國家的健康人口腔菌群，發現無論樣本來自哪個國家，吃的是西餐還是中餐，喝的是茶還是咖啡，口腔菌群的組成都是最相似的。

「站穩腳跟」不容易

理論上，不應該是不同的飲食結構影響菌群的組成嗎？不同人種的口腔菌群組成怎麼會如此相似呢？我猜測這可能是由於獨特的口腔微環境造成的，看似適宜微生物生存的環境其實並不太平。口腔裡高低錯落的構造並不是一般的微生物可以適應的，白天嘴巴要說話，就不可避免地讓氧氣進入，對於不喜歡氧的菌來說就是一大挑戰。晚上睡覺後，大部分時間嘴巴都是閉着的，對於嗜氧如命的菌來說可就麻煩了，缺氧的日子，多一分鐘都是對生命力的考驗。更要命的是，口腔中幾乎無處不在的唾液，裡面除了營養物質和水分之外，還含有大量的抗菌物質（如免疫細胞、溶菌酶等），這些抗菌物質就是人體專門分泌出來殺死進入口腔的微生物的。

口腔中現存的微生物都是經過人體考核通過了的，信得過的「同志」。

人體免疫系統和抗菌物質都與之熟識，讓它們留在口腔裡生活，而新來的微生物要想在口腔中站穩腳就要接受重重考驗了。第一關要過的就是唾液。唾液裡面有抗菌物質黏液素，可以把外來的菌通通黏住並殺死，在這個過程中，絕大部分菌會被清理掉。如果某些菌有幸闖過了這關，碰到口腔中的原著居民，還得需要一場血戰，畢竟，先來的菌好不容易找好的生態位，豈能隨便讓與外來者？

能在口腔中定殖的微生物都必須先克服這些重重阻礙，只有那些特別適應口腔環境，並且人體也樂意讓它留下的微生物才能最終在這裡生存。看來，口腔微生物的這種穩定性是人體和微生物雙向選擇的結果。

口腔真菌和病毒

口腔中除了細菌，真菌也是非常重要的成員。在口腔中，人們已經發現了至少 85 種真菌，其中，最主要的是念珠菌。在正常的口腔菌群中，念珠菌是保持中立的，既不「左」也不「右」。然而，當口腔菌群遭到破壞後，念珠菌就會趁機搗亂，變成「壞菌」，而且還會聯合其他壞細菌，比如前面提到的鏈球菌，一起狼狽為奸，共同作惡。這個菌跟不同的細菌搭檔，幹的壞事也不一樣，當它和變異鏈球菌在一起時，經常會引起齲齒；當它和口腔鏈球菌在一起時，常會損傷口腔黏膜，引起鵝口瘡。

除了上述的細菌和真菌之外，病毒雖然數量少，且多是過客，但是在口腔中也佔有一席之地。它們中的大多數是以口腔細菌為食的噬菌體。與細菌的穩定性類似，對於某個特定的人而言，隨着時間的推移，口腔中病毒的種類變化並不大。還有一種可能，就是口腔中噬菌體的穩定性，維持了細菌的

穩定，誰讓細菌是噬菌體的寄主呢。

口腔裡的「菌群大戰」

　　口腔裡的每一分鐘都不太平，生活在這裡的居民們除了要應付人體免疫系統的審查，彼此之間有的還會明爭暗鬥，相互競爭，有的還要互幫互助，相互扶持。菌群之間的關係並不簡單，共生與拮抗、互生與競爭，生活在這裡的菌與口腔的組織器官共同形成了一個動態的微生態社區。

　　當菌群平衡時，口腔也會健康，菌群失調則口腔患病，比如最常見的齲病。人類對待這個微生態社區從不會坐視不管、聽之任之。在長期的實踐中，人們已經習慣於每天早晚刷牙，有些人還會每頓飯後漱口，講究的人還會用牙線等口腔清潔工具，竭盡全力地把食物殘渣徹底清除乾淨，不給微生物留下一點食物。人類這麼大動干戈很多時候就是為了防止齲病的發生。

　　剛才提到，唾液中的黏液素像膠水一樣黏黏糊糊，非常容易形成膜（口水可以吐泡泡就是因為它的存在），類似刷油漆一樣的覆蓋到口腔的各個部位。被這層膜保護的地方，細菌的數量就會被嚴格控制，而牙齒的表面就是需要被重點關照的地方。

齲齒 —— 口腔微生物惹的禍

　　口腔中的微生物一旦繁殖過多，它們就會搭幫結夥的組團欺負口腔裡的器官，最讓人不能忍受的是一些微生物吃飽喝足之後會產酸，酸會腐蝕牙齒，在牙齒上打洞，也就是長齲齒。雖然，每天口腔中會分泌 1000~1500 毫

升的唾液，但到了晚上，人睡覺之後唾液就不再產生了，每到這個時候就真的成了細菌們的「狂歡夜」了，它們可以不受唾液的沖洗和監控，那些被壓制了一整天的有害菌也終於有機會衝出來過過嘴癮，肆意妄為一把了。

　　口腔中殘留的食物就是它們大快朵頤的對象，它們一邊吃，一邊產生有毒有害的物質。如果它們吃的是碳水化合物類的食物，比如澱粉和糖等，將會產生酸；如果吃的是蛋白質類的食物，將會產生氨和硫化氫。酸可以腐蝕牙齒，在堅硬的牙齒上打洞，讓牙齒表面不平整。而氨和硫化氫都是令人不愉快的氣體，硫化氫的氣味像放壞了的雞蛋，惡臭無比，這兩種物質也是引起起床後口臭的元兇。為了杜絕晚上嘴巴裡的壞細菌出來幹壞事，最好的辦法就是睡覺之前不吃東西，特別是甜食，並且睡覺前給口腔來一次徹底的大清洗，刷刷牙，漱漱口，不給壞細菌提供食物，並且盡可能地清除口腔裡的壞細菌。等到第二天起床後，為了清除細菌們「徹夜狂歡」的混亂場面，把它們產生的酸和臭氣統統給清洗掉，還得再來一次大清洗。

　　有些人牙齒間隙比較大，食物殘渣特別容易夾在牙縫裡，一般的刷牙和沖洗很難把它們清除掉，這時就需要牙線來幫忙了。細細的牙線可以穿過牙縫，把食物殘渣給拉出來。大家可以試一下，如果晚上睡覺前有肉絲擠在牙縫裡沒出來，第二天早上的口氣會臭得熏倒人。另外，有些牙齒上已經有了牙洞的人還要用牙籤或細棒把塞進牙洞裡的食物殘渣給挖出來，否則，牙洞會越來越大。最好的方式就是及時去看牙醫，把洞給補上，防止殘渣再次進入。

保護口腔微生態

預防齲齒最有效的方法之一就是窩溝封閉，具體來説就是把一種高分子復合樹脂材料塗在牙齒窩溝內，液態的樹脂進入窩溝後固化變硬形成一層保護性的屏障，就像給牙齒穿上了一層保護衣。這麼做的目的是把牙齒上不平整，容易積攢食物殘渣的地方徹底給封閉起來，不給細菌和食物殘渣生存的空間。

從口腔微生態的角度出發，養成早晚刷牙，使用牙線和定期看牙醫的好習慣，就是在維持口腔微生態社區的秩序。牙齒和整個口腔的健康就靠它了！

要知道牙齒的健康非常重要，它們是人類吃飯的「傢伙什兒」，切削、粉碎食物全靠它們。如果它們不好好切斷和磨碎食物，就會加大下游單位 —— 胃和腸道的工作量，導致營養吸收不良，消化不好，損害整個身體的健康。

整齊潔白的牙齒還是每個人的一張名片，在人的整體形象中佔有非常大的分量，「唇紅齒白」「齒若編貝」都是對美麗牙齒的形容，也體現了人們對美好牙齒的嚮往，希望每個人都擁有一副健康美麗的牙齒。

4　口腔菌群紊亂，禍害的可不止是口腔

口腔微生物的紊亂是多種口腔常見病、多發病的主要原因，除了上面提到的齲病，像牙周病、牙髓根尖周感染、黏膜病、頜面部感染等都與口腔菌群紊亂有關。口腔是一個複雜的生態系統，這裡除了各種微生物，還是體液交換十分密切的地方，還是人體血管和神經最密集的地方。唾液是口腔裡的

主要分泌物，它其實可以看作是過濾後的血液，包含了血液中的大量信息，如激素、神經遞質、信號物質以及其他人體代謝產物。

直接與血液循環連接的地方

舌頭是人體毛細血管分佈最密集的地方之一，有些需要快速起效的藥物需要舌下含服就是利用了這裡密集的血管，可以以最快的速度釋放入血，進而達到全身或病灶部位。比如，心臟病發作時經常服用的速效救心丸 —— 硝酸甘油就是需要採用舌下含服。從這裡給藥，除了快速入血，快速起效之外，還有一個好處就是從這裡進入血液可以不用經過肝臟代謝，直接發揮作用，從而避免了首關消除作用（醫學術語，是指從胃腸道吸收入門靜脈系統的藥物在到達全身血循環前必先通過肝臟，如果肝臟對其代謝能力很強或由膽汁排泄的量大，則使進入全身血循環內的有效藥物量明顯減少）。

人體還有一個部位與舌下類似，都是直接與血液系統連接而不需要經過肝臟，這個部位位於消化道的另一端 —— 肛門。雖然，整個大腸的血管最終都通往肝臟，但是唯獨最後幾厘米的血液可以直接進入血液循環。與舌下一樣，這個部位也被用來給藥，比如一些栓劑，就是通過肛門給藥，這樣做可以比口服用藥更快速，並且還避免了肝臟的代謝損失和失活，藥量可以少一點，藥效反而更快，同時也減輕了肝臟的負擔。

一些肝臟不好的人，或者小孩和老人特別適合使用這種給藥方式。有時候，不得不佩服人體設計的精妙，消化道的兩頭，口腔和直腸實際上是可以通過血液直接相通的！這種設置是不是存在甚麼必然的聯繫我們不得而知。這兩個部位也是消化道中可以受我們大腦控制的部位，消化道的其他部分基

本上可以獨立於大腦之外自主運行。我猜測，那些便秘的人特別容易口臭，可能就是因為在直腸端糞便長時間的發酵產生臭氣，而這些臭氣可以直接進入直腸端的血液系統而不經過肝臟的解毒，隨着血液循環系統直達口腔，口腔又密佈了大量血管，血液中的臭氣非常容易穿過血管進入口腔，這就造成了口臭。

　　口腔直接與血液系統連接還有一個好處是吃進嘴裡的食物中的一些營養物質可以直接進入血液為人體利用，而不必經過複雜的胃腸道消化。比如糖，一旦感覺到餓了，其實最先受影響的是大腦，我們的大腦是人體最耗能的器官，雖然重量只佔人體的 2%，卻要消耗人體超過 20% 的能量。碳水化合物一進入嘴巴就能被唾液澱粉酶分解成糖，吃饅頭時感覺到的甜味就是糖。而這些糖可以直接或被一些細菌分解後進入血液，以最快的速度直達大腦為其提供能量。

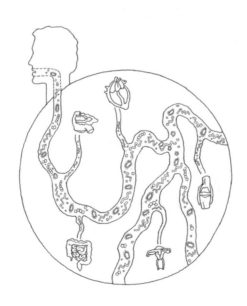

口腔問題影響全身健康

事物都有兩面性，口腔和血液系統聯繫太緊密了也有不好的一面。一旦口腔中出現了異常狀況，就能夠非常快速地反饋到血液中，並且還會隨着血液循環直達身體的各個部位。目前已經發現，口腔問題與多種系統性疾病關係密切，比如牙周病、心血管病、卒中、呼吸系統感染、糖尿病和骨質酥鬆症等。當然，這樣的影響也是雙向的，牙周病影響多種系統疾病，一些系統疾病也會影響口腔健康。有研究發現，HIV（艾滋病）病毒感染可改變口腔真菌組成。

口腔與血液系統溝通的界面就是口腔黏膜，它既是身體內外信息溝通的橋樑，又是我們身體的一道防火牆。口腔黏膜的防禦系統一旦被攻破，人體的各個系統都可能遭殃，如心內膜炎、肺炎、腦部膿腫、肝膿腫等都可能源於口腔。口腔微生物和口腔黏膜的健康共同決定了口腔的健康，也在很大程度上影響着身體其他器官的健康。

胎盤菌群來自口腔？

近年來，一直爭論不休的一個問題就是，人們發現胎盤並不是無菌的器官，而有着自身的內生微生物。奇怪的是，胎盤微生物組成根本不同於陰道微生物，而與口腔微生物最接近。這可能是因為胎盤是母體的血液和胎兒血液交換的地方，而母親血液又直接受口腔黏膜的影響，這就導致兩者之間的菌群可以互通有無。當然，關於胎盤是否有菌的爭論仍在繼續，有人質疑取樣過程造成了污染，有人拿出了多項證據顯示胎盤的確有菌，並且數量和種

類還不少。但無論胎盤有沒有菌，口腔黏膜和胎盤直接的聯繫是客觀存在的。

口腔菌群紊亂引發心腦血管疾病

　　現代的生活方式，吸煙、喝酒、暴飲暴食等都可能導致口腔菌群的紊亂，進而對口腔健康及全身健康造成不利影響。研究發現，口腔菌群紊亂除了會導致齲齒、牙齦炎、牙周炎等口腔疾病，還會引起心腦血管疾病。有流行病學統計顯示，口腔細菌與冠心病之間存在關聯，實際上，引起牙周病的細菌，在體外還具有凝血作用，導致血液變稠，從而增加了心臟病發作或卒中的風險。通過調查 1791 例冠心病患者的數據證實，有 23 種口腔共生菌與冠心病相關，其中有 5 種菌是冠狀動脈斑塊患者所特有的，有牙周病的患者則更可能罹患心血管疾病。

口腔菌群與血壓

　　口腔微生物和食物一起還可以影響人的血壓。有一項非常有意思的研究發現，給健康受試者使用 7 天含有抗菌藥物的漱口水，殺死口腔微生物後，這些人的血壓就會持續升高。而血壓的升高跟一氧化氮（NO）的產生相關。

　　一氧化氮（NO）可在機體內皮細胞中一氧化氮合成酶（NOS）的作用下合成並分泌，它可以擴張血管及舒張平滑肌，從而增大血流量並降低血壓。而口腔中的微生物就可以合成 NO，當食物中的無機硝酸鹽及亞硝酸鹽經口腔菌群分解後可以作為體內合成 NO 的來源。但是當口腔中產 NO 的微生物被殺死或抑制後就會降低 NO 的含量，進而引起高血壓。當把產生硝酸鹽及

亞硝酸鹽的細菌重新定殖在口腔後，血壓就能恢復正常。

前面已經提到，心臟病發作時經常服用的速效救心丸——硝酸甘油需要採用舌下含服的方式快速起效，而硝酸甘油起效的方式就是在進入體內後轉化為 NO，最終起到擴張血管、舒張平滑肌的目的。

未來或許可以通過專門給心臟病患者定植能夠高產 NO 的菌株，在必要的時候給患者服用 NO 的前體就可以了。那些血壓比較高的人，可能是口腔中產 NO 的菌較少，可以適當補充這一類的細菌，從而達到降低血壓的目的。

更多時候，還是需要我們嚴格控制抗菌物質的使用，避免濫用漱口水，減少不必要的清洗口腔次數，維護口腔健康，並且還要避免濫用抗生素，因為它們都會引起口腔微生物的減少，從而增加機體高血壓的風險。

口腔菌群影響糖尿病

牙周疾病和糖尿病關係也很密切。日本有一項調查很有意思，他們對年齡為 75~80 歲的 14 551 名老人進行了統計，結果發現與沒有接受牙周治療的患者相比，那些接受過牙周治療的老人 2 型糖尿病的發病率顯著降低，並且只要接受過牙周治療，無論治療天數有多少，糖尿病的發病率顯著降低。研究還發現，接受牙周治療後，糖化血紅蛋白都出現了明顯下降。

糖尿病與牙周病的關係是相互的，這兩種病相伴而生，相互促進，相互影響，而口腔微生物在其中可能扮演了重要角色。有人在小鼠身上做了個實驗，發現患了糖尿病的小鼠在血糖升高之前的階段，其口腔中微生物的構成與健康小鼠相似；然而，當糖尿病小鼠出現血糖升高症狀之後，口腔菌群也隨之發生了變化，並且糖尿病小鼠也出現了牙周炎，包括牙齒骨質缺失等症

狀，而且它們體內的 IL-17 表達水平也發生上調。這一結果與人類的牙周炎症狀十分相似；如果將患病小鼠的口腔菌群移植給無菌小鼠，無菌小鼠也會發病，似乎糖尿病小鼠的口腔菌群具有了致病性。研究進一步發現，通過給糖尿病小鼠注射抗 IL-17 的抗體，再將其口腔菌群植給無菌小鼠，結果，受體小鼠就不會產生牙周炎症狀了。這一結果說明用 IL-17 抗體處理後可降低糖尿病小鼠口腔菌群的致病性，IL-17 參與了口腔微生物引發的牙周炎症狀。

糖尿病和牙周病的聯繫已經有大量的文獻記錄。糖尿病患者血糖較高，傷口的癒合能力比較差，一旦患牙周病，出血的風險更高，也更難治癒。相應的，患上牙周病，也會使糖尿病患者的血糖水平更難穩定。因此，要想控制好血糖，除了要找內分泌科大夫，還要去看看牙醫。保持口腔衛生和牙齦健康對糖尿病患者至關重要。

口腔菌群與肺部疾病

口腔和肺部疾病也存在關聯。口腔和呼吸道是直接連通的，有時候喝水會嗆到肺裡就是咽喉部的控制氣管和食管的瓣膜開閉錯誤引起的。因此，口腔細菌和肺裡的細菌會相互影響。口腔健康會減少肺炎的發生，並且有研究在肺囊性纖維化患者的肺中找到了與它們口腔中相同的細菌。

口腔菌群影響生育

口腔微生物還會影響生育。在準備懷孕時，醫生一般都建議母親先看看牙醫，把口腔的問題先解決掉，其中一個原因就跟口腔微生物有關。如果一

位母親患有口腔疾病，口腔中的細菌將有機會通過血液循環抵達子宮。

有一種具核梭桿菌是和牙周炎密切相關的細菌。有研究發現，給懷孕小鼠靜脈注射具核梭桿菌後，很容易引起流產，但是注射大腸桿菌卻不會。說明口腔中的特定微生物跟生育有關係。流行病學的調查也發現嬰兒體重過輕、早產、不孕不育和死胎等不良妊娠結局或妊娠併發症與牙周炎有着密切聯繫。這種口腔中的具核梭桿菌也是與結直腸癌密切相關的菌，這種菌的存在會明顯增加患結直腸癌風險。所以，腸道癌症有可能起始於牙周炎。

口腔菌群與神經系統疾病

除了上面提到的這些疾病，一些神經系統疾病也與口腔菌群有關。帕金森是一種常見的神經系統變性疾病，老年人多見，平均發病年齡為 60 歲。據統計，全球帕金森患者有近 500 萬，其中一半來自中國，我國 65 歲以上人群帕金森的患病率大約是 1.7%。一些名人皆因患此病而去世，如演員凱瑟琳·赫本、拳王阿里以及數學家陳景潤。至今，這種病病因未明，目前的治療手段只能改善症狀，提高患者的生活質量，並不能阻止病情的進展，更無法治癒。

由於這種患者中便秘的比例非常高，懷疑跟腸道微生物有關。幾年前，我曾參與了帕金森症人腸道微生物組成的課題，確實發現他們存在特殊的腸道菌群構成，特別是普氏菌屬的細菌含量異常。後面的篇章中將詳細介紹有關內容。

目前的研究發現，帕金森症人除了腸道菌群與健康人不同之外，口腔菌群也與健康人不同。有研究收集了 72 份帕金森症患者口腔和 69 份鼻腔菌群

樣本，同時也採集了健康人的口腔菌群樣本 76 份和鼻腔菌群樣本 67 份。結果發現，帕金森症患者的鼻腔樣本的菌群改變不明顯，而口腔菌群的 β 多樣性及某些細菌豐度發生了明顯改變，主要是帕金森症患者口腔中普氏菌科、梭桿菌科、乳桿菌科和科氏桿菌科顯著增加，而羅氏菌、鉤端菌和放線菌顯著降低。然而，目前還不知道這些菌與疾病的具體關係，也就無法知道具體的影響機制。

除了微生物，以及目前發現的年齡老化、遺傳因素外，腦外傷、吸煙、飲咖啡等因素都可能增加或降低罹患帕金森症的危險性。

吸煙影響口腔菌群

特別有意思的是，大量研究發現吸煙與帕金森的發生呈負相關，吸煙似乎可以降低患帕金森症的風險，並且咖啡因也具有類似的保護作用。

全球都在禁煙，公共場所都嚴禁吸煙，人人都知道吸煙的壞處，怎麼吸煙還成了帕金森症的保護因素呢？對於這個問題，我也想不明白。但是，有關吸煙和口腔微生物的關係有人做了研究。該研究選取了 23 名吸煙者和 20 名從未吸過煙的人，分析比較了兩組人員的口腔及鼻菌群的多樣性、組成及結構。結果發現，取樣的 8 個不同部位的微生物組成本身就存在明顯的不同，這也證明了前面提到的，口腔是個複雜的微生態環境，每個部位的微生物組成確實存在差異。研究還發現吸煙者的口腔黏膜菌群 α 多樣性顯著低於非吸煙者，而在其他部位，吸煙者與非吸煙者之間的菌群多樣性及組成無顯著差別。

這個研究證明了吸煙確實會減少口腔菌群多樣性，改變口腔黏膜的菌群

構成，並且也可能對其他部位的口腔菌群有影響。至於吸煙對口腔菌群的影響是否跟帕金森有關，很有可能吸煙影響了口腔黏膜上的菌群，某些菌產生的某種活性物質能夠進入血液，透過血腦屏障抑制了引起帕金森發病的物質的活性，進而延緩了帕金森的發病，這只是一種假設，仍需要進一步研究。

我們每天吃的食物影響着口腔裡的菌群

影響口腔微生物組成的重要因素應該是食物，我們每天吃的東西，只要進入嘴巴都會有一部分跟口腔裡的菌群共享。所以，口腔中的菌群與食物構成應該存在密切聯繫。

有人收集了 182 名受試者的口腔沖洗物並檢測了其中菌群的組成，結果發現食物中飽和脂肪酸及維生素 C 的攝入與口腔菌群的數量和菌群的多樣性有關，其中，飽和脂肪酸攝入越多，口腔中 β 變形菌門及梭桿菌門的相對豐度更高，而維生素 C 及其他維生素（如維生素 B 和維生素 E）含量越多，口腔中梭桿菌綱等細菌也越多。研究還發現，乳桿菌科的豐度越多，血糖負荷也越高。

我們知道這些相關性有甚麼用呢？其實，我們可以根據這樣的相關性結果有針對性地來調節口腔菌群的組成。比如，如果想降低口腔中梭桿菌綱細菌的含量，可以考慮減少部分維生素的攝入量；如果想增加梭桿菌門的量，可以考慮增加飽和脂肪酸的攝入量，從而達到有目的調控口腔菌群。對於健康人是沒有必要，但是對於那些口腔菌群紊亂的人，這種方法就很有必要了。

靶向抗菌，調節口腔菌群？

　　事實上，人們一直在尋找可以靶向精準控制微生物的方法。因為，傳統的控制和減少牙菌斑的方法會導致菌群被破壞，產生不良生物環境而更有利於致病菌的定殖，造成致病菌過度生長，引發口腔疾病。如果能夠專門調節關鍵致病菌，而不傷害正常的菌群，那將引起疾病治療的革命。目前來看，通過人體的共生菌來防止或抑制致病菌的定植，而不是採取殺菌素、抗生素來殺死致病菌更符合口腔微生態的實際情況，採用靶向性的以菌制菌、以菌抗菌的療法可在去除關鍵致病菌的同時，重建健康菌群。這種靶向性抗菌療法的策略包括：通過挖掘具有特異性抑制病原菌的活性菌、採用 CRISPR 等基因編輯的方法靶向病原體特異性基因、開發靶向性藥物遞送系統、生物膜分散等。

5　口臭也是病，臭起來要人命！

　　口臭，也被文雅的稱作「口腔異味」或「口氣」。口臭不一定都來自口腔，也可能來自鼻腔，但絕大多數是來自口腔的。無論來自哪裡，散發出來的臭氣都會令人厭煩，自己也會尷尬，特別是看到別人捂着鼻子，扭着頭默默遠離的時候。口臭不僅讓他人不敢接近，知道自己口臭之後也會影響自己近距離與人交往的勇氣，時間長了難免產生自卑心理，最終，影響正常的人際關係和情感交流。

口臭也是病

　　口臭實際上也是一種病，還有專門的醫生來診斷。經過專業訓練的口臭鼻測醫師，通過聞患者的口氣，用 1~5 分標準來衡量口臭的程度。想像一下這個場景，感覺還是挺為難醫生的，天天要聞這些臭氣。

　　評價口臭狀態，鼻測醫師是非常準確的，但也有專門的儀器。臨床上有專門的電子鼻來測試口臭，實際上測試的是揮發性的硫化物，比如硫化氫、甲硫醇等。含硫的化合物是引起口臭的一類氣體，通過檢測它們的含量來評估口臭的嚴重程度。口氣測量儀就是利用化學反應的原理，以數字的方式表示口腔中這類硫化物的 ppb 濃度，吹一口氣就能知道臭到甚麼程度，對醫生來說真是大有用處，可以大大減輕醫生受到的毒氣傷害。

　　流行病調查結果發現，口臭這種病的發病率還很高。據統計，口臭在中國人群中的發病率達到了 27.5%，那些愛吃肉的西方國家，口臭發病率更是高達 50%，來自不同國家和地區的多項調查表明，約有 65% 的人都曾患有口臭。口香糖最初也是來自西方國家，這可能跟他們高比例的口臭患者有關係。此外，西方人還有高比例的狐臭人群，兩「臭」疊加，殺傷力絕對猛烈，西方人大量使用香水可能也是出於這些原因吧。

引起口臭的原因

　　口臭的氣味差異可能對應不同的原因，比如酸臭味是由於消化系統出了問題，如消化不良和胃炎；腐臭味是肝臟出了問題；爛蘋果味則可能是酮症酸中毒；帶氨氣味多是腎臟患者。根據呼出氣體的組成和性質有助於疾病的

診斷和治療。無論甚麼原因，口臭都是身體不健康的一種信號，如果不注意，時間長了會引起一系列的疾病。

據統計，80%~90% 的口臭與口腔中的微生物代謝蛋白質和氨基酸產生的胺類化合物，如氨、吲哚、糞臭素（糞便氣味）、屍胺（死屍的氣味）和腐胺（腐敗氣味），以及揮發性硫化物，如硫化氫（臭雞蛋味）、甲硫醇（爛包菜味）和二甲基硫醚（爛海帶味）等有關。

氨和硫化氫這些小分子氣體可以自由出入血管和黏膜組織，不管在身體甚麼部位產生的臭氣都能快速進入血液，隨着血液循環到達肺泡。在發生氣體交換時很容易隨着二氧化碳呼出去，也可以直接在口腔黏膜部位跑出去，無論從哪裡出去，最終，都會引起口臭。這些氣味的產生跟特定的細菌分解特定的氨基酸有關，比如硫化氫來自於某些細菌對半胱氨酸的分解，甲硫醇來自某些細菌對甲硫氨酸的分解。有幾種菌 —— 牙齦卟啉單胞菌、齒垢密螺旋體、坦氏菌和 *Solobacterium moorei* 菌經常出現在牙周炎和口臭患者的口腔中。前兩種菌都能生成硫化氫和甲硫醇，並且產硫化氫的量比一般的細菌要多 10 倍。最後這種還沒有中文名稱的菌也能產生硫化氫，並且在所有口臭患者中都能找到，而在非口臭患者中，只有 14% 攜帶這種細菌。

臭氣是怎麼產生的？

要想產生上述臭氣，需要三個必備條件，一是蛋白質或氨基酸，二是可以分解它們產生臭氣的細菌，還有就是厭氧的環境。蛋白質或氨基酸來自於口腔的食物殘渣，比如塞在牙縫裡的肉絲，也可以來自口腔本身，因為口腔裡面其實大部分也都是肉。對於細菌來説，它們並不關心這些肉來自食物還

是來自人體，口腔裡的脫落細胞、壞死的組織等都可以成為細菌的食物。

　　因此，患有牙齦炎、牙齦出血和牙周炎的患者，口臭都比較重，可能就是因為細菌把那些因炎症犧牲的人體細胞給消化分解產臭氣了。特別是，嚴重到不止是牙周炎，已經開始出現牙周袋的患者，牙周袋越深，細菌藏得也越深，氧氣的濃度越低，越容易產生臭氣，口臭也越嚴重。

　　還有一個現象，那就是口臭患者的舌苔往往比較厚膩。舌苔實際上是由舌苔上的菌群和口腔中脫落細胞、白細胞、代謝產物等一起組成的。口臭的程度與舌苔的厚度和面積密切相關，舌苔越厚越易於形成厭氧環境，越有利於厭氧菌的生長。口臭患者厚舌苔上細菌的種類明顯增多，而且舌苔的顏色也和微生物的組成有關。有研究就專門分析了患有胃炎的黃色舌苔上的微生物組成，結果發現在所有 13 位胃炎患者的黃舌苔中都能檢測到芽孢桿菌，而健康受試者中就不存在。有意思的是，當用一種治療脾胃病的傳統中藥（半夏瀉心湯）治療兩個療程後，這些患者的舌苔顏色恢復了正常，同時，舌苔中的芽孢桿菌也消失了，舌苔菌群的組成也更接近健康人了。可見，芽孢桿菌很可能是舌苔呈現黃色的原因，或者是這種舌苔中特有的一種細菌。

　　口臭並不是只出現在成人中。兒童也會口臭，我曾接觸到不少自閉症的兒童，他們中很多人都有口臭。有研究發現，兒童口臭也是口腔菌群的活動造成的，並且觀察到口臭兒童的舌苔菌群的物種多樣性比正常兒童高，他們的唾液菌群組成也與正常兒童不同，這些菌群主要通過產生更多、消耗更少的硫化氫引起的口臭。通過分析這些細菌的基因，發現與萜類化合物及聚酮化合物代謝和應對感染性疾病的基因在口臭兒童中有更高表達。

疾病也會引起口臭

如前面提到的，疾病也會引起口臭。人們很早就注意到，幽門螺桿菌感染的動物呼出的氣體中有難聞的臭味。這種臭味可能來自幽門螺桿菌本身具有的尿素酶分解尿素產生的氨。

此外，整個消化系統出現異常也會導致臭氣的產生，如幽門螺桿菌感染或其他原因引起的食管炎症、糜爛、潰瘍或狹窄、十二指腸潰瘍、胃炎、胃潰瘍、消化不良、炎性腸炎等，都會引起食物在胃腸中滯留時間過長，細菌在厭氧環境下腐敗分解產生各種臭味氣體。

如果食物已經進入大腸，由於大腸中的微生物數量更多，食物殘渣中殘餘的蛋白質較多，經微生物分解後將產生大量的臭氣，由於肝臟的解毒作用，一些毒性氣體會被肝臟分解代謝掉，但是如果到了直腸部位，糞便停留時間過長，也就是出現便秘時，微生物分解產生的臭氣將不會經過肝臟代謝直接進入血液，進而從口腔釋放出去，引起口臭。有研究確實發現，便秘患者口臭的比例更高。便秘患者腸道中菌群也出現了紊亂，有益菌特別是雙歧桿菌的數量明顯減少，而致病菌的數量明顯增加，腸道產生的短鏈脂肪酸減少。

一些代謝性疾病，如營養性肥胖症、2型糖尿病、脂肪肝等均可引起口臭，這主要是由於患者長期攝入高脂高蛋白飲食，攝入的膳食纖維較少，導致腸道菌群的營養不足，短鏈脂肪酸的合成減少，進而引起口腔內短鏈脂肪酸的含量降低，最終引起口臭。

腎功能不全的患者口氣中含有氨類刺激性氣味三甲胺也會引起口臭。還有一種口臭也值得注意，那就是慢性扁桃體炎患者，這類患者齲扁桃體隱

窩裡面特別容易積聚脫落的上皮細胞和角質蛋白碎屑等，為厭氧菌提供了大量的食物和良好的環境，這些細菌消化分解蛋白質後產生的臭味物質引起了口臭。

由於這個地方很隱蔽，通過刷牙、漱口等都沒法清除，有的人扁桃體隱窩裡積攢的「雜物」形成了結石，但是有時候結石會自己跑出來，那麼自此以後口臭就突然消失了。如果不確定「臭源」是不是來自扁桃體隱窩，可以拿棉簽在口腔內部扁桃體的位置來回擦拭幾下，然後拿出來聞一聞是不是有臭味，如果有臭味，那就可以嘗試自己用手擠壓一下，把裡面的「臭源」趕出來，必要的時候也可以尋求醫生的幫助。

食物和藥物引起的口臭

除了上面提到的這些原因之外，也有一些口臭跟口腔微生物關係不大。比如有些患者在服用二甲基硫化物、奎寧以及抗組胺類和吩噻嗪類藥物後會產生口臭，這是藥物在體內代謝產生刺激性氣味的正常反應，停藥後即可消失。此外，韭菜、大蒜、臭豆腐等含有硫化物成份的刺激性食物，維生素缺乏、精神緊張和焦慮亦會引起口臭。

如何避免口臭呢？

那要如何避免口臭呢？從根本上說，通過調節口腔微生物的組成可以防止口臭的發生。從引起口臭的 3 個必備條件入手可以從根源上減少或杜絕口臭。比如減少肉食的攝入、避免吸煙、飲酒、少用抗生素、養成良好的作息

和排便習慣、少熬夜。其中，最直接的方式還是每天早、晚進行正確有效的刷牙、用牙線清潔、用牙刷或刮治器刮舌，保持口腔及舌苔衛生，必要的時候，到口腔科進行專業的治療，修補齲齒，維護好口腔整體健康。此外，合理的膳食對減少口臭，維持口腔健康也至關重要。如富含 ω-3 的食物能減輕牙周的炎症；鋅也能促進 RNA 的合成，幫助牙周的自我修復；維生素 D 可防止牙槽骨的流失。

　　口臭也不是現代病，古人們同樣也受口臭困擾。清朝一位詞人叫陸求可，他寫了一篇《月湄詞·相思兒令》，其中寫到「一點櫻桃嬌豔，樊素不尋常。何用頻含雞舌，彷彿蕙蘭芳。座上吹罷笙簧。徐徐換羽移商。晚來月照紗櫥，並肩私語生香。」想像一下，一位美女吹奏笛子，結果她的口臭挺嚴重，美妙的笛音伴着硫化氫臭雞蛋的臭味，現場演奏的感受一定不會特別美妙。通過「頻含雞舌」，中醫所說的「雞舌香」，就是「丁香」用來消除口臭，就可以增加演奏的情趣，可以達到「並肩私語生香」的效果。

　　古人用丁香做「口香糖」還是有一定的科學道理的，丁香裡含有揮發性的香味物質丁香酚，這種物質主要功能就是抗菌，抑制口腔中產臭氣的微生物。歷史上除了用丁香，還有人嚼胡椒、蓽撥和蒟醬葉，這些都含有特殊的香味並且具有一定的抑菌功效。實際上，在當時，也不是甚麼人都嚼「口香糖」，丁香還是舶來品，價格應該會很貴，只有那些達官貴人和上流社會的有錢人士才用得起。他們有很強的社交需求，一張口就臭氣熏天的人身邊應該朋友不會多。此外，上層人士非常注重禮儀，在重要場合清新一下口氣還是非常有必要的。據説在漢朝以後，含雞舌香已經成為在朝為官的比喻了。而現在，嚼嚼口香糖已經是再平常不過的舉動了。

　　要保持好的口氣，光嚼嚼口香糖是不夠的，最好還是從根源入手，從

根本上解決口臭的問題。一些簡單的掩蓋口臭的方法只是暫時有效，嚼口香糖、使用「口腔香水」或者殺菌漱口水都無法解決根本問題。尤其是殺菌漱口水，我並不推薦，除非醫生推薦你特別必要使用。

一些常見的抗菌藥物，比如洗必泰、西吡氯銨、三氯生、過氧化氫和二氧化氯等，雖然可以暫時驅除口腔異味，但同時也會毫無目的地殺死口腔中的有益菌，破壞口腔微生物的平衡，最終，反而加重口臭。

此外，一些益生菌，如某些羅伊氏乳桿菌和唾液乳桿菌等也能改善口腔菌群的組成，提高牙周治療的效果，改善口臭。

臭氣危害大，總得要排出

如果對口臭不加治療，這些臭氣長期在血液中循環，最終會進入大腦，損傷大腦的正常運轉，引起焦慮抑鬱等精神疾病。關於這部分內容，我將在下文中詳細說明。

人體產生的臭氣，特別是腸道產生的氣體，除了從嘴巴裡出來引起口臭，更多是以另一種形式 ——「屁」釋放出來。但是放屁這種事畢竟還是比較隱私的，那些臉皮比較薄的人，或者工作時周邊人太多，而又不能很好控制屁的聲音大小就可能經常「憋屁」，這些憋回去的屁也不會消失，很多時候會從嘴巴裡以口臭的形式放出來。那些口臭的人，屁也一定臭。實際上，屁也不是好惹的，研究好屁也是一門學問！

6 「屁」的學問

俗話說「管天管地，管不了拉屎放屁」，記得在 2008 年美國大選時，前總統克林頓的夫人希拉里在電視辯論直播現場，就錯誤估計了自己的控制能力，在快忍不住或者以為自己能忍住的情況下，很不自在地扭動身體，然後，擲地有聲地，放了一個響屁，引得場面十分尷尬，造成了 10 秒的冷場，就連奧巴馬都愣了半晌不知道怎麼應對。「放屁」的響聲和令人掩鼻的臭味無論如何都是件令人尷尬的事。

屁的成份複雜，毒物不少

屁，可不是一種氣體，而是混合了多種氣體。有人檢測過裡面的成份，約有 59% 氮氣、21% 氫氣、9% 二氧化碳、7% 甲烷、4% 氧氣，還有不足 1% 的其他微量化合物。從屁的成份可以看出，其中 99% 的物質都是無味的，而屁的臭味來自剩下的那 1%，裡面可能含有氨、硫化、吲哚和糞臭素等。

這些臭氣含量那麼少，為甚麼這麼臭呢？那是因為我們人類的鼻子對它們很敏感，空氣中哪怕含有一億分之一的此類氣體，人就可以聞到並且立馬捂住鼻子躲開。之所以對它們這麼敏感，是因為聞起來惡臭的氣味大多是有毒的，能聞到臭味，說明人天生的自我保護機制還在發揮作用。著名的臭鼬、臭蟲就是巧妙地利用了這一點，通過噴出臭氣（低級硫醇、醛和氰化物等）來降低對手的抵抗力。

甲烷會抑制腸蠕動導致便秘，而硫化氫會抑制肌肉收縮，損傷腸壁，可能與炎症性腸病和結腸癌有關。這些臭氣的毒性很強，能夠腐蝕腸壁引起「腸

漏」，還可以毒死細胞，引起基因的突變，增加患癌風險。腸道通透性增加更容易讓毒性物質進入人體，進入血液系統，最終，危害全身健康。

腸道微生物代謝產「屁」

屁的形成與腸道微生物密切相關，腸道微生物在其生命活動過程中要產生氣體，就像動物在生命活動中會呼出二氧化碳，植物在光合作用中釋放氧氣一樣，不同的是微生物的種類眾多，產生的氣體除了二氧化碳和氧氣之外，還有氫氣、甲烷、氨和硫化氫等，前面提到的能引起口臭的氣體，很多都可以由腸道微生物產生。

即使腸道微生物不參與產氣，腸道裡人體和腸道微生物產生的化學物質種類眾多，這些化學物質相互反應也會產生氣體。前面提到過，胃酸裡有鹽酸，呈酸性，胰液中含的碳酸氫鹽，呈鹼性，它們在十二指腸裡一碰面就開始發生化學反應，在酸鹼中和反應過程中就會產生二氧化碳氣體。

響屁不臭，臭屁不響

按照屁的量來說，腸道微生物產生的氣體佔的比例並不高，屁中的主要氣體其實是我們吃飯、說話時吞入的空氣，這個可以佔到屁的 70% 以上。人可以不吞入空氣嗎？你可以嘗試一下，當你咬一口比薩時，進入嘴裡的食物其體積一定比張口的嘴巴空間小，在嘴裡還需要咀嚼，這個過程需要攪拌翻滾食物的空間，空氣就這樣無法避免進入了人體。雖然無法避免吞進空氣，但是可以減少，比如控制進食速度，細嚼慢嚥，要知道吃飯太快，狼吞虎嚥

式的進食方式會把大量空氣吞下去，屁就會比別人多。

　　當然，除了屁，人體還有其他釋放空氣的形式。空氣進入胃之後，胃液會將空氣包裹起來，形成氣泡，氣泡較輕會慢慢地積攢在胃上部，積攢到一定的量就會產生壓力，刺激胃的壁叢神經以及膈神經，肚子和胃一起收縮，喉嚨和嘴巴同時張開，「嗝」的一聲，打了一個嗝，空氣就這樣從胃中排出來了。很多人吃飯後過一段時間就會打個嗝，這是胃在排氣，也稱飽嗝。

　　這些腸道微生物和腸道化學反應產生的氣體加上人說話和吃東西吞下肚子的空氣，在腸道中積攢到一定程度就會排出體外形成所謂的「屁」。據統計，一般健康人每天放屁 6~20 個，平均起來要放 14 個，每次約有 100 毫升，總產氣量可達約 1.7 升，放屁的次數會隨着纖維類食物的攝入量增多。如果放屁的量和次數過多或過少都是身體健康出現狀況的一個信號，很有可能是身體哪個部分出了問題。

　　「響屁不臭，臭屁不響」還是有一定的科學道理的。健康人放出來的屁氣味比較清新，並且量也比較大，聲音也大。屁裡的成份很合理，99% 的無臭氣體加上 1% 的臭氣。而如果出現消化不良、消化道出血、長期便秘、潰瘍性結腸炎等腸道問題，這時候放出來的屁成份就不同了，臭氣的成份就不止 1% 了，並且屁的量比較少，響聲也不會大，但是頻率會多一些，畢竟都是毒氣，腸道一定不願意讓它們在腸道裡多停留。臭氣成份含量高，量又不多，濃縮的臭屁那就真是奇臭無比，能熏死人了。

每個人都有獨特的「屁味」

　　如果有興趣聞一聞不同人的屁，你會發現每個人屁的氣味差別還是挺大

的。這也難怪，畢竟每個人吃的食物不一樣，腸道微生物的組成不一樣，腸道環境也不同。

有的人屁氣味很小，甚至還有點香味。你沒看錯，屁中確實可以檢測到香味物質，比如 α- 蒎烯和 β- 蒎烯、檸檬烯等。還有一些物質，比如二甲基硫醚，本身就是一種常見的食用香料，主要用於配製玉米、番茄、土豆、奶製品、菠蘿和橘子類果香及青香型。在濃度比較高的時候，比如超過 30 ppb 它聞起來像爛海帶的腥臭味，濃度比較低的時候就是香味了。

糞臭素也是一樣，吲哚濃度高時具有強烈的糞臭味，而濃度低時有香味，可以作為香料使用。不過聞起來香的可能性比較低，但是也不排除有些人就是聞着香。因為每人感受氣味的受體不一樣，同樣的氣味，有些人覺得好聞，而有些人則無法忍受。對於一些人來說，男性汗液裡的雄烯酮聞起來像花朵或香草的味道，但對於另一些人來說，它的味道像汗臭或尿液，很難聞，還有的人根本就聞不到它的氣味。

研究發現，不同人對這種氣味的感受差異是跟一種名為 OR7D4 的基因密切相關的，攜帶 OR7D4 基因的不同決定了人們對雄烯酮氣味的感受不同。女士們可以聞一聞你的男友或老公的汗衫，看看是感覺難聞還是好聞，據說感覺好聞或者可以接受的話就是天生的一對。

屁味的差異跟腸道微生物的組成更密切。每個人的腸道菌群都不一樣，就像世界上沒有兩片相同的樹葉，沒有兩個相同的指紋一樣。只有 1/3 的人腸道中有能產生甲烷的細菌。產甲烷的細菌是一種非常古老的細菌，早在人類出現的幾十億年前就存在地球上了。我們做飯使用的天然氣就是 20 多億年來地球上的產甲烷菌持續生產甲烷的結果，農村裡製作的沼氣池也是利用產甲烷菌分解畜禽糞便和秸稈產生的。這種菌是完全厭氧的，動物腸道是它

們的理想生存地，在腸道裡它們可以把氫氣與二氧化碳結合生成甲烷，它們都是無色無味的氣體。

氫氣也可以由腸道微生物產生，厚壁菌門的一些細菌可以將每克碳水化合物轉化為 1/3 升的氫氣，這樣一算每天大約會產生 13 升。所幸的是這些氫氣可以成為某些細菌的「原料」而被利用。

甲烷和二氧化碳一樣同屬溫室氣體。在大氣層中，甲烷所產生的溫室效應是二氧化碳的 23 倍以上。那麼，甲烷的來源呢？有一半來自水裡面的厭氧發酵，如水稻田裡產生的氣泡，另一半則來自有機垃圾分解和反芻類動物的腸胃，如牛的打嗝和放屁，白蟻分解木頭也會產生大量的溫室氣體。

還有一個問題可能大家沒有注意到，上面提到的，無論是甲烷、氫氣，還是氧氣、硫化氫等其他腸道氣體，都有一個共同點，它們都是可燃氣體。沒錯，實際上屁確實是可燃的。2014 年，據路透社報道，德國一家奶牛場因靜電引發了一場火災，原因是 90 頭奶牛放的屁在牛棚裡積聚，使裡面的氣體濃度達到了可燃的程度。

飲食與屁

飲食在很大程度上影響屁的組成和氣味。吃肉多了，蛋白質攝入過多，人體消化起來比較慢，蠕動較慢，細菌會對食物發酵的時間較長，則會產生較多的硫化氫和氨，屁會比較臭。

如果吃大豆、黃豆、豌豆、栗子等含低聚糖較多的食物經腸道微生物分解後也會產生較多的屁，但是一般不臭。人體缺乏分解低聚糖的酶——α- 半乳糖苷酶，所以低聚糖即使過了小腸也不能被人體吸收和利用。到了大腸就

不同了，這裡的細菌非常喜歡低聚糖，特別是一些有益菌更容易利用它們。比如剛才提到的大豆，裡面就含有大豆低聚糖，這是一類可溶的糖類，主要是棉子糖和水蘇糖。大豆低聚糖在腸道內可以促進人體內雙歧桿菌、乳桿菌和腸球菌的生長，抑制有害菌梭狀芽胞桿菌數量，並且會刺激腸道免疫細胞增殖，提高抗體產生能力，增強免疫力，還可以降膽固醇、降血壓、降血脂等。在動物實驗中，還發現它有一定的抗癌作用。

由於豆類經常引起人們脹氣和放屁，在西方國家，愛開玩笑的人們將豆類稱作「音樂水果（musical fruit）」。除了豆類，一些富含纖維素的食物，如捲心菜、紅薯、菜花、南瓜、蘿蔔以及洋蔥、生薑、蒜等有特殊氣味的辛辣食物也容易產氣。

還有一種情況是喝了牛奶放屁不停，這可能是乳糖不耐受。據說，93%的黃種人成年後大多不再分泌乳糖酶，喝下牛奶後乳糖吸收不了，只能跑到大腸裡供那裡的微生物利用，於是就會使人產氣。

除此之外，吃的食物的量也會影響屁的組成和量。如果趕上哪天心情好，吃了頓大餐，食物中不僅蛋白質和油脂含量高，肉和油炸食品吃得太多，腸胃就會負擔太重，即使經過了長時間的消化分解，經過小腸後仍有很多食物還沒來得及分解，這就會給大腸裡的細菌機會了，等它們消化分解之後，產生的氣體會讓你臭屁連連，而且還會比平時的屁更臭。

屁的組成可以反映身體健康狀況？

由於屁和人的飲食，腸道微生物的組成，甚至人的健康狀況密切相關，科學家們也對它越來越關注了，研究發現根據屁的組成可以大致了解身體的

健康狀況。比如胃腸道存在問題的人，經常存在消化不良，如胃炎、消化性潰瘍等胃部疾病及肝膽胰疾病等，會有更多的食物殘渣進入大腸，細菌利用後，產生胺類物質較多從而出現酸臭味；如果出現腥臭味，有可能存在消化道出血，如痢疾、潰瘍、腸炎等，這是腸道微生物代謝血細胞引起的；惡性消化道腫瘤患者的屁也很特殊，可能是其中的癌腫組織糜爛，脫落細胞被腸道微生物分解後產生了特殊的氣味物質。

已經有研究人員開發了可以分析屁裡成份的「電子鼻」，希望以此作為疾病早期預警與胃腸道癌症篩查的工具。也許在不久的將來，只需要在家裡馬桶上或者內褲上安裝一個傳感器，通過探測屁裡的成份就可以快速地對身體健康做一個評估，然後計算機通過數據庫計算出你得一些疾病的風險，並給出相應的預防措施。

其實，也許不用等到這個傳感器的研發成功，參考上面的介紹，你只需要密切關注自己的屁，如果太臭的話就需要提高警惕，關注一下自己的飲食，把動物性蛋白和脂肪的量控制好，適當降低食物的量，增加富含膳食纖維類的食物。如果屁的次數增多了，那就少吃點豆子。

如何製造理想的屁？

如果幾乎沒有屁產生，那可比多屁、臭屁要危險得多，就得考慮盡快去看看醫生了。如果長時間不放屁，腹部發脹，可能是直腸有問題，如腸梗阻、腸套疊、腸扭轉、便秘或痔瘡等，也可能是消化道穿孔引起的腹膜炎。接受過手術的人應該都知道，從手術室出來後，醫生和護士都會密切關注患者是不是放屁了或者排便了，只要有了就說明胃腸道正常，醫生和護士也就放心

了。這是由於手術過程需要麻醉，而麻醉劑有可能造成腸麻痺或腸壞死，導致腸道蠕動出現問題，能放屁了就代表胃腸功能沒有問題，不會要命，「一聲響屁報平安」就是這個道理。

如果碰到特殊情況，需要嚴格控制屁的量，比如要進入密閉的空間，參加重要的聚會或需要長時間地與他人相處並避免尷尬，那該怎麼辦呢？碰到這種情況就需要好好地設計你的屁了。

首先，要盡量減少屁中最多成份的量，也就是吞下的空氣數量，吃飯時要細嚼慢嚥，不說話，不交談，專心吃飯，以免把空氣帶入胃腸道，在食物的選擇上也盡量避免「發物」，也就是氣孔比較多，容納了太多氣體的食物，比如看起來比較蓬鬆的食物和碳酸飲料等。

其次，控制飲食的量，不要吃得太飽，控制肉類和比較油膩的食物的量，最好不吃那些容易被微生物分解產氣的食物，如豆類、澱粉類、纖維含量高的蔬菜水果等。

最後，放鬆心情，保持心情愉悅，因為壓力和緊張焦慮等不良情緒會讓腸道神經跟着緊張，影響正常的消化功能。如果可能的話也可以提前排便，把腸道中的物質排出來就減少了氣體的產生。

切記，不可憋着屁不放！一旦有屁意，如果不能優雅、巧妙和不動聲色地把它給放出來，也不要憋回去，忍住屁不放就會在腸管內積存，時間長了會跟腸黏膜的血液進行氣體互換，特別是在肛門附近，可以直接進入血液循環而不經過肝臟代謝，跑到肺裡和口腔裡引起口臭，實際上憋回去的屁不是沒有了而是從其他部位放了出來。

如果放屁問題給很多人造成了困擾，說不定未來會出現一個新的職業——「屁」設計師，專門幫人設計屁的成份、數量和排放時間。

知道了「屁的學問」，需要明白的是放屁是腸道正常運行的表現，放屁有利於身體健康。對待他人放屁我們要寬容一點，畢竟誰都不是控制肛門括約肌的高手；對待自己也從容一點，該放屁時就放屁，可以大方一點和主動一點，可以讓人知道咱的屁不臭，腸胃非常好。

特別要記得，我們在每天吃飯時，一定要清楚意識到我們吃進去的每一口食物，不僅僅是滿足我們自身的需要，還在餵肚子裡的微生物們。我們自己需要的食物基本上在小腸都分解吸收了，留到大腸裡的食物才是腸道微生物的。

因此，把多少食物留給自己，多少食物留給腸道微生物，不僅決定了你的體重，還決定了你養的腸道微生物的種類和數量。為了身體的健康，千萬不要在腸道裡培養那些產臭氣的、能致病的「惡狼」一樣的壞細菌，否則，遭殃的就是你的身體。

7　能活在胃裡的耐酸微生物：幽門螺桿菌

哺乳動物的胃裡酸性極強，胃酸可以消化絕大多數食物，甚至一顆鐵釘放進去也會被分解掉。然而，在這樣的極端環境下，胃裡仍能檢測到一百多種細菌，常見的有鏈球菌屬、乳桿菌屬、擬桿菌屬、葡萄球菌屬、奈瑟球菌屬及大腸桿菌類，假單胞菌屬也被檢測到。北京 301 醫院消化科的楊雲生教授曾報告，他們在胃中檢測到的微生物的種類超過 1000 種，胃液中的細菌數量估計超過 300 億 CFU/mL，重量可以達到 20 克之多。然而，有一種細菌曾被認為是唯一可以在胃裡存活的，它就是幽門螺桿菌（helicobacter pylori，Hp）。

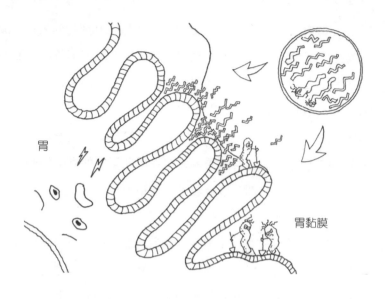

胃

胃黏膜

Hp 檢測和抗生素干預

　　大多數人認識幽門螺桿菌，應該是從醫生讓你喝下一種液體並對着某種儀器吹氣開始的，這種特別的測試方式應該會給人留下些許記憶。當然，如果這個測試的結果呈陽性，那也許就不是些許記憶，它有可能會是一個噩夢的開始。

　　測試呈陽性在一定程度上意味着你可能感染了 Hp，現代醫學已有足夠的研究證實這種細菌是慢性胃炎、消化性潰瘍以及胃癌、胃黏膜組織淋巴瘤等多種胃部疾病的重要致病因素，世界衛生組織甚至將其列為 I 類致癌因子。2005 年的諾貝爾生理學或醫學獎授予巴里·J. 馬歇爾（Barry J. Marshall）和 J. 羅賓·沃倫（J. Robin Warren），也是因為他們發現了幽門螺桿菌以及這種菌對胃部消化性潰瘍的致病機制。因此，多年來醫學界對待這種

細菌的態度都是徹底清除，以絕後患。

　　常用的治療方案是抗生素加質子泵抑制劑及鉍劑的「三聯」「四聯」療法，將胃中的幽門螺桿菌全部殺死。但是，抗生素耐藥率的逐年上升，抗生素藥物的副作用以及患者個體差異等問題，使得治療幽門螺桿菌感染變得愈發困難。幽門螺桿菌帶給人們的是不是噩夢，只有經歷過的人才知道，一些人會頭暈頭痛、噁心、皮膚瘙癢和便血，這些不良反應可能是抗生素的副作用，也可能是 Hp 垂死掙扎帶給人們的反應。

諾貝爾獎與幽門螺桿菌

　　人類認識幽門螺桿菌是從諾貝爾生理學或醫學獎得主巴里 · J. 馬歇爾的一杯特殊「飲料」開始的。20 世紀 80 年代澳大利亞臨床醫生馬歇爾和病理學家沃倫從患者胃黏膜中分離並成功培養出了一種螺旋狀細菌。為了驗證其是否致病，勇於獻身的馬歇爾醫生喝下了 20 毫升左右自製的富含這種細菌的培養液，如願以償地得了嚴重的急性胃炎。1983 年和 1984 年連續發表在《柳葉刀》上題為《慢性胃炎胃上皮的一種未知彎曲菌》和《胃炎和消化道潰瘍患者胃中的未知彎曲菌》的論文揭示出細菌能在胃的強酸環境下生長並與胃炎發病相關，自此，幽門螺桿菌登上現代醫學的舞台。

　　其實，就像達爾文的進化論、孟德爾的遺傳定律和牛頓的力學三大定律一樣，大自然神奇就神奇在它平心靜氣地等你，它千年萬年地等着你，等你去探索去發現，當你費盡周折推開那扇門時，它舉着小旗兒説：「來了，我在這兒等你很久了！」

　　實際上，幽門螺桿菌的存在可以追溯到 58 000 多年前，人類非洲祖先的

消化道中就已經有了它的身影。在人類漫長的進化和遷徙過程中，它一直伴隨，不離不棄，現在已經跟隨人類的腳步遍佈世界各地了。紐約大學醫學院的馬汀・布萊澤教授甚至認為幽門螺桿菌與疾病之間錯綜複雜的關係可能始於人類誕生之前。

自從幽門螺桿菌被馬歇爾和沃倫暴露以後，許多科研人員紛紛盯上了它。幽門螺桿菌這一沉默萬年的細菌依然沉默地接受着人類的調查和審判。

它是導致人類眾多疾病的罪魁禍首

在幽門螺桿菌發現之前，醫學界普遍認為，由於胃酸的存在細菌是無法存活的。那麼在發現這種菌之後，人們不禁要問，它憑甚麼？

沒有金剛鑽不攬瓷器活，沒有點其他菌沒有的本事還真沒法在胃裡混。科學家發現，幽門螺桿菌產生的脲酶，能夠催化尿素分解成氨，形成圍繞菌體的保護性「氨雲」，在胃酸這個強酸的大環境中生生打造出了一個低氧弱酸的小環境，靠着這個本事，它能順利穿過胃黏液跑到近中性的保護胃壁免受胃酸侵蝕的胃黏膜表面。

幽門螺桿菌不但不用為生存發愁，而且還想在胃中有所作為，體現自己的價值。目前科學家發現其致病的代謝產物主要有兩種：一種是 CagA（細胞毒素相關蛋白），主要負責給胃壁細胞注射細胞毒素，使胃黏膜上皮細胞壞死，破壞黏膜屏障，導致胃炎，進一步形成胃十二指腸潰瘍，甚至誘發胃癌；一種是 VacA（空泡毒素），可以使胃細胞上產生空泡，造成細胞壞死，當其足夠多時就能夠在胃壁上皮細胞上鑿出一個洞來。

近些年，越來越多的研究發現幽門螺桿菌除了與上述胃腸道疾病慢性胃

炎、消化性潰瘍、胃黏膜組織（MALT）淋巴瘤等胃部疾病有一定關係外，與多種胃外疾病也存在着一定的相關性。

　　血液上的兩種病——特發性血小板減少性紫癜和不明原因的缺鐵性貧血都與幽門螺桿菌相關，將其根除以後疾病可以得到緩解；幽門螺桿菌影響兩性的生殖健康，能夠直接或間接導致不孕不育，甚至連妊娠期糖尿病都和它相關。Hp 能夠定植在女性私密處，其鞭毛與精子的鞭毛存在抗原同源性，簡單說就是長得太像了。它作為抗原招惹了人體免疫系統，就會觸發人體的吞噬作用，一旦識別出是 Hp，就會把它們「吞」了，消滅掉。那麼長得和它很像的精子可遭殃了，也被識別不清的吞噬細胞當作它吞掉了。這樣子宮或輸卵管產生嚴重炎症，導致不孕。對於男性，已有研究發現幽門螺桿菌 CagA 陽性菌株與精液中更高的炎症因子顯著相關，後者能降低精子動力及損傷精子質量，導致精子活力和生育指數降低，從而不育。

　　除了上述疾病，還有大量疾病也與 Hp 感染有關。Hp 感染與認知功能障礙及阿爾茨海默病的相關性在病理機制方面已經有所證實，但在動物模型中未取得相應結果，此項研究仍在繼續；幽門螺桿菌 CagA 陽性菌株與冠心病動脈硬化的關係也有報道，但缺乏臨床其他研究結果的支持；Hp 是中心性漿液性脈絡膜視網膜病變的重要危險因素，在青光眼的發病機制中具有一定作用；Hp 感染與牙周疾病的關係已得到證實，而其在復發性口瘡性口炎發病中的作用尚有爭議且機制不明；Hp 對皮膚的效應尚不十分清楚，但已有其與皮膚過敏和慢性蕁麻疹相關的報道；研究人員推斷由 Hp 導致的系統性炎症會導致黏膜對食物抗原的滲透性增加、免疫調節、促發自身免疫機制以及損傷血管的完整性；已有幾項病例對照研究指示糖尿病患者有更高的 Hp 感染率，但目前尚存爭議。

此外，Hp 可致胃癌已無異議，1994 年國際癌症研究中心已將其列為 I 類致癌因子，這也是許多 Hp 陽性者焦慮和要求根除的主要原因。2014 年，Hp 胃炎京都全球共識的制定會議推薦：除非有限制因素，應對所有 Hp 感染者進行根除治療。

對於這麼一個「反了天」的細菌，人們還有甚麼理由讓它寄居在體內與之共生呢？殺掉殺掉，統統殺掉！但是，人們發現利用抗生素將其全部清除，有可能會引起一些副作用。食管反流症是根除幽門螺桿菌後的常見症狀，有可能會進一步導致食管炎甚至食管癌；患過敏症的可能性也大大提高了；另外，抗生素的大量服用還會增加耐藥性細菌產生的風險；最重要的也是危害最大的是，在根除幽門螺桿菌的過程中抗生素的大量使用使得數量龐大種類豐富的腸道微生物被連累而無辜遭殃，失衡的腸道菌群需要很長時間才能重建，嚴重的將無法恢復，這對身體健康的影響將是漫長且不可預知的。

那麼，人們應該怎麼對待幽門螺桿菌呢？隨着各國科學家研究的深入，他們發現這種菌並非窮兇極惡之徒，甚至還有可取之處，之前一竿子打翻一船人的做法有些極端了。

它是含冤待雪，不離不棄的共生菌

發現 Hp 以來的 30 多年中，它一直被當作敵人加以殺滅。人類為了殺滅它們想盡了各種辦法，從最初的使用一種抗生素、兩種藥物聯合、標準三聯以至現在含鉍劑的四聯用藥，療程也從 1 週延至 10 天或 2 週。

方法的升級是因為原有的方法在使用一段時間後根除率逐漸降低。然而，即使療法一直在升級，但 Hp 的平均感染率並沒有明顯降低，1990—

1995 年和 1996—2002 年，Hp 平均感染率分別為 57.71% 和 58.32%，主要原因是 Hp 對抗生素產生了耐藥性，其實這也是細菌生物適應的必然結果。

世界上有超過 50% 的人群體內都有幽門螺桿菌，某些國家或地區人群的感染率甚至高達 80%，但是在這些感染人群中約 10% 的人患有消化性潰瘍，1% 左右的人會患胃癌。中國的感染率約在 60%，西部偏遠貧困地區感染率更高，西藏地區感染率超過了 80%。其實大部分人在出生 6 個月後便攜帶有這種細菌，除非使用抗生素否則將會伴人終生。按照平均水平計算，中國有超過 8 億人感染 Hp，這無疑是一個非常龐大的群體，徹底根除這些人體內的 Hp 花費將超過 4000 億元。

當我們向人體內的這一細菌宣戰時，無論從花費還是必要性上都要慎之又慎。一定要考慮清楚，我們一定要將它們趕盡殺絕嗎？能將它們趕盡殺絕嗎？

大比例人群的感染和如此長時間的共處，除了少數人和幽門螺桿菌出現戰爭外，大部分人都能與之相安無事非常和諧。面對這樣的現實情況，科學家們需要從更深的層面、更多的角度探究人類與幽門螺桿菌錯綜複雜的關係。

現在的研究已經發現，Hp 並不是導致胃癌的唯一因素，Hp 陰性的胃癌患者也不在少數。2007 年世界胃腸病學組織（WGO-OMGE）制定的發展中國家 Hp 感染臨床指南也提到，尚無研究證實 Hp 篩查並治療可降低胃癌的發病率。所以，我們真的有可能被 Hp 給嚇到了，它們其實並沒有那麼壞！

人們發現亞洲地區胃癌發病率和幽門螺桿菌感染率一致，而非洲地區卻是高感染率與低發病率相伴。通過先進的基因分析手段深入研究，原來幽門螺桿菌擁有多種與其宿主（人類）相關的地域源性菌株，簡單理解就是，生活中同一區域的人們體內的幽門螺桿菌是一樣的，不同地域的幽門螺桿菌可能

不一樣，而不同幽門螺桿菌的致病性相差甚遠。我們前面說過導致幽門螺桿菌致病的毒素有 CagA 和 VacA，中國的幽門螺桿菌中所有的菌株都能分泌 CagA，而歐洲的菌株只有 60% 能分泌這種毒素，非洲更低，這就是為甚麼中國人幽門螺桿菌感染與胃病發作比其他地區嚴重的原因之一。

生活在某個區域的人類與某種類型的幽門螺桿菌共同經歷了萬年的漫長進化，兩者彼此都能相互適應。當這種狀態被打破時，細菌致病的病理過程將被啟動，人和菌的戰爭一觸即發。

那麼這種狀態是如何被打破的呢？某種幽門螺桿菌流竄到自己不熟悉區域人群體內了，二者不相熟，相遇相殺；或者宿主自身就屬於幽門螺桿菌感染後易發病的高危人群，有研究認為這種人群若是感染了高致病性的幽門螺桿菌（分泌 VacA 或 CagA）能增加胃癌風險 87 倍，多嚇人！

也可能原本宿主與寄居其中的細菌兩相安好，由於其在生活方式、飲食等方面不良的行為，造成胃黏膜受損，而幽門螺桿菌恰巧就在損傷部位定植，無意中給宿主來了個雪上加霜；還有可能外因導致人體菌群失調，抑制幽門螺桿菌生長的菌群被破壞，這種細菌之間相互牽制的平衡被打破後，幽門螺桿菌就開始大肆生長繁殖了。

也不是成功根除 Hp 後就萬事大吉了，我們還要隨時面對復發和再感染的問題。2002 年，我國的調查結果顯示 Hp 感染 5 年復發率接近 10%。實際上復發和再感染的原因主要還是 Hp 廣泛存在於自然界中，人體、飲用水、牛羊乳汁、餐具、動物糞便，甚至土壤和海水中都檢出了 Hp 的存在。

Hp 與人類已經數萬年在一起了，對於這個亙古存在的自然界中的一員，歷史上並沒有對人類造成過災難性的後果，我們對它們的絞殺應該是從 20 世紀 80 年代發現 Hp 與胃炎的關係開始的，在過去的幾十年中我們才對 Hp 有

些了解就開始不能容忍它們的存在了。

胃炎的發生可能並不是因為 Hp 的存在，而是因為 Hp 在胃裡的數量太多，打破了原有的微生物平衡，馬歇爾喝下去的 Hp 活菌引起了胃炎，可能只是因為喝的活菌數量太多了。所以，有菌和菌的多少是不同的概念，我們對待這兩種情況採取的措施也是不一樣的。

我們已經知道，人類就是與成千上萬的微生物共生的，已經和諧相處了不知道多少代了。大腸桿菌也曾經被人類絞殺過，它們有時也會致病，但是只有其中某些菌會引起嚴重的感染，人部分大腸桿菌是與人共生的，並且為人體提供了大量的 B 族維生素。到目前為止，人類已經可以寬容對待大腸桿菌，不再將它們趕盡殺絕，這是人類認識的進步。然而，人類對於 Hp 還沒有做到如此寬容，無論醫生還是患者依然不能容忍 Hp 的存在。

也許，過不了多久人類對 Hp 的認識就會發生改變，到時候那些追求絕殺 Hp 的人將有可能後悔，後悔在給 Hp 處以極刑的同時自己也成了受害者。

以菌抑菌：溫柔地對待它們

無論是「三聯」還是「四聯」療法，細菌抗生素耐藥率都在逐年上升，並且抗生素藥物的副作用等問題使得清除 Hp 變得愈發困難。人類對幽門螺桿菌的研究還在繼續，當人類疾病與它相遇時，我們到底是徹底清除還是聽之任之呢？針對這一情況，我國在幽門螺桿菌 2012 年專家共識中，將如何檢測確認、甚麼樣的適應證需要根治幽門螺桿菌，以及如何治療都進行了規定，為醫生對幽門螺桿菌相關疾病的診療提供了全面的指導。當然，不排除隨着對幽門螺桿菌更進一步的研究，這樣的共識會有所調整和改進。在目前的情

況下，一味地殺死 Hp 可能並不是最好的對策，好在現在還有了對抗 Hp 感染的新思路。

近年來，應用益生菌製劑預防和治療 Hp 感染可能是抗生素療法的補充或替代。研究發現，益生菌可以提高阿莫西林、左氧氟沙星和奧美拉挫三聯療法的 Hp 根除率，對於防治胃癌具有重大意義。臨床實踐用於抗 Hp 的益生菌主要有乳酸桿菌、雙歧桿菌和酵母菌等，單獨使用益生菌 Hp 的根除率在 30% 左右，而如果益生菌和三聯、四聯療法聯同時使用就能提高 Hp 根除率達到超過 80%，並且將味覺異常、腹脹和腹瀉等不良反應明顯降低。

這樣看來「以菌抑菌」的思路似乎是個不錯的選擇。益生菌也是活性的微生物，進入人體後就能從休眠態蘇醒過來。當益生菌進入胃裡時，它們會活化產生活性抑菌物質，特別是乳酸桿菌和雙歧桿菌，可以分泌有機酸、短鏈脂肪酸（甲酸、乙酸和丙酸等）和抗菌肽等物質，能夠直接抑制或殺滅 Hp。酸性物質還有助於降低 Hp 產生的尿素酶活性，阻止 Hp 在胃黏膜的生存。進入胃裡的益生菌還會搶先佔據胃的黏膜層，不給 Hp 接近黏膜層的機會。還記得前面提到的 Hp 發揮作用的兩個蛋白嗎？一些益生菌，如某些唾液乳桿菌，能夠對 Hp 分泌的 VacA 或 CagA 蛋白表達起到抑製作用，進而阻止 Hp 的入侵。

此外，益生菌除了直接作用於 Hp，還可能通過對機體免疫系統進行調節，增強機體對病原菌的整體抵抗力，來增強腸道的屏障功能。比如，一些益生菌可以刺激胃黏膜產生分泌型 IgA，提高黏膜防禦功能，系統性的增強對 Hp 的免疫力。

當然，益生菌還可以影響到腸道菌群，一些菌株，特別是雙歧桿菌類嚴格厭氧型益生菌可以到達腸道，調節腸道菌群平衡，有助於改善抗生素引起

的菌群紊亂，減少胃腸道副反應，提高患者根除 Hp 治療的依從性。

通過益生菌來抑制 Hp 似乎是比抗生素更好的方式，益生菌不是直接殺菌，這就不會給 Hp 造成太大的生存脅迫，理論上不會引起 Hp「狗急跳牆」似的產生抗藥性，這種溫和的方式只是把 Hp 的數量控制在了合適的範圍，讓它們不能興風作浪，Hp 還是可以和人類共生的。

作為人類的我們究竟應該對幽門螺桿菌採取怎樣的態度呢？相信很多人都有這樣的困惑。無論怎樣，我們都應該尊重科學，既不要談菌色變也不要淡漠視之，理性分析幽門螺桿菌的作用。如果沒有症狀可以不用檢測 Hp，如果有胃部不適，需要做好檢查，找到致病根源，聽從醫生安排，按時足量地服用藥物。

作為沉默上萬年讓人類折騰了幾十年的幽門螺桿菌，我想有一句話或許能代表它們的心聲：「走自己的路，讓人類瞎琢磨去吧！」

8 腸道上的「小尾巴」竟然如此重要

上小學時，某天聽說有個小朋友沒來上學是因為得了急性闌尾炎，老師輕描淡寫地說到醫院割了闌尾就好了。幾天後小朋友來上學了，可是我總是會下意識多看他兩眼，感覺他和我們其他小朋友不一樣了，他的身體中比我們少了一樣東西。可是大人們卻認為這是一件「斬草除根、以絕後患」的好事，說這個孩子以後都不用擔心再得闌尾炎了。

腸道中的「小尾巴」

闌尾是腸道中最粗大部分 —— 盲腸延伸出來的一個「小尾巴」，與成年人的小手指差不多長，是一種蠕蟲狀的條帶器官，在小腸和大腸的交匯（盲腸）處向外突出。

這個「小尾巴」裡面是空心的，直接與腸道相連。一旦這個器官發炎，能引發腹部劇痛，會讓人痛不欲生，據說疼痛等級僅次於生孩子。

這樣一個小小的器官，竟然能經常引起炎症，差不多每一二十個人中就有一個人出現過闌尾炎。急性闌尾炎幾乎是外科急腹症中最常見的，可以佔到普外科的 10%~15%。醫生們碰到急性闌尾炎也沒有啥好辦法，最直接快速的方法就是切除闌尾。雖然，切除能夠解決疼痛，但急性闌尾炎的死亡率仍有 0.1%~0.5%，據統計，僅在 2013 年，全球共有 7 萬多人因此喪生。鑒於如此高的發病比例，以及闌尾無用的觀念，人們都將「孩子出生時就切除闌尾」視為發達國家醫療先進的代表案例。很多家長，甚至在一些國家，為了避免日後發病，在孩子出生時就「斬草除根」了！

不是無用器官

人體的每一個器官都有其作用，只是我們了解得還不夠。在動物世界裡，闌尾是食草動物儲備分解它們吃下去的植物所需要的細菌的「寶庫」。據進化論始祖達爾文推斷人體內的闌尾可能是人類祖先曾經用於消化葉子等高纖維植物的器官的退化產物。然而，這僅僅是猜測，對現今的人類這樣的雜食性動物來說，闌尾的作用仍然不明確，即使切除掉，也不會影響人類的生

存，因此，很久以來，人們都認為闌尾是沒有任何作用的無用器官。

　　隨着醫學研究的發展進步，闌尾無用的觀念已然被顛覆。這個由盲腸延伸出來的「小尾巴」，大腸中的「死胡同」不僅不是無用的器官，而且還肩負着十分重要的使命。較早期科學家已經認識到，闌尾是一個免疫器官，內部分佈大量淋巴組織，參與機體免疫。它能分泌多種活性物質和各種消化酶等，如促使腸管蠕動的激素和與生長有關的激素等。淋巴組織在出生後開始出現，到 12~20 歲時達到高峰，隨後就開始漸減少，到 55~65 歲後逐漸消失。然而，近年來越來越多的研究結果揭示出闌尾的功能與體內腸道中種類豐富、數量巨大的共生微生物密切相關。

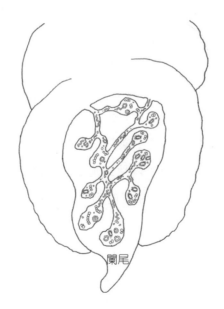

闌尾

細菌的「寶庫」

　　美國杜克大學研究發現，闌尾中儲存了大量對人體腸道有益的細菌。當一個人因生病或其他原因導致腸道內的菌群紊亂時，闌尾就會將這些細菌貢獻出來，幫助腸道重塑健康菌群體系，維護了腸道微生物的平衡。闌尾就像是為腸道菌群做了一個安全的「備份盤」，在關鍵時刻能夠補充患病時被刪除掉的腸道系統內的有益細菌，減輕人體內致病菌所造成的傷害。

　　澳大利亞和法國進行的一項聯合研究進一步證明了這一點：闌尾產生一類特殊免疫細胞——固有淋巴細胞。這種細胞是生物體長期進化過程中形成的一系列免疫效應細胞，能夠對入侵的病原體迅速作出應答，產生非特異抗感染免疫，對保護免疫力低下人群抵抗細菌感染起到十分重要的作用。固有淋巴細胞幫助闌尾儲備有益菌群，用以維持人體內菌群平衡。當人體腸胃感染甚至食物中毒時，人體內有益菌的平衡對於病菌病毒能起到很好的抵禦作用。

　　日本大阪大學醫學系研究科的竹田潔團隊的一項實驗成果為「闌尾向腸道提供免疫細胞，調控腸道菌群平衡」提供了有力的證據，他們對比切除闌尾和沒有切除的小鼠大腸中 Ig A 陽性細胞（一種免疫細胞，產生抑制體內細菌繁殖的 Ig A 抗體）發現，切除闌尾的小鼠大腸內該免疫細胞減少了一半，腸內的細菌平衡也被打亂了。由此證明闌尾是產生 Ig A 陽性細胞的器官，該細胞產生後會移動到大腸以及小腸，而這些細胞產生的 Ig A 抗體則能與特定的腸內細菌結合，抑制其繁殖，從而達到調節腸內細菌平衡的目的。

　　美國亞利桑那州中西部大學的研究人員在對 533 種不同哺乳動物的盲腸進行深入研究時，對闌尾的進化史進行了廣泛深入的追蹤，結果發現一旦動

物進化出闌尾，便再也不會在這些動物的後代中消失，同時發現具有闌尾的物種在下腹盲腸中擁有的淋巴組織數量更多，更利於腸道有益菌的生長。

闌尾是控制腸道菌群平衡的重要器官，這一點已被證實。闌尾內部菌群的平衡也影響着闌尾自身的健康。有研究發現，闌尾中梭桿菌屬（*Fusobacteria*）的增加可導致急性闌尾炎的發病。

闌尾與共生微生物相互支持、相互陪伴，共同擔負着維持腸道菌群平衡的重任。我們或許可以預見在不久的將來，隨着研究的進一步深入，這個曾經被人類忽視的器官，會成為腸道微生物研究的熱點，闌尾或其中微生物的健康狀態有可能成為人體健康的檢測靶點，雖然現在看來還存在着一定的檢測難度！

9　超 60% 的健康人血液裡都有微生物？

曾經，有一位 65 歲的老太太，長期規律服用格列齊特等幾種治療糖尿病的藥物。有一天，她突然呼吸困難，發高燒，住院後被確診為嚴重肝膿腫和菌血症。醫生用了穿刺引流和廣譜抗生素，結果還是沒能控制住病情，出現了胸腔積液、下腔靜脈血栓和感染性肺栓塞等。多次更改治療方案無果的情況下，醫生們從她的血液中培養出了一種微生物，經鑒定這種微生物正是她每天喝的酸奶中的乾酪乳桿菌（乾酪乳桿菌乾酪亞種 CNCM I-1518 株，達能公司生產）。這是首次明確的特定「益生菌」可能造成肝膿腫的病例。雖然，屬於極為罕見的病例，但對於那些經常服用多種藥物、身體免疫功能低下的人群來說還是應該慎重攝入活菌，存在進入血液的風險。

微生物進入體內的「微縫隙」

　　上面這位老人得的「菌血症」，從名字上看就知道這個病跟細菌有關係，是細菌侵入血液引起的感染。細菌怎麼能侵入血液呢？體表和體內的表層細胞不是擋着嗎？正常情況下，人的血液確實是無菌的，人的表皮也是密不透「菌」的，但是在某些情況下失控了，表皮細胞之間緊密的連接被破壞，有了縫隙，外界的細菌就能鑽進人的血液系統。前面講過，人體體表和體內都分佈有大量的微生物，只要有縫隙出現，微生物就可以堂而皇之地進入體內。

　　不小心摔倒時，膝蓋上磕了一個大口子，鮮血直流，同時「大縫隙」也出現了，微生物們就能通過這個「大縫隙」進入血液。傷口是常見的，「看得見，摸得着」的縫隙，有些縫隙是看不到的，比如傷口出現在人體內部，胃腸道裡出現了炎症形成的潰瘍就是體內的「大縫隙」，胃腸道的微生物能從這裡進入血液。還有一類，體表和體內的「微縫隙」，肉眼也沒法看到，只是細胞之間的連接有點鬆動。微生物很小，想要進入人體內部根本不需要有「大縫隙」，細胞之間只要有一點縫隙，哪怕是零點幾微米的小縫，微生物就能進去。一旦微生物進入，它們就可能隨着血液循環系統在 23 秒內在體內轉一大圈，一些菌會在喜歡的器官附近定居下來，侵入該器官，從而引發相應的病症。微生物在血液中到達一定數量時，就屬於嚴重的系統性感染疾病了，其死亡率可以達到 35%。

患者和健康人血液中微生物都不少

　　微生物長期廣泛分佈在人體體表和體內，大大小小的縫隙也會時不時

地出現，所以，微生物進入血液也就不足為奇了。中國醫科大學附屬第一醫院曾做過一項研究，他們對送檢的近 3 萬例患者的血液標本進行分析，發現 11.69% 的樣本中存在微生物。從這些樣本中共分離出 3295 株病原菌，其中超過一半是革蘭陽性球菌，如凝固酶陰性葡萄球菌、金黃色葡萄球菌、糞腸球菌和屎腸球菌；還有 40.39% 是革蘭陰性桿菌，如大腸桿菌和肺炎克雷伯桿菌；另外，還有 3.4% 的真菌，如白假絲酵母菌。

從送檢樣本來源看，血培養分離率較高的前 5 位科室是重症醫學科、感染科、血液科、風濕免疫科和呼吸科。這就說明微生物的入侵與患者的免疫狀況密切相關，免疫力差，病情嚴重的話，微生物入侵人體的比例也高。人的免疫系統可不是微生物隨便就可以進入的，傷口上出現的「膿」實際上就是人體的白細胞等免疫細胞為阻止從傷口入侵的微生物進行戰鬥留下的屍體。感冒時嗓子裡吐出的痰也是免疫細胞和病菌的屍體混合物。如果人體免疫細胞多、戰鬥力強，微生物就會被消滅在縫隙處，根本沒有機會入侵人體；只有當免疫力變差時，它們才有可能侵入人體。重症患者、已出現感染且免疫力異常的患者和使用了免疫抑制劑的患者，他們的血液中檢測到微生物的概率一定會大大增加。

按照上面的分析，只要有微生物，只要有出現「縫隙」的機會，微生物就有可能進入血液，哪怕是健康人也一樣。通過嚴格實驗分析，研究人員證實了這一點。除了患者，健康人的血液中也確實存在大量微生物。2013 年，有研究者收集了 60 位 50 歲以上的健康老年捐獻者的血液，把它們放在厭氧或好氧培養基上培養 7 天。結果發現，有 62% 獻血者的血漿或紅細胞接種的平板上觀察到細菌生長；在 23% 的血液中發現痤瘡丙酸桿菌，38% 的血液中發現表皮葡萄球菌，這些菌都在皮膚表面分佈。通過這種方法鑒定的大多

數細菌為兼性厭氧菌（59.5%）或厭氧菌（27.8%），遺憾的是，當時的常規血液篩選是不太可能檢測到它們的。

細菌、病毒、真菌都在血液裡「開派對」？

實際上，血液中的微生物遠不止上面提到的這些。它們都是通過培養的方式鑒定的，藉助更先進、靈敏度更高、檢測更精準的高通量基因測序的方法，結果可能更出人意料。2017 年，美國斯坦福大學等機構的研究人員採用上述技術證明，人血液中微生物多樣性遠超人們原有的認知，其中大部分微生物是以前從未鑒定過的。他們收集了 1000 多名器官移植患者的血液樣本，通過基因測序發現患者血樣中包含器官供體的 DNA 片段以及各種細菌、病毒和其他微生物 DNA 片段，新發現的絕大部分細菌屬於變形菌門、放線菌門、厚壁菌門和擬桿菌門。新發現的病毒則屬於輸血傳播病毒家族（一種 DNA 病毒，一般不會致病，但大量存在於免疫系統受損的患者體內）中的一種。除此之外，還有 99% 非人類 DNA 片段都不能與現有微生物基因數據庫匹配。這就說明，血液中還存在大量以前未被發現的、全新的細菌和病毒。

上述結果是在器官移植患者群體發現的，並不能代表健康人也這樣。別急，有研究人員採用同樣的高通量基因測序的方法對血站保存的健康獻血者提供的 600 例合格血製品（包括 300 例紅細胞和 300 個新鮮冰凍血漿）中的微生物進行了檢測，結果發現這些健康個體血液中確實可以檢測到多種病毒、細菌和真菌，尤其是病毒，除了血液中常見的病毒，還有人類 pegivirus 病毒（曾被稱為庚型肝炎病毒）以及存在於皮膚上的人乳頭瘤病毒 27 型和梅克爾細胞多瘤病毒，而星狀病毒 MLB2 在新鮮冷凍血漿中才有。

這區區幾百個樣本，可能也說明不了問題，說不定他們採集的樣本本身就是特殊地區的呢。也有這種可能，不過，最近一項研究收集了更多的樣本，他們分析了超過 8000 個健康人的血液樣品的病毒組成，結果鑒定出了 94 種病毒序列，其中 19 種是人類病毒，有 42% 的受試者檢測到了這 19 種不同的 DNA 病毒。在這些病毒中，最常見的是人類皰疹病毒，包括巨細胞病毒、愛潑斯坦–巴爾病毒、單純皰疹病毒和人類皰疹病毒 7 型和 8 型。除了這些常見病毒，在樣品中還發現了指環病毒、乳頭狀瘤病毒、細小病毒、多瘤病毒、腺病毒、人類免疫缺陷病毒和人類 T 淋巴細胞病毒。

當然，也不能完全排除檢測到的病毒可能是來自實驗過程，比如可能來自實驗室的試劑、耗材和環境的污染等。需要注意的是，這個研究並沒有直接檢測病毒，而是檢測了病毒 DNA 序列。究竟是不是存在這麼多的活體病毒還未可知。

健康人的血液裡面除了細菌、病毒之外，還含有大量的真菌。2017 年，來自保加利亞的研究發現，健康人血液中存在大量休眠真菌。研究人員在所有測試的血液樣品中都檢測到了真菌，並且通過透射電子顯微鏡還拍攝到了清晰的真菌圖像。他們共鑒定了 25 個細菌屬以及 4 個門和 10 個屬的真菌。

輸血安全，不容忽視的微生物

健康人血液中既然存在大量的微生物，那麼大家肯定十分關心輸血過程是否也會把健康人血液中的微生物輸給患者。這種擔心是真實存在的。如果你曾經接受過輸血，那麼在你輸血的同時確實也輸入了血中的微生物，特別是病毒。雖然，現有的技術已經做到了成份輸血，在輸血前，所有血液也都

需要微生物檢測，但是檢測的種類非常有限，主要包括：金黃色葡萄球菌、大腸桿菌、肺炎鏈球菌、HIV-1 型和 2 型、人 T 淋巴細胞病毒 -1 型和 2 型、丙型肝炎病毒、乙型肝炎病毒、西尼羅病毒和寨卡病毒等，這些微生物基本上都是被人類鑑定過的，對人體能夠造成傷害的，但對它們的致病機制還不清楚。對於未知的、不常見的微生物，目前還沒有成熟的檢測方法和技術。

事實上，在現有的檢測水平下，有研究估計，如果輸血後在患者血液中檢測到微生物，那麼血液感染的風險就會增加，並且 5 年死亡率的風險高達 44.7%。雖然，感染仍然是輸血後死亡率和發病率的主要原因，但是目前，按照現在的檢測技術有不足千分之一的血液可檢測到細菌污染。大家可能看着這個比例並不高，如果考慮到每天全國有數萬次輸血，理論上每天至少有幾十或數百人會發生感染，這實在是個不小的數字。

不過令人欣慰的是，世界衛生組織發佈的《2016 年全球血液安全與供應報告》顯示，中國血液安全供應水平位居全球前列，我國無償獻血人的次數和採血量也位居全球首位。我國臨床成份輸血率達到 99.6%，超過高收入國家 97% 的平均水平。我國還是全球 24% 的開展了血液核酸檢測的國家之一，人類艾滋病病毒等病毒初篩陽性率僅為 0.17%，有 5.95% 的血液因為檢測不合格而報廢。看到這些數字，是不是對我國的輸血安全問題表示放心，我國對血液安全的把控還是很嚴格的，不用太擔心輸血的安全性。

⑩ 亞健康 —— 血液中微生物惹的禍？

想像一下，假設各位讀者都是健康人，你們之中有超過 60% 的人血液中存在多種微生物。我想，大多數人目前並沒有不適症狀出現，也有可能一些

人已經出現過輕微不適，但並未達到臨床上發病的地步。這種發病率和不適症狀與大家熟悉的「亞健康」狀態是不是很類似？亞健康是人體處於健康和疾病之間的一種中間狀態，不能達到健康的標準，也不符合現代醫學有關疾病的臨床或亞臨床診斷標準。不同人群中，亞健康的比例在 20%~80%，跟血液中微生物的檢出率有重合，那麼人的亞健康狀況是不是可能與血液中的微生物有關？

如果真是這樣，我們就有可能找到改善亞健康的方法。那就是盡可能地避免微生物進入血液。如何才能避免呢？在前一節的一開始，我就分析了微生物進入血液的條件，其中，最關鍵的就是不給微生物提供「縫隙」。然而，要做到這一點非常困難。仔細想想我們的日常生活和飲食習慣吧，我敢說 100% 的現代人在一生中都不能做到不給微生物進入體內的機會！絕大部分人都存在飲食不合理、缺乏運動、作息不規律、睡眠不足、精神緊張、心理壓力大、長期不良情緒等，而這些生活和飲食習慣都能影響人體細胞通透性，會導致人體出現「縫隙」，給無處不在的微生物以可乘之機。

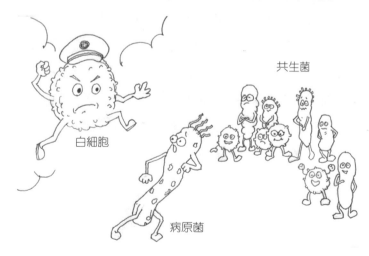

共生菌

白細胞

病原菌

重在保養，不留縫

為甚麼還有百分之三四十的人血液中沒有檢測到微生物呢？這也容易理解，畢竟人體還有強大的免疫系統。前面說過，即使微生物進入人體，免疫系統也會拚命把它們消滅掉，免疫系統強大的人可以抵禦微生物入侵。免疫力強的人不是說沒有上述不良生活和飲食習慣，而是說他們只有部分不良生活和飲食習慣，同時也有一些好的習慣，比如他們會經常鍛煉身體，朋友比較多，善於調節生活節奏等，好壞相抵，即使有微生物的入侵，也還有自身的修復，兩者平衡維持了身體整體上的健康。這就好像汽車一樣，日常行駛過程中會對汽車的零部件造成損傷，經常進行保養，換換機油、濾芯、給車漆打蠟都可以修復磨損，只要保養得好，開個幾十年可能都跟新的一樣。

那些「逆齡」生長的明星們也許都有獨門秘笈，能夠把自己保養得跟年輕時毫無兩樣。但真正能夠做到「保養」自己身體的人是少數。我也一樣，道理都知道，也知道怎麼做身體更健康，但是，迫於生活和工作壓力，不得不犧牲身體健康來完成自己的工作，獲得相應的成果。寫這些文字時已是凌晨一點多鐘，寫得盡興了，同時也為了趕上與出版社約定的交稿時間，就不得不加班加點。利用業餘時間來寫科普文章，大腦和身體都被工作佔得滿滿的，實在沒有時間和精力保養自己的身體。「一個做健康科普的人，都不關心自己的健康！」是我愛人經常「嘲笑」我的話。我承認，這方面確實是我的「軟肋」，然而，對於做科普，卻是興之所至，自當盡力而為。

老年病，菌之過，少壯不注意，年老徒傷悲！

血液中長期存在的微生物可能是很多疾病的罪魁禍首。血液中微生物存在時間越長，人患病的概率就越大。很多老年常見病，如帕金森症和阿爾茨海默病等神經退行性疾病，患者的血液中實際上分佈有大量的微生物。

有研究人員採集了上述兩種患者的血液，通過電鏡觀察，發現血液中有大量不同形狀和種類的微生物。這些微生物可能在他們出現神經系統損傷的幾十年前就已經存在了，很有可能是這些微生物產生的毒性物質直接或間接引起了神經退行性疾病的發生。

當然，這只是一種猜測，還沒有經過嚴格的科學驗證，但是從理論上是說得通的。在我曾參與的帕金森患者腸道微生物研究中，我們注意到參與調查的大多數帕金森症患者年輕時都有過大量飲酒史或抗生素使用史。很多人年輕時因工作需要長期應酬，恨不得每天都陪客戶，陪領導喝酒，而酒精又特別容易破壞腸道黏膜層，引起黏膜層變薄，使腸壁細胞之間的縫隙變大。酒精還可以自由穿梭於全身所有細胞，也包括血液與大腦之間，乙醇能引起血腦屏障的通透性增加，這就為微生物進入血液系統，進而進入大腦提供了充足的條件。

這裡還要特別說一下，老年人的另一類疾病——癌症。癌症的發生可能跟微生物的入侵也密不可分，特別是進入人體的細菌和病毒。近幾年的研究已經證實，腸道中的一種具核梭桿菌與結直腸癌的關係非常密切，腸道中只要存在這種菌，結直腸癌的發病率就會明顯提高。在癌症的治療過程中他們的身體特別脆弱，化療和放療會誘發免疫抑制和黏膜出現炎症，這就給微生物們提供了絕佳的侵入條件，導致微生物進入血液系統，進一步加重病情。

癌症治療過程引發的身體其他部位的副作用可能與放化療引起的微生物入侵有關。

很多人長期不良的生活和飲食習慣導致身體不適，再加上工作太忙，沒有時間去醫院，長期濫用抗生素，頭疼腦熱、感冒腹瀉都是自己到藥店買點抗生素吃一吃就扛過去了。這些抗生素對腸道細菌的殺滅作用非常強，並且還會損傷腸黏膜，引起腸道通透性增加。抗生素專殺細菌，對腸道真菌的影響並不大，這就間接地增加了真菌的相對比例，所以，抗生素的「殺傷力」完全不亞於酒精。2015 年發表的一項研究部分證實了我們的假設，研究人員對比了年齡在 62~92 歲的 11 位生前患有阿爾茨海默病的患者和 10 位健康人的腦組織樣本，結果發現所有患有阿爾茨海默病的患者腦組織中都存在真菌細胞和其他菌體成份，但是對照組的大腦中沒有一例檢測到真菌。他們在患有阿爾茨海默病的患者的血液樣本也發現了真菌蛋白質和 DNA 等大分子物質。

基於上述研究，我們推測，對於神經退行性疾病來說，如阿爾茨海默病可能的致病機制是：腸道微生物的紊亂加上「腸漏」促使血液和組織中微生物的入侵，血液中微生物的大量增殖引起脂多糖 (LPS) 和其他神經毒性物質增加，這些毒性物質進入大腦引起大腦炎症，神經細胞逐漸死亡，最終導致了阿爾茨海默病。

老年病，多半都是年輕時埋下的隱患。所以，年輕時不注意身體，微生物可能很早就進入血液系統了，隨着血液循環到達身體的各個器官，它們可能潛伏幾十年，一旦身體免疫力下降，某個器官抵抗力變弱，微生物就有可能發起進攻，最終導致疾病的發生。

過多的 VD、腸道菌群紊亂，腸漏

⬇

血液微生物 ⮕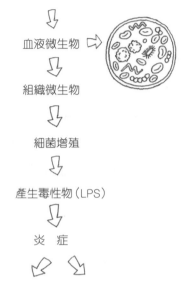

⬇

組織微生物

⬇

細菌增殖

⬇

產生毒性物（LPS）

⬇

炎　症

⬇　　　　⮕

大腦：神經細胞死亡，神經炎症　　身體其他器官：炎症
阿爾茨海默，帕金森、焦慮、抑鬱、自閉症　　肺炎、腸炎、陰道炎、腎炎、關節炎

人體疾病的「腸漏理論」

　　由於每個人身體薄弱的器官不一樣，導致不同的人可能患上不同的疾病，但歸根結底可能都是微生物進入血液引起的。由於人體 80% 的微生物位於腸道，有益菌能產生抗炎、鎮痛、抗氧化的物質，還可以合成維生素、氨基酸、丁酸鹽等營養成份，對人體有滋養和保護作用；有害菌則可以產生神經毒素、致癌物質和游離抗原，腸道微生物本身每天還可以產生大約 3 克酒精，這些物質進入血液後就可能引發多種疾病，而腸道通透性的增加更容易造成微生物的入侵，這就是人體疾病的「腸漏理論」。代謝性疾病、慢性病以

及一些神經退行性疾病等都可能源於「腸漏」，起源於微生物的入侵。趙立平教授曾在 2010 年提出過「慢性病的腸源性學說」，認為腸道微生物的結構失調可能是誘發慢性病的重要因素。

　　在未來，隨着人們對人體微生物認識和研究的深入，可能將會有更多的微生物被列入檢測項目，當然，也有可能不用擔心某些進入人體的微生物，因為它們可能是與人類共生的，在血液中能夠發揮重要的生理作用，特別是一些有益菌。人們對血液中微生物的認識才剛剛開始，這是一個非常值得深入研究的領域，說不定治療疾病的靶點就在這些血液微生物之中。

三

腸腦，人的「第二大腦」

1 肚子裡上演的「將相和」

人體神經系統操控着人的感知、認知、運動、呼吸、消化等多種功能。如果把大腦比作皇帝的話，我們的腦袋就是皇宮，由中樞神經系統和周圍神經系統組成的整個神經系統就是國家管理系統，主要由「丞相」和各方「權臣」負責。

中樞神經系統承擔着丞相的工作，在大腦的授權下總攬全國政務，也就是主管大腦和脊髓；而周圍神經系統則主管各部門及地方要事，包括腦神經、脊神經和自主神經三類。

腦神經就像「錦衣衛」一樣負責保衛「皇宮」，收集信息，主要控制頭部的器官，眼睛、鼻子、耳朵、嘴巴以及我們的喜怒哀樂等各種表情；脊神經就像軍隊一樣負責全國的安全保衛，控制着身體和四肢運動；自主神經系統就像後勤保障部門一樣負責全國的吃喝拉撒睡，主要控制內臟神經系統，並且又可以分為交感和副交感神經。這兩種神經算是權臣的兩大「總管」吧。值得一提的是第三類神經，受大腦支配，但也能夠獨立自主運行，可以不受大腦意志控制。

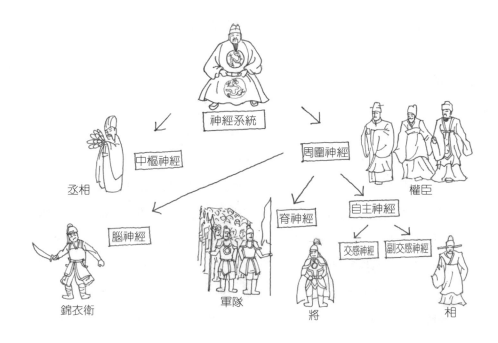

腸道裡的「土皇帝」

　　實際上，在腸道還有一個「土皇帝」，在民間有非常廣泛的群眾基礎，也被稱作「腸腦」。腸腦有着與大腦數量相當的神經細胞，使用着跟大腦一樣的神經遞質，唯一跟大腦不同的是腸神經系統分散在整個消化道，形成一個神經網，而大腦是整合在一個腦袋裡，形成褶皺密佈的兩個半球，它們一個分散、一個集中，運行都很高效。

　　所以，無論是皇帝還是土皇帝，都按照皇帝的權力配置在運行。腸腦控制的範圍比較廣，其管理系統是嵌在胃腸道壁上的，專門調控胃腸道功能，是與大腦管理系統相對獨立的神經系統。但是，它也不是完全獨立的，還是

受交感神經系統和副交感神經系統兩大總管控制的。

「將相和」

第一位大總管，交感神經，武將出身，它的活動廣泛，也比較活躍。當身體劇烈運動或處於不良環境時，交感神經的活動加強，調動機體許多器官的潛力，提高適應能力以應付環境的急劇變化，維持內環境的相對穩定。

另一位大總管，副交感神經，文官出身，它的活動稍有局限性，行事穩當。當機體處於平靜狀態時，副交感神經佔優勢，有利於營養物質的消化吸收和能量補充，能夠保護機體。

交感與副交感神經系統，一武一文，相互配合，既保持了機體的平衡，維持了後勤保障部門（自主神經系統）的正常運行，又調控着體內各個內臟器官的規律運行。

交感神經系統尚武，喜歡時不時活動活動筋骨，只要它一活動，就會引起各個內臟及皮膚末梢血管收縮、心跳加速、瞳孔放大，使得胃腸平滑肌的緊張性及胃腸蠕動的頻率降低，並減弱了其蠕動的力量，而且消化液分泌減少、肌肉能力增加，更是直接作用於肝細胞，促進肝糖原分解使血糖升高等，維持着工作狀態的呼吸、心跳、體溫和血壓。

副交感神經系統崇文，喜歡慢條斯理、穩穩當當。它平時的表現像一個任勞任怨、默默工作的安穩分子，負責保持身體在安靜狀態下的生理平衡。開始工作時，它會增進胃腸的活動，促進消化腺的分泌，促進大小便的排出，保持身體的能量平衡；還負責縮小瞳孔以減少刺激，促進肝糖原的生成以儲蓄能源；同時還會減慢心跳，降低血壓，縮小支氣管以節省不必要的消耗。

交感神經系統作為武將，對外！它活力四射，充滿能量，帶領着身體「勇往直前」，而副交感神經系統與之相反，作為文官，主內！它任勞任怨，勤儉持家，除了無微不至地關懷着勇敢而又衝動的武將，還得負責盤算着身體的收支，精打細算地維持身體的能量平衡。它們配合得相當完美，協調並控制着人體的各種生理活動，有條不紊地管理着吃喝拉撒睡。這樣的組合就像韓信和蕭何之於劉邦，將相完美地配合助力劉邦開創了大漢王朝。

最佳拍檔

交感與副交感神經系統這對最佳拍檔，既相互配合又相互制約相互平衡。白天，由武將交感神經主持全面工作，身體進入工作狀態，呼吸和心臟都在活躍地運轉，體溫和血壓也較高；到了晚上，交感神經下班了，文官副交感神經開始接手，這時候心跳和呼吸都平緩下來，體溫和血壓也稍有下降，勞累了一整天，需要睡覺，安排身體各個器官休息，並盤算一天的收支，計劃第二天的工作安排，為各項事宜做好準備工作。兩位拍檔就這樣日復一日、周而復始地維持着身體每天的工作。

天有不測風雲，難免碰到突發事件，比如，有一天，你被一條狗追趕，這時候「武將」就站出來了，開啟戰鬥模式，交感神經系統會讓人體冠狀動脈擴張、心跳加速、血壓升高、瞳孔放大、小支氣管舒張、呼吸增強、肌肉開始活躍、皮膚及內臟血管收縮、唾液分泌減少、汗腺分泌汗液、立毛肌收縮，控制人體──撒腿就跑！好漢不吃眼前虧，咬不過狗，還跑不過狗嗎？為了跑得快，交感神經系統會調動能量系統集中把能量運往與逃跑相關的身體部位，肌肉獲得了充足的能量，跑得越來越快，半個小時後，終於擺脫了狗的

追趕。這時候「文官」出現了，趕緊安慰一下「武將」，副交感神經會挨個通知心臟、肺臟等器官，告訴它們危險已經解除，可以歇歇了，於是心跳、呼吸開始平穩，血壓下降，瞳孔縮小，肌肉鬆弛，能量開始分散給身體其他部分，危險解除了，一切恢復平靜。

配合默契，確保身體健康

在一年中，隨着環境的變化，兩位總管也會交替主持工作，夏天氣溫高，副交感神經活動為主，為了讓體溫下降，「文官」會控制身體拚命流汗，同時也會管着「武將」，不要總拚命幹活，要防止疲勞，還會讓身體各器官降低工作強度，這樣人就不容易感到疲勞了；相反，到了冬天，氣溫下降，這就該換成交感神經系統主持工作了，「武將」為了維持體溫，就必須增加血液供應，調動身體功能，加強心跳和呼吸功能。俗話說「春乏秋睏，夏打盹，睡不醒的冬三月」，交感與副交感神經系統都參與其中。

從人的一生來看，在幼兒期，離不開「文官」的循循善誘，諄諄教導，這時候副交感神經佔主導；到了青壯期，當然需要向「武將」拜師學藝，強健筋骨，這時候交感神經佔主導；到了老年期，又該心細的「文官」照顧了，於是恢復為副交感神經佔主導。人的一生就是這樣受交感與副交感神經系統控制的。

交感與副交感神經系統的工作是有節律的，二者交替工作，共同控制着身體的正常運轉。然而，現代人的生活方式已經將這種節律徹底打破了。白天，交感神經辛苦工作，到了晚上，該副交感神經出來主持工作了，結果工作沒有做完，還得加班加點，交感神經不能不管啊，於是交感神經還得繼

續工作。副交感神經只能偷偷在背後默默做着自己的工作，但是不能火力全開，只能輔助交感神經工作。到了深夜，副交感神經還沒有機會完成自己的工作的話，就會影響身體的代謝，胃腸蠕動、消化液分泌、血壓、心跳、呼吸等都可能出現紊亂，時間緊，任務重，副交感神經可能沒有足夠的時間來精打細算，權衡身體能量平衡，最終導致身體運行出現錯亂。

配合混亂，引發身體不適

長時間的這種錯亂就有可能造成身體不適，引發疾病。經常熬夜會讓人變胖可能就是副交感神經計算能量時出了錯，把不該儲存的能量給儲存了起來。胃腸道疾病也可能是吃飯、休息不規律，本應該副交感神經出場的時候，消化液都分泌出來了，結果沒有食物進來；本該交感神經出場的時候，消化液減少了，結果吃進來大量食物。消化不良、食慾不振、心悸、憋氣、血壓升高等都跟交感神經工作混亂有關，而身體倦怠，站立時頭暈目眩，容易疲勞等則是副交感神經工作混亂的問題。交感與副交感神經系統紊亂後，會引起身體各個部位的不適，當你出現嘔吐、便秘、腹瀉、失眠、頭痛、頭暈、低燒、畏寒、高血壓、低血壓、耳鳴、腰痛、肥胖、消瘦、肩周炎、目眩、手腳發痛、肌肉跳動、胸部有壓迫感等幾種症狀時就可以考慮是自主神經系統紊亂了。回想一下，是不是在發病前的一段時間沒有安排好交感神經和副交感神經的工作？

自主神經系統紊亂多數還是由心理因素引起的，比如工作壓力大、學習緊張、焦慮抑鬱、胡思亂想、憂慮過多、家庭負擔大、感情破裂、婚姻失敗、親人離世等。這些因素會讓大腦感覺到威脅，就像前面提到的，有一條狗在

追一樣，會讓交感神經出面來應對，而交感神經的作用是「勇往直前」，完全不考慮身體的實際情況，讓身體一直處於應激狀態，隨時準備着「跑」！而實際情況是，人體並沒有遇到威脅，這些威脅是我們大腦假想出來的，但自主神經系統可分不清是假的還是真的，它都會當真，最終，遭殃的還是人體。

適時調整很重要

　　一旦出現了自主神經系統紊亂，最好的方法是把副交感神經調動起來，讓副交感神經系統承擔更多的工作，同時配合好相互協調的節律，把握好吃飯時間，規律飲食，同時不要吃得過飽，不要喝太多水。另外，一定要有適度的睡眠時間，睡眠不足或過度都不好。由於平靜狀態時，副交感神經興奮佔優勢，所以，在緊張的工作之餘，應該讓自己有平靜的狀態，放鬆心情，忘掉工作，給自己放個假，活躍活躍副交感神經，可以考慮練練瑜伽，做做正念訓練，聽聽音樂，泡個澡。千萬別覺着給身體放個假，休息休息是在浪費時間，休假是在平衡身體紊亂的自主神經系統，讓錯亂的工作回歸正常，目的是為了讓身體運行更高效。

　　當然，除了調動副交感神經，也得避免交感神經懶惰，不幹活。所以，在日常生活中，也要有適度的運動，讓交感神經充分活動活動。多到戶外活動，感受自然的四季變換，接受夏暖冬寒的刺激，夏天不要過度吹電扇，開空調，冬天也要多到戶外走走，時不時受點寒。我們都知道溫室裡長大的植物適應力一定不強，自然界生長出來的才具有最強的生命力。要想身體好，就不要住在溫室裡，要接地氣，多到戶外活動。

❷ 「腸腦」和「大腦」誰更厲害？

在中國，有些成語經常把腸和心情聯繫在一起，擔心別人時會說，牽腸掛肚；形容別人充滿熱心、樂於助人會說，古道熱腸；感情充沛而熱烈可以說，蕩氣迴腸；碰到傷心事會說，肝腸寸斷；碰到困難時會說，百結愁腸；對別人存在懷疑則用，滿腹狐疑。我們也已經習慣用腸或肚子來描述我們的心情和感受了。在西方社會，「gut」指腸道，也有直覺、感覺的意思。英語中的俚語：「Follow your gut！」，意思就是「跟着感覺走」。

第二大腦 —— 腸腦

人的七情六慾和愛恨情仇確實跟腸道有着密切的聯繫。美國解剖學家拜倫 · 羅賓遜（Byron Robinson）在 1907 年出版的《腹部和盆骨中的大腦》（*The Abdominal and Pelvic Brain*）一書中最先提出「腹腦」的概念；英國生理學家約翰內斯 · 蘭利（Johannis Langley）提出了「腸神經系統」（enteric nervous system，ENS）這個詞。直到 1998 年，美國紐約哥倫比亞長老會醫療中心（Columbia-Presbyterian Medical Center）的神經生物學家麥克爾 · 葛森（Michael D. Gershon）出版的《第二大腦》（*The Second Brain*）一書中則首次提出「第二大腦」的概念，他認為人肚子裡有一個非常複雜的神經網絡，包含大約 1000 億個神經細胞，比骨髓裡的細胞還多，與大腦的細胞數量相等，並且細胞類型、神經遞質及感受器都與大腦極其相似，常見的神經遞質，如 5- 羥色胺、多巴胺、谷氨酸、去甲腎上腺素和一氧化氮等都在腸神經系統廣泛分佈。神經肽類激素，如內啡肽類、阿片肽、P 物質、促胃激素、促胰激素等

在大腦和腸神經系統都廣泛分佈。「腸腦」不僅能分析營養成份、鹽分以及水分，還能夠對吸收和排泄進行調控，並可以精確地調節抑制型與激動型神經遞質、激素以及保護性分泌物。他還提出：「腸道向大腦發送的大量信息，都會影響我們的幸福感 —— 我們甚至都意識不到。」

腸神經系統廣泛分佈在腸道組織裡，形成的是神經網絡，遠不如球形的大腦那樣明顯。為了對腸神經系統有一個形象的概念，我的博士導師金鋒教授曾帶領我們到屠宰場觀察剛解剖的豬神經系統。當我們小心翼翼地把豬的整個腸道剝離出來，把附着在腸道的白色網狀物一點一點剝下來，一張白色半透明的「腸系膜網」呈現在眼前。實際上，我們憑肉眼分辨不出神經系統，但它們基本上是沿着腸系膜分佈的，外面包裹着大量的白色脂肪。如果不是通過特殊的方法，人們都會以為那只是油，根本不會意識到神經系統即在其中，更不可能意識到它們能組成「腸腦」，這也難怪人們對腸神經系統的認識遠比對大腦的認識落後了。最近，人們發現了一種可能是人體內最大的器官 —— 間質組織（interstitium），這種組織中充滿了液體，就像人體的「安全水囊」一樣，密佈在皮膚之下以及腸道、肺部、血管和肌肉內部，充當「減震器」的作用，保護人體組織避免傷害。之所以到現在才發現這麼大的一個器官，也是因為解剖過程中液體會流失，只留下一層皮，很難被識別出來。

這也符合人類的認知規律，人們對於有型的東西更在意，往往忽視了無形的東西，越是看不見摸不着的東西，越不容易引起人們的重視。這樣的意識在前些年的中國尤其明顯，人們寧願為計算機付錢，也不願意為軟件付錢。值得欣慰的是現在人們已經轉變思維了，認識到軟件與硬件同等或比它更重要。互聯網、移動網絡已經極大改變了人類社會的運行方式，隨着經濟與社會的高速發展人類越來越離不開這些「看不到的東西」了。

　　「第二大腦」也被稱為腸腦（gut brain）。隨着研究的深入，人們發現腸腦在身體和精神健康方面都扮演着非常重要的角色。它既可以獨立工作，不受大腦影響地持續監控胃部活動及消化過程，觀察食物特點、調節消化速度、加快或者放慢消化液的分泌，也可以和大腦一起合作，腸腦可以影響大腦，大腦也可以影響腸腦，相互之間是雙向溝通，因此，它們之間的連接也被稱作腸-腦軸（gut-brain-axis）。

「雙面間諜」── 迷走神經系統

　　腸腦和大腦之間有一個非常重要的溝通渠道，這就是迷走神經系統（vagus nerve）。還記得前面提到的「皇帝」和「土皇帝」嗎？它們一個像大腦，一個像腸腦，彼此相互獨立但又密不可分。迷走神經系統實際上很像一個「雙面間諜」，負責收集和傳遞來自大腦和腸腦兩方面的信息。迷走神經為第 10 對腦神經，是腦神經中最長、分佈最廣的一對神經系統，在人體中有多條重要分支，從大腦延伸至腹部並與心臟、脾臟、肺和腸道等器官相連。它的一端起源於腦神經，另一端與內臟相連，本身也屬於副交感神經系統的一部分。迷走神經系統也會與交感神經系統相互拮抗，支配呼吸、消化兩個系統的絕大部分器官以及心臟的感覺、運動以及腺體的分泌。原來這個「雙面間諜」被安插在了「文官」手下，還是個「大官」，居然能跟「武將」抗衡！

　　為甚麼說迷走神經系統是「雙面間諜」呢？這是因為迷走神經系統不同於其他腸神經系統，它是一種混合神經系統，包含了傳入和傳出神經系統，也就是雙向傳輸信息，大腦的信息它會傳給腸腦，腸腦的信息它也沒少說，實在稱得上是「雙面間諜」。傳入神經系統是指給大腦提供信息的系統，通常

是感覺神經系統，作用是給大腦提供信息；傳出神經系統是從大腦傳出信息的系統，主要作用是傳達大腦發送的信息，指導器官的運動，屬於運動神經系統。一般的腸道神經系統都只有運動神經，比如前面提到的交感神經與副交感神經。迷走神經系統含 4 種纖維成份：軀體和內臟感覺纖維、軀體和內臟運動纖維，感覺纖維收集信息，運動纖維傳達信息，共同控制着軀體和內臟多個器官的感受和運動。所以，迷走神經系統最符合腸-腦軸的特徵，滿足大腦和腸腦之間相互溝通的要求，是大腦和腸腦都信得過的，並委以重任的「雙面間諜」。實際上，私下裡「賄賂」這個「雙面間諜」還能治療疾病。通過刺激迷走神經治療疾病的研究已經由來已久，早在 20 世紀 90 年代，專門刺激迷走神經的裝置已被廣泛用於治療癲癇，後來也被用來治療抑鬱和老年癡呆等多種神經系統疾病。

必不可少的腸腦

可別小看了腸腦，它可比大腦還要先出現。腸腦實際上屬於原始神經系統（original nervous system）。神經系統的演化，經歷了從無到有，從簡單到複雜，從低級到高級的發育過程。動物越低等，其神經系統越原始。海綿只有簡單的神經細胞，而水螅等腔腸動物，已經經歷了從神經細胞到神經纖維的進化，出現了網狀神經系統，再往後，神經網之間的眾多神經細胞體聚集在一起形成了神經節，多個神經節就形成了最初的「腦」。

我們先來梳理一下大腦的進化過程：

● 8.5 億年前，生物開始感知世界，開始對化學和電信號有反應；

● 6 億年前，最原始的大腦才出現；

- 5 億年前，脊椎動物體內就已經出現了腸神經系統；
- 2 億年前，哺乳動物開始出現，形成了大腦皮質；
- 250 萬年前，大腦的容量開始大幅增加，直到最早期的人類開始直立行走時，大腦的容量跟猩猩已經沒有太大差別；
- 大約 200 萬年前，人類開始使用工具進行捕獵，食物種類也開始豐富，豐富的營養和充足的能量使大腦的容量大幅增加；
- 1 萬年前，由於大腦極大的消耗能量，並且頭太大還會引起難產，產婦和後代都會死亡，這就導致大腦容量不得不縮小，但是溝迴和褶皺越來越多，神經元的排佈也越來越高效。至此，人類的大腦才算進化完成。

從大腦的進化過程，我們可以看出，最先出現的腸腦在其中發揮了重要作用，腦容量的飛速增加就是依靠的腸腦控制的消化吸收，把食物中的營養和能量源源不斷地供給大腦，如果沒有腸腦的良好和高效運轉，大腦消耗的佔人體 20% 的能量就無法充足供應，也就不能進化出現在的大腦了。所以說，今天的大腦是在腸腦的幫助下進化出來的，腸腦功不可沒。直到現在，腸腦依然堅守着自己的職責，為大腦持續不斷地提供充足的能量和營養物質。

「聰明」的腸腦

人一生中從腸道通過的食物可達 30 多噸，喝下的液體也達到 5 萬多升，這些東西經過腸腦時，腸腦能分析其中成千上萬種化學成份，識別出所有的毒素和病原菌。如果有毒素和病原體到達消化道，消化道壁上的免疫細胞就會分泌組胺類促炎物質，讓腸神經系統識別危險信號，然後，給大腦發出警

告，大腦收到信號後根據病原體所在的位置來決定嘔吐還是腹瀉，或者讓人上吐下瀉。如果毒物剛進入胃，它就讓人嘔吐出來，如果已經過了胃，它就讓人腹瀉，比較嚴重的話還會讓人上吐又下瀉。上述方法都沒用也不用擔心，腸道是人體中最大的免疫器官，它擁有人體 70% 的免疫細胞，一旦識別出病原微生物，腸道還會及時派出免疫細胞將它們清除掉。

生存靠腸腦，生活靠大腦

動物的生存靠腸腦，而動物的生活離不開大腦。大腦死亡了，腸腦還可以繼續維持人體的生存，還能繼續幫助人體分解並消耗食物，吸收人體所需的分子如氨基酸、脂肪、糖分、維生素和礦物質等。植物人是大腦死亡，而腸腦沒有死，他們雖然沒有了意識，但是身體仍然是活的。一旦腸腦死了，這個人就一定沒救了。從這方面來看，似乎腸腦要比大腦重要。特別是對一些低等生物，它們可能根本就不需要大腦，哪怕是長出大腦後還會把大腦再吃掉。

有一種非常獨特的低等脊索動物，在其生活史上會出現一種逆向變態行為。海鞘，也叫海菠蘿，是海底常見的低等生物。海鞘的幼體很像蝌蚪，可以在水中自由地游來游去。它們有典型的脊索和背神經管，也就是相當於它們的「大腦」，可以幫助它們感受外界信息。但是，它們這種自由自在的生活狀態只能持續幾小時，最多一天時間，然後就必須要沉到水底，找一個合適的地方固定下來。等它們固定下來後，神奇的事情就發生了，它們的脊索隨同尾巴的退縮而逐漸消失，神經管也退化為一個神經節，本來長筒形的消化管也會彎曲成 U 形，一頭是嘴巴，另一頭是肛門，兩個口都朝向水流的方向。

　　它們為甚麼固定下來後就「吃掉」好不容易形成的大腦呢？人們猜測，這可能是由於海鞘定居後，就不再需要感受外界信息了，只需要固定在海底過濾海水就能完成整個進食和排泄的過程。脊索雖然高級，但是太耗能了，既然僅靠幾個神經節就能生存下去，高耗能的「大腦」也就沒有存在的必要了。對於所有動物來說，吃飯、生存和繁衍後代才是它們的核心使命。海鞘只要張開嘴過濾海水就能吃飯，就能正常地生存和繁衍後代，這三件事都能幹了，已經足夠完成它們的使命了，還要甚麼大腦啊？直接「吃掉」算啦！

令人驕傲、讓人煩惱的大腦

　　這樣看來，大腦的存在完全是為了那些不能像海鞘一樣如此簡單就能完成生物使命的物種設置的，其最終的目的仍然逃脫不了動物的三大核心使命。高等動物為了適應多變的環境不得不進化出功能越來越完善的大腦，而人類作為最高等的動物，其大腦也是自然界最複雜的，能更好地完成吃飯、生存和繁衍後代這三大使命。

　　人有七情六慾，喜怒哀樂，這些都是發達的大腦帶給人類的。然而，大腦太發達了也不是好事，聰明的大腦煩惱多，人會患上精神疾病，妄想、幻覺、錯覺、情感障礙、哭笑無常、自言自語、行為怪異等。焦慮、抑鬱、精神分裂、阿爾茨海默病、帕金森症、自閉症、多動症以及癲癇等眾多精神類疾病的出現都或多或少地伴隨有胃腸道疾病，比如阿爾茨海默病和帕金森症，腦部出現病變時，腸道也會出現同樣的組織壞死現象，並且患有瘋牛病的患者大腦受損的同時腸道也遭到損害。當人面臨壓力和應激，胃腸道也會跟着緊張。

　　有一句俗語：懶驢上磨屎尿多，用驢面臨壓力時的胃腸道反應來反諷人的抗壓能力差。上學時經常遇到，越是快到考試時，越是想多跑幾趟廁所，心理素質差的同學還會出現拉肚子的情況。當我們感到害怕或焦慮時，是不是通常會出現食慾不振，甚至嘔吐的情況，或者當我們生氣時容易腹瀉或是肚子疼，其實，這些都是我們的大腦影響我們腸腦的結果。心思縝密，愛胡思亂想的人，胃炎、胃潰瘍等腸胃出毛病的概率更大。相應地，一旦胃腸道出現不適，大腦也會受牽連。患有腸易激綜合徵（irritable bowel syndrome，IBS）的患者，出現焦慮、抑鬱等精神問題的比例會更高。患有慢性腸胃病的患者中，超過 70% 的人在兒童成長時期經歷過父母離婚、慢性病或父母去世等精神打擊。

腸腦與大腦

　　既然兩個都是「腦」，究竟是腸腦厲害還是大腦厲害呢？這個問題還真不好回答。大多數人一定認為是大腦厲害，畢竟人區別於動物就是因為人類有最高級的大腦，可以學習，可以聯想，可以發明創造工具。這兩個腦之間的簡單區分就是：動物生存靠腸腦，而動物生活則依靠大腦。決定人生死存亡的腸腦可以說是大腦發揮作用的基礎。試問，生存都有問題，生活又從何談起呢？所以，腸腦和大腦哪個更厲害的問題本身就不是好問題，應該說都很厲害。

　　表面上看，大腦向腸腦發出指令和精神壓力，指揮並影響着腸腦的工作，而腸腦則僅需向大腦提供能量和營養物質，大腦的工作顯得更主動和高級。實際上，從腹部到大腦的神經束比反方向的要多，90% 的神經聯繫是從下至上的，因為，它比從上到下更為重要。迷走神經系統這個「雙向間諜」也更偏向腸腦，它們往大腦發送的信號明顯要比從大腦向腸腦發送的信號多。此外，人體內非常重要的兩種神經遞質，有 95% 的 5- 羥色胺和 50% 的多巴胺都是產生於腸道。

　　人在沉睡無夢時，腸器官進行柔和有節奏的波形運動；但做夢時，其內臟開始出現激烈震顫。反過來，內臟及其血清基細胞受到刺激時，會使人做更多的夢。許多腸功能紊亂的患者總抱怨睡不好覺，原因就在這裡，腸腦睡不好，大腦怎麼能睡好呢？那麼，腸道也會跟大腦一起做夢嗎？如果吃得不好，很多人不是經常會出現做噩夢的現象嗎？雖然現在還不能證明腸腦也會做夢，但我想應該會的，大腦做夢時，腸道的激烈活動應該就是它倆在同時做夢吧。

腸腦與大腦進行的信息交換可能比我們想像的要複雜。不過，一家人不說兩家話，無論腸腦還是大腦，它們之間的相互配合都是為了更好地服務人體健康。腸腦給大腦提供得更多，也不代表它就更厲害，它們倆相互配合默契才是最完美的狀態。

③ 菌－腸－腦軸，調節心理和行為的關鍵通路

腸道微生物生活在腸道中，是不會吃白飯的，它們會通過產生一些神經活性物質來參與腸腦的運轉，嚴格來說，真正的腸腦是由腸道微生物和腸道神經系統共同構成的，因此，「腸腦」和大腦之間應該稱作菌－腸－腦軸（microbiota-gut-brain-axis）。腸腦可以影響大腦，大腦也可以影響腸腦，它們之間是雙向互通的，加上腸道微生物之後，它們之間的關係變成了腸道微生物、腸道神經系統和大腦三者之間相互影響。然而，到目前為止，我們對菌－腸－腦軸的了解還非常有限，並不清楚它們之間相互影響的機制。

沒有腸道神經系統會怎樣？

斑馬魚是一種常見的體型纖細，3~4 厘米長熱帶魚，因為身體條紋的顏色類似斑馬而得名。斑馬魚飼養方便、產卵量大、繁殖週期短、胚胎在體外受精和發育，並且胚胎是透明的，這些特點使其成為生命科學研究中重要的動物模型。2017 年，美國麻省理工學院（Massachu-setts Institute of Technology，MIT）的傑夫．葛爾（Jeff Gore）研究組以斑馬魚為模型，構建了腸道神經系統發育異常的突變體，以此來研究腸道神經系統被破壞以後腸

道和腸道微生物的變化。

　　研究人員構建了兩種控制腸道神經系統發育的基因發生突變的斑馬魚，這種魚腸道神經系統無法正常發育。他們發現，沒有正常腸道神經系統的斑馬魚腸道都發炎了，並且腸道中促炎細菌增多，而抗炎細菌明顯缺乏。這些魚還可以通過共同飼養將炎症傳播給其他正常斑馬魚，也就是它們的腸道菌群具有感染性。既然這些腸道菌可引起炎症，改變腸道菌是不是腸道炎症會好轉呢？緊接着研究人員就把具有抗炎作用的細菌移植給這些突變的斑馬魚，結果不出所料，它們的腸道炎症消失了！這個研究說明，缺少了腸道神經系統管控，腸道微生物組成會紊亂，致病菌可能增加進而影響機體健康。

　　實際上，每隔幾分鐘，腸神經系統就會通過肌肉收縮和鬆弛帶動腸道蠕動，進而把腸道內容物往下輸送，並且調節腸道的內環境，影響腸道微生物的生存環境。有一種新生兒巨結腸病，跟上述突變斑馬魚一樣，是先天性的腸神經系統缺失，他們的腸道不能正常蠕動，糞便會積攢在腸道中不往下走，引起頑固性便秘，隨着便秘加重，腹部會越來越脹大。與突變斑馬魚類似，小腸結腸炎是該病最主要和最嚴重的併發症。這些患者中，有 60% 的人會出現嘔吐、腹脹，便秘越重嘔吐越頻繁。這可能是人體的保護機制，下面出不去了，就會阻止上面再進入或者把已經吃進的食物吐出去。奇怪的是，這類患者主要為男嬰，在新生兒或出生後不久即會發病。有 90% 的病例在出生時無胎便排出或只排極少胎便，即使排出後症狀得到緩解，數日後便秘症狀又會重複出現，一般一週內會發生急性腸梗阻。對此病，沒有甚麼好的方法，要不切掉病變的腸道，要不就人為地把糞便清除出來，如果治療不及時，很容易夭折。

沒有了腸道微生物會怎樣？

腸神經系統缺失，除了影響腸道微生物的組成，還會要人命，即使保住了性命，也會出現消化受阻，營養不良，極度消瘦，發育遲緩，最終影響身體健康。如果腸道微生物出現異常將會怎樣呢？

我們先來看一些極端的例子，如果把腸道微生物統統去掉，腸道和大腦會出現甚麼問題？有一種方法可以在實驗室裡製備體內和體外完全無菌的動物，在母體臨近生產時，進行剖腹產手術，人為地把幼體從無菌的子宮中取出來，然後，把它們飼養在完全無菌的環境中。這樣的動物被稱作無菌（Germ free，GF）動物。

有研究發現，無菌動物無論是腸道形態結構，還是腸上皮細胞的生長和增殖都明顯處於非健康狀態。無菌大鼠與正常大鼠相比小腸絨毛異常增生、結腸隱窩細胞數目減少、細胞週期時間延長、增殖活性降低。此外，無菌大鼠的盲腸與正常大鼠相比明顯擴大，原因是腸道內黏液不能被細菌降解而大量累積，但是，如果腸道內存在一種微小消化鏈球菌的話，它們就能降解黏液，從而改善症狀，讓盲腸縮小。

無菌小鼠小腸絨毛的毛細血管網發育明顯受限，缺乏腸道細菌的刺激，小腸血管的再生也會出現問題。當給腸道接種了一種多形擬桿菌後，小腸絨毛的微血管網絡發育恢復良好。這是因為腸道細菌發酵植物多糖產生的短鏈脂肪酸具有為腸上皮細胞提供能量，刺激其分化增殖的作用。

上面的研究證實了腸道菌群除了能夠幫助宿主消化吸收食物中宿主自身不能代謝的物質、提供營養和能量外，還可以促進腸道發育，維持腸道免疫系統健康和腸道的正常運轉。

　　腸道菌群與宿主在腸黏膜表面的不斷接觸對宿主獲得性免疫系統的建立和發展具有「教育訓導」作用。研究發現，無菌動物的腸黏膜免疫系統發育不完全，腸黏膜淋巴細胞數量少，特化性淋巴濾泡也小，血液中免疫球蛋白濃度還低。但是，如果將正常腸道菌群接種到無菌動物體內，腸道上皮內淋巴細胞數目大大增加，腸黏膜淋巴濾泡和固有層內分泌免疫球蛋白細胞的生成增加，血液中免疫球蛋白含量增加。

　　抗生素也可以殺死腸道微生物，給動物大量服用「抗生素雞尾酒」就能殺死腸道中的大部分微生物，達到跟無菌動物類似的腸道狀態。研究發現，用抗生素殺死部分腸道微生物後，會導致致病菌艱難梭菌的比例上升，其產生的毒素增加，導致腸上皮的通透性增加和腸道細菌的移位。為了研究不同細菌在腸道的定植對腸道的影響，加西亞‧拉富恩特（Garcia-Lafuente）等人將單一腸道細菌定植於經抗生素處理的大鼠腸道內，檢測細菌定植後腸道對葡聚糖和甘露糖的清除率。結果發現，條件致病菌大腸桿菌、肺炎桿菌和鏈球菌都能顯著增加腸上皮通透性，增加腸道中葡聚糖和甘露糖的清除率，而益生菌短乳桿菌具有相反的作用，定植後甘露糖的清除率反而降低。這就說明腸道菌群結構失衡會造成腸上皮通透性增加，從而導致疾病的發生。

缺失腸道微生物，影響大腦正常運行

　　無菌小鼠除了出現腸道方面的問題，大腦也會受到影響。2017 年有幾項研究顯示，給無菌小鼠慢性束縛應激處理（把小鼠捆着不讓動）後，它們的焦慮樣行為與存在腸道微生物的小鼠相比明顯減少，且下丘腦–垂體–腎上腺（HPA）軸中的促腎上腺皮質激素釋放激素、促腎上腺皮質激素、皮質醇等緊張激素水平較高。此外，另一個研究發現，無菌小鼠的大腦中杏仁核及前額皮質與焦慮樣行為相關的基因表達出現了異常，表現出明顯的焦慮、社交和認知障礙以及類似抑鬱的行為，如果給無菌小鼠定殖正常的腸道菌群後，大腦中部分基因表達就會恢復正常。

　　有研究發現，腸道中的某些梭菌能夠產生神經毒素，對於人體的神經系統具有損傷作用，這類細菌的過度生長會導致腸功能紊亂，神經毒素進入血液後會造成神經系統的損傷。自閉症兒童腸道內梭菌的數量較多，且有 9 種

梭菌是正常兒童中未發現的，自閉症患兒腸道溶組織梭狀芽胞桿菌數量較正常兒童顯著增多。

來自芬蘭的研究者們，比較了正常人與帕金森患者腸道微生物組成特徵，發現相比於正常樣本，帕金森患者腸道微生物群中普雷沃菌科的細菌豐度發生了明顯的下降。我參與的一項研究也證明，與健康對照相比，帕金森患者腸道中 *Blautia*，*Faecalibacterium* 和 *Ruminococcus* 屬等具有纖維素降解作用的細菌顯著降低，而大腸-致賀桿菌、鏈球菌、變形桿菌和腸球菌屬等具有潛在致病性的細菌在帕金森受試者中明顯增加。

腸道微生物還參與了機體的運動調控。有研究發現，無菌小鼠的運動技能明顯優於那些腸道具有完整微生物組的小鼠。帕金森患者明顯症狀就是身體不受控制的抖動，研究者構建了帕金森的小鼠模型，並且移除這些模型小鼠的腸道菌群，結果發現，清除腸道微生物後帕金森模型小鼠的運動技能也會跟着恢復。

最近，有研究發現，腸道菌群可能在多發性硬化症（MS）的發病中起重要作用。MS 是一種免疫介導的最常見的中樞神經脫髓鞘疾病。有研究對比了 MS 患者與年齡和性別相匹配的健康對照的糞便菌群，發現 MS 患者與健康對照相比，具有不同的腸道微生物特徵。MS 患者中 *Psuedomonas*、*Mycoplana*、*Haemophilus*、*Blautia* 和 *Doreagenera* 等菌豐度增加，而對照組中則是 *Parabacteroides*、*Adlercreutzia* 和 *Prevotella* 屬的豐度增加。

重慶醫科大學的謝鵬教授團隊與第三軍醫大學實驗動物中心的魏泓教授團隊一起對比了重度抑鬱患者與健康人腸道菌群的差異，發現重度抑鬱患者腸道中厚壁菌門、放線菌門及擬桿菌門豐度明顯比健康人高。

上面這些研究表明腸道微生物的組成發生改變，會對大腦產生顯著的影

響。不僅如此，腸道中的微生物或其產物還可能進入大腦，對大腦產生嚴重影響。加州大學戴維斯分校神經和大腦研究所的研究人員首次發現，所有 18 個晚發性的阿爾茨海默病患者大腦樣本中都存在較高水平的革蘭陰性菌的抗原。相比對照組，這些患者大腦樣本中細菌脂多糖和大腸桿菌 K99 菌毛蛋白的水平都較高。此外，研究者還發現，K99 菌毛蛋白在阿爾茨海默病患者的大腦中水平明顯增強，而脂多糖分子能夠聚集在大腦澱粉樣斑塊和大腦的血管中，這就和阿爾茨海默病患者的病理學表現及疾病進展直接相關了。

清除腸道微生物對腸道和大腦都會產生顯著的影響。現實情況下，人們幾乎不可能清除體內的微生物。最常見的情況是腸道微生物的組成發生改變，比如某些菌的增加或減少，造成腸道菌群紊亂。

人體是複雜系統，菌–腸–腦軸對人類行為的影響也是複雜的。腸道微生物受食物、精神壓力等的影響而發生改變，這種變化又會導致機體代謝異常，機體代謝異常又會影響到個體的身體健康和精神狀態。菌群、腸道和大腦三者之間相互聯繫，相互溝通，相互連接，相互制約的關係僅僅通過這種簡單的聯繫來分析是不夠的，它們之間的關係應該是一個系統的調控網絡，共同發揮作用，共同影響着人體健康。然而，無論三者之間的關係是多麼的複雜，將腸道微生物作為菌–腸–腦軸的核心來調節人的心理和行為是非常值得嘗試的。

4　移植了糞菌，思想也會跟着一起移植？

「你吃屎了吧！」這句不文明用語在日常生活中有時會聽到，人們認為大概只有腦子壞掉的人才會去「吃屎」。然而，現在的研究發現，糞菌移植居然

可以在一定程度上解決不少人的問題！

　　假如你在某段時間總是感到莫名地緊張擔心、坐立不安，甚至心悸、手抖，那很有可能是患了焦慮症。醫生在查看你的病情之後，也許為你推薦了一種意想不到的治療方案 —— 糞菌移植（fecal microbiota transplantation，FMT）。

　　「等等，我只是精神狀況有些問題，關糞便甚麼事？！」

　　你大概不知道，無數的研究已經證實，腸道菌群可以「操控」我們的大腦。腸道菌群，又被譽為人類的「第二基因組」，近年來，「菌群」這個詞已經頻頻進入大眾視野，似乎常見的許多疾病都和它們脫不了干係。這些高度多樣化、數量驚人的菌群定居於我們的身體中，對我們的健康至關重要。

　　大量研究已經證明，腸道菌群參與許多重要的生理功能，如食物的消化和吸收、免疫力等。腸道菌群還可以影響更高級的功能，比如影響各種神經系統的功能，諸如認知能力、學習和記憶力等。腸道菌群甚至還可以調節智力發育及日常行為。這些發現都不是猜測，通過對一些神經功能障礙類疾病研究已經證明，帕金森症、阿爾茨海默病、多發性硬化症、肌萎縮性側索硬化症、焦慮症、壓力大等都與腸道菌群關係密切。腸道中的某些菌或者它們的分泌物（如短鏈脂肪酸、γ- 氨基丁酸、5- 羥色胺及其他神經遞質）可通過迷走神經刺激直接或通過免疫系統，神經內分泌系統等間接影響大腦，受到菌–腸–腦軸的調控。

　　腸道能夠通過迷走神經直連大腦，可以將腸道裡的信息快速從腸道傳到大腦。如果腸道傳遞的這些物質發生改變，大腦的正常功能也會受到影響。

　　最近有個特別有意思的研究發現，患有重度抑鬱症的患者的糞便菌群居然可以把抑鬱症狀「傳染」給無菌動物。通過對比，研究人員發現，如果把實

驗小鼠體內的菌群完全去除，這些小鼠就會變得不愛動彈，表現出了抑鬱症狀，如果再把重度抑鬱症患者的糞便菌群移植給這些無菌小鼠，它們就會表現出與人類類似的抑鬱、焦慮等症狀。

基於這些發現，我們有理由相信，如果給抑鬱症患者移植健康人的糞菌是有可能緩解抑鬱症狀的。再進一步，菌群影響人的心理，移植人的菌群後，是不是菌群在新的「主人」體內也會影響其心理呢？對於這個問題，我們先不著急下結論，只能說一切皆有可能。

先來看看已有的一些研究吧，直接在人體做的研究還沒有，但是一些跨物種的 FMT，比如將患者的糞菌移植到無菌小鼠體內的研究還是有一些的。

FMT 可影響 IBS 腸道功能和焦慮樣行為

腸易激綜合徵（IBS）是世界上最常見的胃腸道疾病之一，患者常出現腹痛及腸排便習慣改變，如腹瀉和便秘。此外，IBS 患者還常伴有慢性焦慮或抑鬱。這類患者體內的腸道微生物發揮着重要作用，不僅可以影響他們的腸道功能，還能影響他們的情緒和行為。

研究人員將有和沒有焦慮症的 IBS 患者的糞便微生物移植到無菌小鼠體內，結果發現與接受健康個體糞便菌群移植的小鼠相比，移植了 IBS 患者糞便菌群的小鼠表現出人患者類似的腸道症狀，並且移植了患有焦慮症的 IBS 患者菌群的小鼠也表現出了焦慮症狀。

FMT 可影響帕金森症

帕金森症（Parkinson's disease，PD）是一種老年人常見的神經系統疾病，60 歲左右發病較多。我國 65 歲以上老人患 PD 的比例大約是 1.7%，差不多一百個老人裡有兩個人，並且還有逐年增加的趨勢。實際上只有不到 10% 的 PD 患者有家族史，其病因更多的可能是由環境因素引起的。PD 最突出的特徵是靜止性震顫，也就是甚麼都不幹，身體控制不住地抖動，特別是手，越是閒着不動越抖得厲害，拿東西的時候反倒不抖了；緊張激動的時候抖得更厲害，但是睡着了就不抖了。

當出現抖動時實際上已經患病很長一段時間了，實際上，在出現抖動之前，帕金森患者嗅覺最先出了問題，一些老人出現聞不到或者聞不對常見的氣味，食慾變差時需要引起警惕。當嗅覺改變沒有引起重視時，一些老人還會出現胃腸道症狀（如便秘等），腸道神經系統也會出現病變，而大腦也隨之出現病理改變，最著名的莫過於 α- 突觸核蛋白（α-synuclein）了，正是它破壞了神經細胞，影響了大腦的正常功能。

近年來的研究也發現，PD 患者的腸道菌群明顯失調。與健康人相比，PD 患者的糞便樣品中短鏈脂肪酸濃度顯著降低，普雷沃氏菌科及擬桿菌門豐度減少，腸桿菌科豐度增加。這些菌群的改變可能伴隨着胃腸功能紊亂，胃腸神經系統和大腦神經系統的病變，這些病變可能持續二三十年，直到出現 PD。

隨着年齡增加，衰老過程常伴隨着腸道菌群組成變化，菌群多樣性降低可引起慢性炎症的腸道致病菌的增加，乳桿菌屬的減少等都可能引起腸道菌群的紊亂。衰老過程和腸道菌群的變化是不是與 PD 的發病有關係呢？為了

解答這個問題，2014 年，中科院心理研究所的金鋒研究員與北京醫院神經內科秦斌主任合作共同開展了 PD 患者的腸道微生物研究，我與李薇和吳曉麗博士共同參與了這項研究。在研究中，我們詳細記錄了患者的生活史和疾病史，同時分析了患者和健康對照組之間的腸道微生物組成的差異，結果發現，與健康對照組相比，腸道具有纖維素降解作用的細菌在 PD 患者中顯著降低，具有潛在致病性的細菌在 PD 受試者中明顯增加。根據這個結果，我們推斷，PD 患者腸道微生物的結構變化導致纖維素降解產物減少，病原菌的增加，減少了短鏈脂肪酸的產生並產生了更多的內毒素和神經毒素，這些變化可能導致了 PD 的發生。

前面已經提到，帕金森患者大腦中 α- 突觸核蛋白存在異常，如果讓小鼠分泌更多的這個蛋白就能模擬出 PD 症狀。2016 年，科研人員人為地增加了大腦中這種蛋白從而構建了 PD 模型小鼠。結果正如所料，PD 模型小鼠的運動能力明顯變差，出現了類似 PD 的症狀。科研人員又給 PD 模型小鼠服用抗生素，把它們的腸道菌群給清除掉，結果發現 PD 模型小鼠的運動技能竟然部分恢復了！

清除腸道微生物對治療 PD 也是有好處的！難道是腸道微生物引起了 PD 嗎？為了回答這個問題，科研人員先將一些特定微生物的代謝物餵給無菌小鼠，發現這些菌的代謝物能夠讓小鼠表現 PD 症狀。進一步分析發現，腸道細菌分解膳食纖維時所產生短鏈脂肪酸（SCFA）分子是促進神經炎症的「不良分子」進一步使 PD 惡化。這就表明，腸道微生物的代謝產物與 PD 的發生之間存在密切聯繫。

緊接着，他們又把健康人和 PD 患者的糞便樣品移植給無菌小鼠，結果發現，移植了 PD 患者腸道菌群樣本的無菌小鼠表現出更強的 PD 症狀。同

時，這些小鼠的糞便中也含有更高水平的 SCFA。這些研究結果也就證明了腸道菌群和 PD 發生之間的關係。這些結果也提示人們，未來或許可以通過 FMT 等方式調控腸道菌群及其代謝產物來治療 PD。

然而，這裡也存在一個問題。我們現在知道了腸道微生物的改變是在 PD 發生之前的很長一段時間，有可能是幾十年。在做 FMT 時，選擇的供體都還比較年輕，但是並不能預知他們未來的幾十年中是否會得 PD。如果這個供體的菌群容易引發 PD，那麼在移植之後，就有可能在未來的某一天也會引發 PD。

FMT 可影響阿爾茨海默病

阿爾茨海默病（Alzheimer's disease, AD）是全球範圍中最常見的癡呆形式，遺憾的是這種破壞性神經退行性疾病目前還沒有治癒的可能。AD 的主要臨床表現為漸進性記憶障礙、認知功能障礙、人格改變及語言障礙等神經精神症狀。這跟 PD 完全不一樣，這種病會讓老人「變傻」！這種病會嚴重危害老年人的身心健康和生活質量，給患者造成深重的痛苦，也給家庭和社會帶來沉重的負擔。

令人擔憂的是，隨着世界人口老齡化的增加，AD 的發病率逐年上升。據估計，2010 年，全世界大約有 0.36 億 AD 患者，預計將來會以每 20 年增加 1 倍的速度快速增加，到 2030 年，全球 AD 患者甚至達到約 0.66 億，到 2050 年將超過 1.15 億！

AD 的病理學表現主要包括神經細胞外 β- 澱粉樣蛋白（amyloid protein β, Aβ）聚集形成的斑塊，稱為老年斑（senile plaque, SP）和神經細胞內的過度磷

酸化的 tau 蛋白。腸道微生物群在許多腦部疾病中發揮作用，AD 也不例外！

為了研究 AD，人們構建了 Aβ 前體蛋白（A β precursor protein, APP）轉基因小鼠模型，這種模型會出現類似 AD 的症狀。通過對比 AD 小鼠和健康小鼠的糞便中的細菌組成，發現兩種小鼠的腸道微生物組成差異巨大。隨後人們把 AD 模型小鼠的體內菌群完全清除，結果發現這些無菌小鼠腦中 Aβ 澱粉樣蛋白大大減少了。

緊接着，有人把健康小鼠和 AD 模型小鼠的糞便菌群分別移植給無菌小鼠，結果發現，移植了 AD 小鼠來源的腸道細菌的小鼠大腦中出現了更多的斑塊。這些結果說明腸道微生物參與了 AD 的發病。雖然這個研究並沒有直接使用 AD 患者的腸道菌群，但是也同樣證明了，FMT 的過程，供體的腸道微生物組成會影響受體大腦中特定物質的含量。

FMT 影響性別認同或生育能力

有些疾病男女有別，比如自身免疫病大多高發於女性，而自閉症多發生於男性。究竟是甚麼原因導致的性別差異呢？有一項研究對比了患有自身免疫性的 I 型糖尿病（T1D）的雌性和雄性小鼠的腸道菌群的差異，結果發現隨着性成熟，雌性小鼠腸道菌群與雄性小鼠的差別越來越大，差異的主要菌包括 *Roseburia, Blautia, Parabacteroides* 和 *Bilophili* 等。兩性之間的微生物組成差異在幼鼠期差異並不大，真正出現差異是從青春期開始的，也就是出現明顯的性別區分開始的。這個研究表面這種病的性別差異可能是由腸道菌群介導的。

既然腸道微生物影響了雌性自身免疫性疾病發病率，是不是通過改變腸

道微生物就能改善 T1D 發病率呢？於是，他們又做了一個有意思的研究，這次他們把成年雄鼠的腸道菌群移植給雌性幼鼠（相當於把爸爸的菌群移植給女兒），結果發現，雌鼠的發病率大幅降低，最主要的變化是雌鼠血清中一種激素 —— 睪酮的水平明顯升高，睪酮本身具有顯著的胰島細胞保護作用，不僅可增加胰島細胞的分泌，而且可以明顯地促進胰島素的合成。他們還發現腸道微生物要想發揮作用需要依賴雄激素受體的活性。這就說明，調節腸道菌群有可能還可以調控性激素的水平。

睪酮（又稱睪丸素、睪丸酮或睪甾酮）是一種天然雄性激素，控制男性性器官和男性副性徵的發育和生長。睪酮主要由男性的睪丸或女性的卵巢分泌，隨着年齡增長，從十歲左右開始，男性的睪酮水平快速增加並維持較高的水平，而女性的睪酮水平稍有增加並在十四五歲開始維持穩定。睪酮對「男子氣概」行為具有重要影響，並且具有維持男性特徵，肌肉數量，強度及質量、維持骨質密度及強度、提神及提升體能等作用。在醫學上，人們將睪酮用於無睪症的替代治療、男性更年期綜合徵、陽痿等疾病的治療，某些人為增加肌肉數量也會使用。

在動物世界，睪酮作為一種雄性激素，不僅能夠保持「男子氣概」，還是維持動物攻擊性，獲得和維持自己的社會地位的作用。較高的睪酮水平造就了雄性強壯的體格，他們的攻擊性也更強，這樣可以保持自己在群體中的位置，群體中的「王」是需要經過殘酷的戰鬥獲得的，比如雄獅要想獲得獅群首領的位置，必須挑戰老獅王，需要經過激烈的打鬥，這就需要有足夠量的睪酮支持。

睪酮水平還會影響動物的冒險行為以及積極主動性，睪酮水平越高，動物越愛冒險，積極主動性也越高。較高的睪酮水平與反社會人格密切相關，

那些恐怖分子體內的睪酮水平一般高於正常人。此外，睪酮水平還會影響抑鬱症，睪酮水平維持在合理的水平人表現正常，一旦睪酮水平偏離平均值，高了或者低了都可能引起抑鬱。睪酮水平還會影響對其他人的看法，性別認同，甚至會影響擇偶、婚姻和生育能力。

　　在上面的研究中，腸道菌群移植明顯改變了雌性小鼠的雄性激素水平，而雄性激素具有的生理和心理影響也會跟着改變。雌性小鼠雄性激素水平的升高，會讓雌性小鼠在行為上更偏向雄性，在人類社會也就是表現得更「爺們兒」了。設想一下，一個女性，體毛濃密，嗓音低沉，行為粗魯，攻擊性極強，一不高興就動手，我相信絕大部分正常的男性都不會選擇這樣的女性作為結婚對象，更不用說跟她生育孩子了。對於這樣的女性來說，可能她們的腸道菌群太接近男性了，「女漢子」的出現可能是生活方式太過男性化，大口吃肉、大口喝酒的飲食習慣在默默地影響着腸道微生物，而這些微生物影響了激素的分泌，進而讓「女人」有了「漢子」的行為。

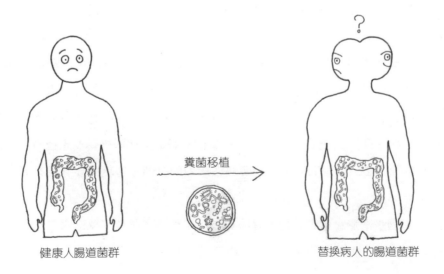

健康人腸道菌群　　　　　糞菌移植　　　　　替換病人的腸道菌群

移植糞菌有風險，思想也可能跟着一起移植！

一個人的微生物組受到環境和其他人的影響，而微生物會影響人的激素水平，進而影響人的心理和行為。你可能還沒有意識到，經常與我們密切接觸的人或者他們的生活和飲食習慣都可能影響到我們自身的微生物組。

俗話說「物以類聚，人與群分」，這句話的意思不僅體現在人的認知和行為上，在腸道菌群上也是一樣的。擁有同樣想法的人容易聚在一起，也更容易成為朋友，他們的腸道微生物組成也可能更為接近。

在全球範圍內，各個國家和民族的腸道微生物組成是不一樣的，即使在同一個國家，不同民族不同地域的人的腸道微生物也不一樣。而不同民族的人所具有的不同思想或行為很可能是腸道微生物在長期的與人共生過程中逐漸造就的。

想起蒙古族人，我們腦海中就會想到「彪形大漢」，身材魁梧、實誠可靠、脾氣火爆；想到上海人，我們的印象中則是身材偏瘦、伶俐機警、脾氣溫和。他們的飲食習慣確實很不一樣，蒙古族人愛吃肉，當年的蒙古大軍驍勇善戰可能就是由於特殊的飲食造就了特殊的腸道微生物，讓他們更具攻擊性。現在的研究也發現，經常吃肉的人與經常吃素的人的腸道微生物組成明顯不同。直接移植他人的腸道菌群，而不是通過飲食改變，可能會像長期飲食影響形成的腸道微生物一樣可以影響人的心理和行為。

綜上所述，我認為，移植糞菌，思想也可能跟着一起移植！你呢？

如果你也認同，那就需要好好考慮一下應該怎麼善待你的腸道微生物了。有孩子的父母們也應該考慮一下如何養育孩子肚子裡的微生物，也許孩子美好的未來就掌握在如何調整這些微生物上。

5 物以類聚，人以菌分，腸道菌群可影響配偶選擇

前面的研究表明，腸道細菌可以引起宿主食物偏好和覓食行為的微妙變化。不同的微生物引起的變化不一樣。眾所周知，生命存在的原始使命是生存和繁衍後代。腸道菌群可以影響前者，對於繁衍後代，似乎也參與其中。

2013 年，《美國科學院院報》上發表了一項研究，科研工作者們用精妙的實驗向人們展示了腸道菌群和交配行為之間的微妙關係。在這項研究中，科研人員先給黑腹果蠅吃不同的食物，一組果蠅吃含有糖蜜的食物，我們把它們稱作「西瓜蠅」，另一組吃含有澱粉的食物，我們把它們稱作「土豆蠅」。一段時間後，把這兩組果蠅放在一起飼養，來看看兩組果蠅之間的交配偏好。

糖蜜和澱粉對果蠅來說是不同的食物，所有果蠅都喜歡糖蜜，因為它很甜，熱量充足，不需要分解就能被果蠅利用，而澱粉沒有甜味，需要消化分解之後才能轉化為糖。能夠吃糖的果蠅組，我們可以理解為其食物富營養化，而吃澱粉的果蠅組，則食物普通營養一般。當把兩組果蠅混合時，有意思的一幕出現了，「西瓜蠅」優選與其他「西瓜蠅」交配，而「土豆蠅」優選與其他「土豆蠅」交配！真是不可思議，吃一樣的食物，共同生活過一段時間，似乎就成了同類，相互之間彼此欣賞，更容易結成連理。研究人員進一步發現，前面提到的一幕，「西瓜蠅」優選與其他「西瓜蠅」交配，而「土豆蠅」優選與其他「土豆蠅」交配的現象不僅出現在這一代，兩組果蠅產生的後代同樣也會保留這種交配偏好，即使是傳了 37 代之後也依然存在。

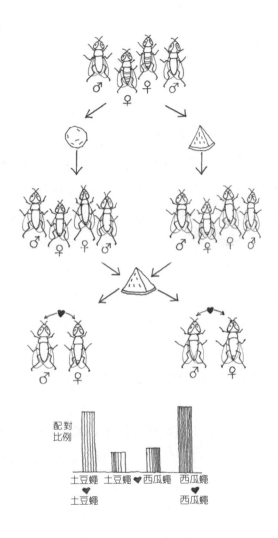

配對
比例

土豆蠅
♥
土豆蠅

土豆蠅 ♥ 西瓜蠅

西瓜蠅
♥
西瓜蠅

愛 TA 就跟 TA 一起吃飯吧

在人類社會也有類似的現象，考慮到飲食和生活習慣的不同，南方人結

婚時會更喜歡找南方人，北方人結婚時更喜歡找北方人，相比這兩種人的結合來說，南、北方人通婚的比例相對來說還是比較少的。放眼全球，也有類似的現象，跨國婚姻的比例一定低於同一民族之內的婚姻。這其中可能不僅僅是食物的差異，還有文化的差異。人類的這種婚姻偏好也已經傳遞了不知道多少代了，至今依然存在，以後也將繼續存在。

現代社會，婚姻的融合變得越來越普遍了，我想一個可能的原因就是受全球化和城市化影響。無論生活在哪裡的人，其食物種類和飲食習慣都在趨向一致，越來越多的中國人習慣了吃西餐，越來越多的外國人也喜歡上了中餐，很多外國人成了中國媳婦或中國女婿。基於這樣的事實，「單身狗」們脫單的秘訣可能是讓你喜歡的人跟你吃一樣的食物，沒事就約他 / 她出來一起吃飯，簡單一點，就是一起吃飯，其他的可以少談，時間久了，吃飯的次數多了，你們倆自然就會彼此欣賞，最終走到一起那就是順理成章的事了。

抗生素殺死腸道微生物後交配偏好也會消失

動物選擇配偶是受信息素控制的。有兩種器官參與了這個過程，一種是散發信息素的器官，負責發送信息素，另一種是靈敏的信息素探測器官，分佈大量氣味受體來接收信息素。果蠅的氣味受體位於觸角和上頜觸鬚中，這些受體能感受其他個體發出的信息素。以往的研究已經證明，食慾受嗅覺調控，而嗅覺可以受腸道微生物影響，並且腸道微生物還會產生很多氣味分子或者影響宿主產生的氣味分子，這些氣味分子構成了眾多的信息素，影響着動物之間的信息交流和行為。

人類感受信息素的器官已經退化了，但也保留了部分功能，至少在選擇

配偶方面還具有一定的作用。有研究發現，人類更喜歡跟擁有自己喜歡的氣味的異性交往。兩種人類中的信息素會影響人類的性別判斷，雄甾二烯酮和雌甾四烯都可能影響人的性別和性取向，中國科學院心理研究所周雯研究組和蔣毅研究組合作研究發現，聞取雄甾二烯酮使得女性異性戀被試傾向於將模擬小人的性別判斷為男性，而對男性異性戀被試則不起作用；相反，聞取雌甾四烯使得男性異性戀被試傾向於將模擬小人判斷為女性，而對女性異性戀被試則不起作用。有趣的是，男性同性戀被試的反應模式類似於女性異性戀被試，都更喜歡男性；而女性雙性戀及女性同性戀被試的反應模式則介於男性異性戀被試與女性異性戀被試之間。這就證明了，人類的信息素系統仍在工作，影響着人類的性別認同和性別偏好。

研究進一步發現，在果蠅體內有 5 種物質在交配中發揮重要作用，在「土豆蠅」和「西瓜蠅」之間存在顯著差異。然而，當用抗生素殺死這些果蠅的腸道微生物後，這些果蠅的交配偏好消失了。失去了腸道微生物的「西瓜蠅」不再優選與其他「西瓜蠅」交配，而失去了腸道微生物的「土豆蠅」也不再優選與其他「土豆蠅」交配，它們之間的交配變得更加隨機了！即使讓這些無菌的果蠅傳遞三代，交配偏好也不會恢復。這個結果説明，腸道微生物參與了交配偏好的過程，參與的機制可能是不同細菌誘導的交配信號不一樣，這就導致了交配行為的不同。共生細菌可以影響果蠅性信息素的水平，後來證明這種信息素是角質烴性信息素，並且最終改變了果蠅的交配行為。

當把抗生素處理的果蠅再次接種腸道微生物時，交配偏好也跟着恢復了。他們把第三代果蠅的腸道微生物進行了 16S rRNA 基因測序，結果發現「西瓜蠅」腸道中共生細菌 Wolbachia 較多，而「土豆蠅」腸道中植物乳桿菌屬細菌更多，植物乳桿菌的數量可以達到 23 萬個，而「西瓜蠅」只有 2.6 萬

個，差了幾乎十倍。雖然已經到了第三代，植物乳桿菌在兩組中還是差異最明顯，所以，植物乳桿菌可能是誘導交配偏好現象的關鍵細菌。進一步，他們把果蠅體內的植物乳桿菌分離出來，然後再補給用抗生素殺死腸道菌群的果蠅，結果發現，相比腸道無菌的果蠅，補充植物乳桿菌可以明顯增加果蠅的交配偏好行為。同時，他們還做了一些平行實驗，使用了其他種類的細菌，如不同的單菌和包含 41 株細菌的混合物飼養果蠅之後，這些細菌對交配偏好都沒有影響。這就證明了，一種腸道細菌就可以誘導交配偏好，植物乳桿菌是非常重要的影響果蠅交配行為的細菌。

植物乳桿菌是一種常見的益生菌，一些益生菌產品中也添加了這種菌。雖然如此，我們不能簡單地認為所有植物乳桿菌都具有影響交配行為的作用。另外，需要注意的是，這個研究只是在果蠅體內觀察到的現象，可能並不適用於人類。人類選擇配偶絕對是所有動物中最困難的，選擇配偶的過程早就不再是單純地為了繁衍後代，人類對配偶有了更高的要求，除了能生育，還會要求對方的脾氣、長相、家庭背景、工作單位、收入水平、有無房產和汽車。在追求真愛的過程中，當這些外在的非生物學條件不滿足時，實際上也可以考慮從生物學的角度來突破。也許在不久的將來，市場上會出現「真愛益生菌」產品，通過給你愛的人和你自己服用一樣的益生菌，再加上改變飲食，改變腸道微生物，經過一段時間的腸道微生物整理，你們兩人擁有了類似的腸道微生物，說不定就能走到一塊兒去了，即使沒能結婚，也許能夠成為說得來的好朋友。

四

腸腦和大腦，我該聽誰的？

1　壓力大，導致不停地吃吃吃？

　　非洲大草原上，一隻羚羊正在低頭吃草，不時抬頭環顧四周，耳朵也轉來轉去，時刻警惕着捕食者。不遠處一頭獵豹已經盯上了它，這頭豹子已經餓了三天了，飢腸轆轆，它必須拚盡全力抓到這隻羚羊。獵豹匍匐前進，不斷地接近羚羊，突然，它找準時機起身飛奔，向羚羊發起了攻擊，羚羊發現了捕食者，撒腿就跑。一場漫長的追逐後，幾乎毫無懸念，羚羊成了獵豹的食物。

有形的壓力

　　這樣的場景，在動物世界裡無時無刻不在上演。食草動物們每天都面臨着兩方面的壓力，一個是吃，壓力來自自身，沒有食物吃就得餓死；另一個是被吃，壓力來自捕食者，不時刻提防它們就要被吃。食肉動物也面臨上述兩方面的壓力，但是兩者的感受完全不同。草很豐富，也不會跑，食草動物主要的擔心是被吃；而食肉動物呢？處於食物鏈更高一級的它們，可能對被吃的擔心較食草動物要小一些，它們最擔心的應該是吃，因為食物會跑，必須不斷地捕食。

160

無形的壓力

作為最高等動物的人類，早已遠離了茹毛飲血的年代，壓力也遠不是吃和被吃這麼簡單。人類文明的不斷發展，使得其動物屬性被社會屬性所掩蓋，這造就了更複雜更多變的壓力。想一想，一生之中無憂無慮的時期有多久？可能也就是出生後的那幾年。上學之後就要面臨學習上的壓力，上班了有工作壓力，結婚了又要承擔生活上的壓力，而且現在就連出生後那幾年無憂無慮的時光也在縮短，起跑線的說法害得多少孩子要承受與之年齡不相稱的壓力。

與動物不同，人類面臨的壓力通常是無形的，而動物的壓力不是肉就是草，都是實物，都是有形的。有一種說法是斑馬不會得胃潰瘍，因為它們從不會胡思亂想，面對食肉動物時，不是戰鬥就是逃跑，一旦逃脫追捕就又開始悠閒地吃草了。

無形的壓力比有形的壓力殺傷力更大。人類之所以能夠在自然界中脫穎而出，成為萬物之靈，完全是因為其發達的大腦。欲戴其冠必承其重，人有七情六慾，會不自覺地胡思亂想，產生無盡的煩惱，這些都是大腦指導人類探索發現和發明創造之餘的附贈品，無形的壓力就來源於此。

已有研究發現，人類的壓力會引發焦慮、抑鬱等精神疾病，還會引起胃炎、胃潰瘍、腸炎、腸易激綜合徵等消化道疾病。在患有胃腸道疾病的人中，性格偏內向的人群所佔的比例很大。他們不愛積極主動與人交往，很少表達自己的情緒和感受，有甚麼事都窩在心裡，還很要強，總是默默地承受着各種壓力。

各位讀者，請反觀一下自己，如果具備上面的性格特徵或正在承受着巨

大的壓力，你是否也經常出現反酸、胃疼、消化不良、上廁所次數偏多或便秘、晚上睡眠不好的情況呢？

壓力使人變胖？

本文一開始描述的獵豹捕食的場景把食物、運動和壓力這三者的關係作了形象的説明，食物會轉化為壓力，引起動物運動行為變化，演變成一場追逐。食物鏈的良性循環已經向我們展示出適當的壓力所產生的運動行為使得動物更加健壯，最近的一項研究則把三者之間的關係作了完美的詮釋。

來自瑞典的科學家拿一種鱸魚做了一個實驗，證明了食物、運動和壓力三者的關係，以及它們對動物身體的影響。在一個大魚缸裡，有豐美的水草和充足的食物，鱸魚們活得悠然自得，它們活動不多，慢悠悠地浮上浮下，生活很是愜意。當把捕食者，一種梭子魚放入魚缸時，形勢陡然變了。捕食者的加入，給鱸魚們造成了巨大的生存壓力，它們需要時刻提防着被梭子魚吃掉。它們在進食時，速度比原來更快，同時吃得也更多，運動也隨之大幅提升，很少再去水面上遊戲，而是更多地待在水底，最終，它們的體型發生

了巨大變化，相比沒有捕食者的時候，鱸魚的體型至少增大了 20%！這種體型的增加，主要是壓力和運動引起的。對於鱸魚來說，面對捕食者，它們不得不靠多運動來逃避追殺，另外，它們又不得不提高生長速率，迅速增大體型，來獲得跟捕食者抗衡的能力。

同樣，人在面臨壓力時，在飲食方面也會有所改變，大腦指示人體補充更多能量以應對外界給予的巨大壓力。在這個時期，人會吃得更多，同時嗜好更多高糖、高鹽、高脂的垃圾食品，可是卻不需要像其他動物一樣必須增加運動以應對捕食者的襲擊。那麼，人的能量補充上來了，運動卻沒有跟上，其結果呢？就是人越來越胖，而不是越來越壯。

在日常生活中，很多壓力大的人喜歡運動，而更多的時候是沒有機會運動，長此以往，最終，都改變了體型，變成了「大胖子」，就跟鱸魚一樣體型變得更大。不同的是，人家魚因為必須運動，長出來的都是瘦肉，而人呢，像「養豬」一樣，光吃不動，長的是肥肉。這就證明了，並不是沒心沒肺，能吃能睡的人才胖，那些壓力大的人，由於壓力導致飲食改變，運動又沒跟上，最終，也會改變體型，變成胖子。

在本書的寫作過程中，為了能在規定時間把書稿交給出版社，我不得不白天工作，晚上寫書，熬夜成了家常便飯。過年放假期間，因為有了難得的大段時間，更是如此。在這期間，我明顯感覺到自己的食慾特別好，雖然，每天朋友圈裡的運動步數只有幾百，但總覺得吃不飽，桌子上擺放的水果、乾果等，都會忍不住不停往嘴裡放。結果可想而知，僅在過年的幾天假期裡，我的體重差不多增加了 10 斤，肚子又大了一圈。

響應壓力的腸道菌群

菌－腸－腦軸的存在會把大腦感受到的壓力傳遞給腸腦，引起腸道微生物的改變。早在 1974 年，美國伊利諾伊大學的研究人員就觀察到，如果不給小鼠餵食、餵水，還不讓它們睡覺，過不了多久，它們胃裡、小腸和大腸中乳酸桿菌的量會明顯減少。後來發現，這種現象不光出現在小鼠身上，當有壓力源存在時，其他動物體內也會出現類似的變化。

1999 年，研究人員發現，如果硬生生地把小獼猴從母猴身邊分開一週後，小獼猴會出現和人類類似的抑鬱症狀，腸道中乳酸桿菌的量也明顯減少，特別是羅伊氏乳桿菌，並且這種減少與獼猴的精神狀態有關。但是，當小獼猴重新回到母猴身邊，回歸猴群一段時間後，腸道中乳酸桿菌的數量還會恢復回來。類似地，如果在小鼠出生後的 14 天裡把它與母鼠分離，小鼠糞便也會出現乳酸桿菌減少。

還有人嘗試了其他的「威脅」方式，他們不停的來回搖動小鼠，等把小鼠搖暈後看它們腸道微生物的變化，結果發現，搖暈後的小鼠腸道中乳酸桿菌的量也減少了。有意思的是，壓力造成的乳酸桿菌減少主要發生在腸黏膜上，而對糞便中的乳酸桿菌數量影響不明顯。這也說明，受影響的實際上是與腸腦最直接接觸的微生物，不直接跟腸道接觸的腸腔中的微生物受到的影響較小。這可能是壓力通過腸黏膜，把大腦感受到的壓力信號傳遞給了生活在腸黏膜中的乳酸桿菌，從而抑制了它們的生長。

壓力應激破壞腸道微生物

　　雖然，斷食、斷水、強制母子分離等做法給動物造成的壓力是暫時的，發生得比較突然，持續的時間也比較短，但都能對腸道微生物造成影響。而長時間的、緩慢的壓力對腸道微生物的「殺傷力」可能更強。有研究人員對小鼠進行長時間束縛應激刺激，也就是從每天晚上六點鐘開始，把小鼠塞進一個比它身體稍大的圓桶裡，讓它不能動彈，第二天早上八點，再把它們放出來，如此反覆，連續一週。小鼠們在夜間本該是最活躍的時候，一下子被圓桶裹住身子，不讓動彈，並且持續一整個晚上，周而復始，被連續折磨七天，小鼠們慢慢的心理「崩潰」了。這種緩慢、持續的壓力會導致小鼠腸道中兼性厭氧菌過度生長，腸道微生物的豐度和多樣性都明顯減少，同時，腸道中致病菌的量明顯增加，被病菌感染的概率也大幅增加。

　　在人類社會，壓力應激的種類很多，吃不飽、穿不暖、感染疾病、遭遇災難等突發意外情況時有發生。短時的應激會對腸道微生物造成影響，而長期慢性的應激，比如患得患失的性格、家庭冷暴力、生活拮据、慢性病痛、情感壓抑等也都有可能對腸道微生物造成類似影響，特別是乳酸桿菌的減少，致病菌的增加，最終，引起各類身心疾病。

　　此刻，我突然想到一個人，她的一生很符合這樣的情況。多愁善感、敏感而多疑、整日鬱鬱寡歡的林黛玉，她常年疾病纏身，好不容易熬到賈寶玉結婚之時，更是遭受突然的重大打擊，最後淚盡而逝。林黛玉的一生應該都在承受腸道菌群失調的痛苦，一方面是由於其本身的性格特徵，焦慮抑鬱，並且經常失眠；另一方面，她本身體弱多病，腸道菌群發育不完善，導致身體免疫力低下。有人猜測，她可能最終因為免疫力變差，病菌感染而死於肺

結核。而壓力和健康的關係已經非常清晰了，很多經歷過不幸的人，除了精神上遭受打擊，身體也會跟着得病，而這可能源於腸道微生物的改變。在林黛玉 17 年的生命中，長期慢性應激和短時的突然打擊過程之中也許少不了腸道微生物的身影。

然而，壓力究竟是如何影響腸道微生物的呢？美國得州理工大學的馬克·萊特（Mark Lyte）博士曾經做過一項開拓性的研究。兒茶酚胺（包括甲腎上腺素、腎上腺素和多巴胺）是一類神經遞質，當把這種激素放在致病性大腸桿菌培養基上時，大腸桿菌的數量增加了 1000 倍以上，並且細菌毒素的量也大幅增加。這種激素除了可以增加致病菌，還影響動物口腔和胃腸道中多種微生物的組成。這就說明，人類在緊張焦慮時分泌的激素，本身就能促進腸道有害菌的增長，引起腸道微生物組成的改變。

② 你想吃的，真的是你想吃的嗎？

在寫書的這段時間裡，熬夜成了常態，我明顯感覺到自己的食慾特別好，尤其饞甜的和油膩的食物，一到超市就會抑制不住想買這類食物的衝動。我想很多人一定也有類似的經歷，在「誘人的美食＋大增的食慾」和「健康的身體＋纖細的身材」之間不斷地猶豫、徘徊，很多時候，前者還是佔了上風。

很多減肥失敗的人，經常抱怨自己沒能控制住自己的食慾，他們把減肥失敗歸結為食慾太強。也許，他們的抱怨是對的，食慾就像一條「狗」，一條生活在我們腦子當中、控制着我們嘴巴的「狗」。當它想吃東西時，會拚命吼叫，告訴我們它餓了，要吃東西；當它吃飽了，會對食物失去興趣，哪怕你

把再好吃的食物放在它眼前，它也不在乎。

食慾這條「狗」的肆意妄為，實際上是受兩條「繩子」管控的。一條由大腦中的下丘腦弓狀核等室周器官控制，發揮作用的是 γ- 氨基丁酸能神經元和谷氨酸能神經元，受到身體循環系統中的激素調節，我們把它稱作「激素調節」；另一條，由大腦中的孤束核等腦神經傳入中樞來控制，發揮作用的是膽鹼能迷走神經元，接收腸道迷走神經系統發出的信號調節，我們把它稱作「腸道調節」。食慾就是靠這兩種調節系統控制的。

食慾調節的「自動駕駛」模式

激素調節就像自動駕駛模式一樣，不需要主人每天都發出指令，自己會按時按點地調節食慾，操縱的是長期的食慾。一年 365 天，一日三餐都是靠激素調節的，到了飯點，激素就會準時出來提醒「狗狗」，該吃飯了，這是人類進化過程中形成的自動化調節程序。

控制長期食慾的激素一般來自胃腸道和存儲能量的組織（如脂肪組織），激素類型也有兩種，一種是引起食慾，另一種是抑制食慾。引起食慾的激素有胃飢餓素，它是目前所知的唯一的一種「開胃」激素，由胃產生。從名字上我們就能知道它的來源和作用。肚子餓了，「咕嚕咕嚕」的叫聲就是由它控制的，告訴人類該吃飯了。如果人們在幾個小時內不進食，胃飢餓素在血液中的水平就會持續升高。胃飢餓素一旦分泌，「狗狗」就開始亂叫，人就會開始尋找食物並開始進食。

但是，人也不能總是這麼吃啊，吃多了胃腸道受不了，所以，當人吃飽了的時候，另一種激素該出場了，它就是脂肪組織產生的瘦素。從名字上看，

大家就知道它的作用可能跟減肥有關。實際上它的作用不是減肥，而是調節長期的食慾，是一種厭食信號。在飯前，胃飢餓素引發食慾，飯終，瘦素抑制食慾，這兩種激素的交替出現，精確調節着人類的長期進食行為，共同維持着人體的能量攝入平衡。

有一種 ob/ob 小鼠模型，就是把能產生瘦素的基因給敲除了，身體不再產生瘦素，也就無法控制食慾，也不能決定身體該保存還是消耗能量。這樣的小鼠從一出生，吃起東西來就幾乎停不下來，管理身體能量平衡的系統也不能正常工作，它們一直不停地把身體吸收的能量儲存起來，於是，越來越胖。因此，這種 ob/ob 小鼠常被用作研究肥胖的動物模型。

把能產生瘦素的基因敲除會導致肥胖，要是把胃飢餓素基因敲除之後會怎麼樣呢？遺憾的是，很少有這樣的動物模型出現，不吃也不喝的動物根本沒法生存，生下來就得餓死。吃，本身就是動物最重要的生存本能，吃都沒興趣了，活着還有甚麼意思呢？目前的研究也發現，胃飢餓素除了控制食慾，還可以進行大腦調節，包括學習、記憶、動機、應激反應、焦慮、抑鬱和情緒。

激素調節在短期的食慾調控中，除了上面提到的兩種激素之外，還有由腸道產生的促進飽足的膽囊收縮素和誘導餐後飽腹感的酪酪肽（PYY）。還有一種稱為胰高血糖素樣肽 1（GLP1）的激素也發揮了致飽食感激素的作用，這種激素還會刺激胰島素分泌並降低餐後血糖水平，而胰島素的產生同時會抑制胃飢餓素的分泌，告訴人們身體已經攝入足夠的能量了，可以停止進食了。

食慾，不用我們操心，只要是生物天生就懂得吃。我們需要操心的是如何控制食慾。人體設置了大量的控制系統，目的更多地是為了抑制食慾，告

訴我們不能再進食了。

進食障礙

有一種常見於 13~20 歲之間女性青少年的進食障礙，在所有精神疾病中有着最高的死亡率，這種病被稱為神經性厭食症。從名字上可以看出，這是跟神經系統有關的抑制食慾的疾病。這樣的患者並不是真正的厭食，人類的大腦還不能控制自主神經系統，保持食慾的胃飢餓素並不受人的控制，到點兒了，它們就會讓人有食慾。厭食症患者只是為了「苗條」而忍飢捱餓，一直在跟食慾作鬥爭。有一些女性對體重和體型極度關注，盲目追求苗條，她們吃得很少，進食後摳吐或嘔吐，或者進行過度體育鍛煉，或者濫用瀉藥、減肥藥等。這樣的患者常有營養不良、代謝和內分泌紊亂問題，很多人早早地出現閉經。嚴重者可出現極度營養不良，機體衰竭，危及生命，有 5%~15% 的患者最後死於心臟病、多器官功能衰竭或繼發感染。還有一些人因為抑鬱而自殺。

患有厭食症的孩子，通常會有一些特定的性格特徵。如對成功或成就的要求過高，同時還有低自尊、完美主義、刻板固執、敏感多慮、膽怯退縮、多動好勝、不合群、好幻想、無主見等心理特徵。此外，在兒童時期沒有形成良好的飲食習慣可能也是引起這種疾病的原因。本來，吃飯是一件令人開心的事，但是有的孩子卻偏食、挑食、嗜好零食。而對於孩子的這些不良飲食習慣，有些父母表現得過度關注和緊張。他們反覆嘮叨和抱怨，甚至強迫孩子進食。每天，吃飯這件事對孩子來說就成了一種煎熬。時間長了，孩子對吃飯不再有期望，飲食不再能引起他們的興趣，他們反而出現了抵觸情

緒。最終，有可能導致厭食症。與厭食症相對應的一種病是嗜食症，這種病也常發生於兒童，表現為食物上癮，總是吃不停，身體超重。這種病也跟父母較多的飲食限制和較高的飲食壓力有關。

任何事，都不要走極端，過猶不及。孩子的飲食需要控制，但要講究方式方法。對於食慾，特別是面對好吃的食物時，很多大人們都無法戰勝自己，何況還不能很好控制自己身體和情緒的孩子？孩子出現進食障礙時，家長先要反思自身，再看孩子的問題。控制食慾實在不是一件容易的事，孩子需要家長的理解和幫助，而不是抱怨和謾罵。

保護味蕾，控制食慾

最近的研究表明，食慾還受舌頭上的味覺細胞控制。肥胖或嗜食症的人總是吃不停是因為它們大腦中獎賞系統的閾值升高了，也就是說，他們需要吃得更多才能獲得相同的多巴胺水平，才能出現快感。此外，肥胖者的味覺被大大地削弱了，他們感知的味覺明顯減少了，導致他們食慾更強，吃得更多。

研究人員發現，給小鼠吃 8 週的高脂飲食，這些小鼠的體重增加了超過 30%，同時，舌頭上的味蕾減少了 25%！味蕾的減少是由於肥胖，導致能引起慢性炎症的腫瘤壞死因子 α（TNF-alpha）增多，而味蕾細胞對這種炎症因子特別敏感，導致味蕾總體數量迅速下降。動物的味蕾細胞更新速度非常快，平均壽命只有 10 天，正是由於這些細胞的存在，才讓我們感知到酸、甜、苦、鹹、鮮五種主要的味道。肥胖會減少味蕾細胞，進而影響味覺感知，而這種味覺感知的錯亂會使人傾向於選擇熱量更高的不健康食物，於是陷入

了惡性循環：吃高熱量食物，體重增加，味蕾減少，吃更多高熱量食物，導致體重再增加，味蕾再減少。如此循環反覆，要不了多久球形身材就出現了。也許，打破惡性循環的方法只能靠控制食慾，持續吃垃圾食品的時間不要持續超過 10 天，這樣就能盡可能地防止味蕾細胞的減少，從而避免持續地選擇高熱量的食物。

食慾的錯誤調控

　　厭食的過程就是大腦抑制食慾，開始時胃飢餓素照常分泌，時間久了，胃飢餓素的分泌就會減少並持續下去，人體本能的對食物生厭。胃飢餓素分泌出來不容易，分泌出來後，大腦總是對着幹，一直不讓吃東西，激素總是不能有效的發揮作用，這對人體來說絕對是一種浪費，多次重複之後，人體必將做出相應的調整，開始逐步減少胃飢餓素的分泌。胃飢餓素分泌少了，焦慮抑鬱等精神問題就會增多。厭食症患者自殺身亡也是由於胃飢餓素分泌減少，最後導致抑鬱。

　　有趣的是，美國西南醫學中心的研究人員發現，當個體被限制熱量攝入時（一定程度的節食），胃飢餓素水平會升高，表現出天然的抗抑鬱功效。很多人在適當節食後的一段時間，會感覺放鬆，焦慮抑鬱情緒明顯好轉，實際上是飢餓引起人體分泌了大量的胃飢餓素，激素改善了情緒。近期人們還發現，胃飢餓素顯示出促進動物模型海馬神經細胞再生的能力，也就是說胃飢餓素有可能影響記憶力。對於人類來說，控制食慾的度一定要把握好，真是「過之砒霜，適之蜜糖」。而胃飢餓素呢？在這些研究的論證下，具有成為抗焦慮抑鬱，甚至提高記憶力的新型藥物的潛力。

少食更長壽

在過去的幾十年中，一系列動物試驗證明，每日減少 25% 的能量攝入就可以有效增加齧齒類動物（老鼠）壽命，在線蟲、果蠅、魚類和猴子等多種動物身上也已經觀察到了這一現象。有一項研究發現，持續兩年減少 15% 的熱量攝入，大部分人在 1 年後體重可減少 8 千克，同時，基礎代謝率減少 10%，特別是夜間代謝，核心體溫也有下降，而白天的代謝率變化並不明顯。更重要的是身體的氧化應激反應等一系列與衰老相關的指標也都明顯降低，由活性氧導致的氧化應激下降了 20%。限制能量攝入還可以讓血液中膽固醇和血糖水平更健康。這些研究似乎在向我們傳遞一個信號：吃得少，活得久！

中國有些老話，現在看來非常具有科學性：「若要身體安，三分飢和寒」，「吃飯七成飽，穿戴適當少，耐點飢和寒，益壽又延年」。這其中的科學道理可能是：限制飲食，胃飢餓素就持續分泌，食慾得到控制，能量攝入合理，就可以延年益壽。

總結一句話：飯吃七成飽，胃飢餓素分泌少不了；胃飢餓素水平高，聰慧長壽心情好！

腸內分泌細胞 —— 腸道環境中的「偵察員」

在腸道中有一類細胞（腸內分泌細胞）發揮着「偵察員」的作用。它們的比例很少，只佔腸道上皮細胞的 1% 左右，但工作非常重要，專門監控進入腸道中的能量和營養物質，它們還會精確計算進入的量和人體需要的量。

如果進入的量不足以平衡人體需要的量，腸道組織就會分泌激素，把食物短缺和營養缺乏的信息通過血液循環系統傳遞給大腦，讓人食慾大增，繼續進食；如果進入的量足夠了，腸內分泌細胞就會釋放另一類激素，告訴大腦不要再吃了，已經夠了。人的食慾就這樣被精準地控制着。腸內分泌細胞分泌的肽類激素類型非常多，包括前面提到的胃飢餓素、瘦素，還有胃動素、促胰液素等，它們的功能除了調節食慾，還可以調節胃酸、胰島素、生長激素的分泌，影響胃腸動力和消化吸收等過程。

　　腸道中的這些「偵察員」是腸道菌群代謝產物的關鍵感受器，還可以識別某個微生物是病原體還是共生菌，是朋友還是敵人。當它們識別出敵人時，就會釋放細胞因子和上面提到的各種肽類激素，直接影響腸道屏障功能或者調節腸道免疫細胞的活化，最終，將敵人阻擋在體外，使其被免疫系統清除掉。

食慾的精準調控離不開腸道菌群

　　為甚麼會有這麼多的激素來控制食慾呢？進食過程需要精確控制，長期和短期的協調控制必不可少。每一次吃飯的衝動都是多種激素共同調節的結果，而且還能夠根據身體的能量和營養需求對其進行微調。

　　前面講到，人體內存在着大量的微生物，它們必須要靠人類吃下去的食物維持生存。人類攝取的營養物質和能量都可以直接和間接地被腸道菌群和人體利用。值得一提的是，除了食物，人類還需要腸道中共生微生物提供的營養物質和能量。而對於腸道菌群來說，它們需要利用自己代謝產生的能量繁衍後代，維持種群數量，同時，還可以提供部分能量和營養物質為人體所

用，這種方式甚至比人體直接從營養物質中獲取能量的效率更高。所以，在營養和能量方面，人體和微生物達成了密切的合作。微生物利用人吃下去的食物滿足了自身生長的需要，同時把多餘的提供給人類。人體既可以直接從消化的食物中獲得能量，也可以間接地從腸道菌群的代謝中獲得能量。

目前，人類已經確定腸道菌群可以合成的 B 族維生素有 8 種，包括煙酸、生物素、核黃素、硫胺素、泛酸、葉酸、吡哆醇和鈷胺素。此外，還有維生素 K 和一些人體必需的氨基酸等。腸道菌群還為我們提供能量，它們會利用人體不能消化的食物殘渣，把裡面的膳食纖維分解為單糖，或者產生三磷酸腺苷，乳酸鹽和丁酸鹽等滿足人體能量需要。也就是說，腸道菌群並不是跟人類爭搶食物，它們利用的食物基本上都是人體不能利用的「廢物」，被它們二次利用後還會有一部分返還給人類，這些微生物們還挺「講究」。

另一種情況，當人處於飢餓狀態，腸道菌群則只能從人體能量儲存中獲得能量來維持自己的生存，這時候腸道菌群的組成也會發生相應的改變，調整為能適應低能量供應的菌群為主。對於細菌來說，人體本身就富含蛋白質、脂肪和碳水化合物，如果細菌得不到食物，毫無疑問，人體就會變成細菌的食物，微生物就開始「吃人」了！

在腸道中，本來就有一些微生物是以人體脫落細胞以及細胞裂解物和殘渣為食的，如果斷了糧，它們就會更加肆無忌憚地大口大口吃腸道黏膜和上皮細胞了。人要活着就得吃飯，理論上只要有人吃的就少不了腸道菌群的，但是，現今社會不好消化的食物大多被人們剔除了，加工食物做得越來越精，精米和精麵中的物質絕大部分都能被人體消化，根本就輪不到腸道裡的細菌就被人體吸收殆盡了，可憐的腸道菌群也就只有餓肚子的分了。它們要是餓了，生氣了，後果可是很嚴重的。一些菌群會逐漸吞噬腸黏膜，導致腸

黏膜變薄，腸壁受損，最終，引起腸漏。平時吃得太精，不吃蔬菜水果等富含膳食纖維食物的人和那些為了減肥經常節食的人，一定要小心不要把腸道菌群給餓壞了，「菌群很生氣，後果很嚴重」！

當然，還有一些「吃素」的菌，它們可能不會這麼血腥，而是會產生一些激素，告訴人體趕緊吃東西，它們已經餓得不行了！持續的食慾刺激，人可能會飢不擇食，平時不愛吃的食物也會控制不住吃一點。所以，對付那些不愛吃素的孩子，餓一餓他們，把他們和肚子的微生物都給餓到一定程度，再不愛吃的食物，他們也會去吃。

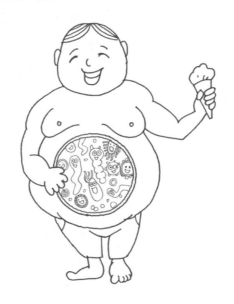

要想心情好，就把腸道微生物餵飽！

正是因為腸道微生物要靠我們人類吃下的食物維持生存，所以，微生物也可以表達自己的訴求，它們也有食慾，也可以發出自己的食慾信號，告訴

大腦它們想吃土豆還是玉米。這就要用到另一條控制食慾的通路——「腸道調節」途徑。

某種腸道細菌能否在人的腸道內存活和繁殖，很大程度上取決於人類吃了甚麼食物。有的微生物喜歡吃糖，有些喜歡吃肉，有些喜歡吃脂肪，還有一些喜歡吃膳食纖維。如果你吃很多糖，那些偏好糖的微生物就會大量增殖，而那些不喜歡糖的微生物就會被抑制，最後，可能被擠出腸道應有的位置。

隨着偏好糖的微生物的數量暴漲，它們會為了自身的生存和繁殖，而控制宿主的進食傾向和食慾，一方面讓宿主更渴望吃糖，另一方面是吃更多的糖。當人的食慾被微生物控制後，就慢慢地形成了一個封閉的死循環，人吃的食物種類越來越有限，越來越單一，腸道微生物的組成也越來越單一，多樣性逐步喪失。時間長了，單一的營養就會導致營養不良，人或者消瘦或者肥胖，還可能伴有其他的身體不適。

腸道菌群可以分泌神經遞質、激素等活性物質，通過迷走神經影響食慾。腸道菌群產生的信號能夠直接與腸道激素信號通路和人體循環系統一起影響人體對食慾的控制，它們的目的不是為了人類，而是為了它們自己。腸道菌群數量和生長的動態改變也必定伴隨着菌群所需食物的改變——菌多了，吃得就多，需要的食物也更多。一旦菌群過度生長，就會導致它們的能量需求呈爆發性增加，最終，導致宿主食慾增加。

腸道菌群感受到的能量短缺會使人的食慾增加，從而觸發進食行為。同時，與進食有關的大腦獎賞系統開始工作，大腦就產生了快感。一次飽餐之後，整個人都會放鬆下來，愉悅滿足的感覺就是大腦獎賞控制系統的。進食的快感跟談戀愛時的快感從本質上沒有甚麼區別，都是由大腦中的多巴胺控

制的。一旦多巴胺分泌異常，就會導致異常的飲食快感，使得原有的飲食模式遭到破壞，進而導致暴飲暴食或肥胖。

　　甚麼情況下多巴胺會分泌異常？剛才提到，多巴胺是一種快樂激素，和相愛的人一起吃飯，多巴胺會分泌增加，快感開始產生，食物也會變得更美味，以後碰到這些食物時會格外地喜愛；相反，和相愛的人吃飯時，吵了一架，多巴胺分泌急劇減少，快感消失，同時，人們對當時吃的食物也會產生不好的記憶，會把這種悲痛與食物畫等號，以後不再喜歡這種食物了。在這個過程中，多巴胺只有一種，大腦分辨不出是感情產生的還是食物刺激產生的，所以，相互之間會引起錯位。

　　人類對食物的喜好和厭惡，可能跟吃飯時的情緒狀態有關係，因此，吃飯時少說話，不要在吃飯時批評人，特別是，不要在孩子吃飯時數落他們，這可能會讓他們對吃飯，對當時吃的食物產生錯位記憶，把當時難過的心情和吃的食物聯繫在一起，導致厭食或偏食。當然，人們也可以利用這種原理來糾正孩子的偏食和挑食，比如在孩子開心時讓他嘗試一下不愛吃的食物，或者把某種他特別喜愛的事物與不愛吃的食物捆綁在一起同時出現，這樣就能「騙過」大腦獎賞系統，讓大腦錯誤地以為，當時的快感是食物引起的，也就會讓孩子愛上這種食物。

　　有意思的是，控制獎賞系統的多巴胺能神經元是受血腦屏障保護的，也就是血液中的激素是很難通過血腦屏障影響大腦中多巴胺的水平的，而腸道菌群則可以不通過多巴胺系統，直接通過迷走神經元傳導影響多巴胺能神經元。意思是說，腸道微生物可以直接通過神經系統而不是激素分泌影響人的快感，並且影響的速度趕上光速了。神經系統的傳導是電傳導，遠比分泌激素，進入血液，再透過血腦屏障的曲折過程來得更快、更直接。

無論是人的食慾還是快感，實際上都受腸道菌群影響，腸道菌群「不高興」，人就沒有食慾，更談不上開心了。所以，要想心情好，就把腸道微生物餵飽！

3 人體的營養師 —— 腸道微生物

食物進入腸道後被轉換成各種營養成份，不同的食物營養成份也不一樣，它們影響着人類自身的健康狀況和腸道微生物組成。我們的「腸腦」實際上是非常聰明的，它自己會兢兢業業，一絲不苟地連續監控着進入腸道內的營養物質，不放過任何可疑分子。為了達到這個目的，腸道內實際上密佈了多種感受器，這些感受器與內分泌系統、神經系統、免疫系統和腸道的非免疫防禦系統等密切配合形成了嚴密的監控網絡，監控着進入腸道的任何物質。

在這個嚴密的監控網絡中，腸道微生物可能發揮了主要作用。密佈在腸道中的大量微生物就像「腸腦」派出的「監視員」一樣，時時刻刻監控着進入腸道中的一切物質，監測哪種營養物質缺乏，哪種不該有的物質進入了腸道，並且準確地計算出進入人體的數量和人體需要的數量，一旦有甚麼異常情況，它們會立即上報「腸腦」，「腸腦」收到信號後就會做出相應的調整，或者讓我們趕緊吃點東西，或者讓我們在酸奶和烤肉中選擇一個，又或者讓我們立即嘔吐或者腹瀉。

腸道菌群知道你缺少甚麼營養？

2017 年，澳大利亞查爾斯帕金斯中心和生命與環境科學學院的研究人員

做了一系列非常有意思的研究，他們發現腸道微生物的改變會改變果蠅對微生物和營養物質的偏好性，從而改變果蠅的行為。

一開始，他們先給 A 組果蠅餵食全營養的食物（含有所有必需氨基酸的糖水），給 B 組果蠅餵食缺乏某一種營養物質的糖水（缺乏某一種果蠅自身無法合成的必需氨基酸），給 C 組果蠅餵食缺乏不同營養物質的糖水（逐個去除不同必需氨基酸）。讓這三組果蠅自由採食 72 小時後，把它們放進只含有糖水和富含蛋白質的酵母組成的「營養餐」前，看它們傾向於選擇哪種食物。結果發現，缺乏必需氨基酸的 B 組和 C 組果蠅都傾向於吃含有酵母的「營養餐」來彌補自身營養物質的缺失。這就說明，果蠅實際上非常清楚地知道它們體內缺乏甚麼營養物質。

果蠅們是如何做到的呢？他們又做了一個實驗，這次，他們在果蠅的飲食中加入了五種果蠅消化道中常見的細菌（植物乳桿菌、短乳桿菌、番茄醋桿菌、共生腸桿菌和糞腸球菌）。結果發現，補充了腸道微生物後，這些果蠅不再選擇吃「營養餐」了。但是，不選擇「營養餐」不代表它們體內缺少的必需氨基酸補上來了，實際上，這些果蠅體內缺少的氨基酸含量還是很低，但這絲毫不影響它們的生存和繁衍。理論上，果蠅體內必需氨基酸的缺乏會抑制細胞的生長和分裂，影響它們的生殖。有了這些腸道微生物之後，果蠅們似乎不在乎身體是不是缺乏營養。他們猜測，腸道中的微生物並不僅僅簡單地通過合成缺失的氨基酸來給果蠅補充營養，它們可能產生了新的營養物質，不用再合成必需氨基酸，而是直接合成果蠅最需要的活性物質，從而幫助果蠅維持正常的生存和繁衍。

他們進一步發現，當把果蠅的腸道微生物全部殺死，然後給它們分別飼餵糖水或加了上述五種腸道細菌的糖水（給果蠅飼餵含有不同成份的液滴，

讓它們自由地吃 1 小時，然後，測量果蠅食用的液滴的數量）。結果發現，大部分果蠅都選擇喝含有腸道細菌的糖水。為了研究究竟哪種細菌對果蠅最有吸引力，他們分別單獨把某一個細菌加入到糖水中，再看果蠅的選擇，結果發現在五種腸道細菌中有兩種細菌對果蠅食慾的影響最為明顯：醋酸桿菌和乳酸桿菌。如果單獨給果蠅增加這兩種細菌，就可以觀察到果蠅對「營養餐」的攝入明顯減少，同時對糖的攝入量明顯增加。

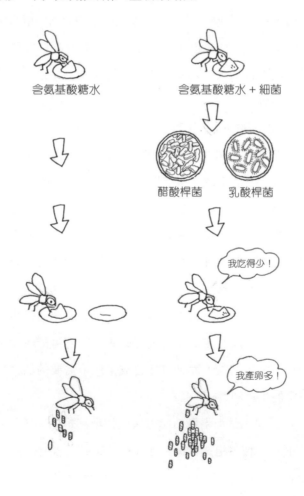

動物生育也依賴腸道菌群？

更有意思的是，5 種腸道細菌的加入不僅維持了果蠅的正常生存，還明顯提高了果蠅的產卵數量，改善了果蠅的生殖能力。即使食物中仍然營養不足，缺乏必需氨基酸，添加了腸道細菌的果蠅產卵數量卻增加了50%~100%。這個研究也許能夠給我們一定的啟示，處於孕產期的婦女，即使飲食不正常，孕吐反應強烈，攝入營養物質不足可能也不用擔心，只要腸道微生物足夠，腸道中有特定的微生物存在就不用擔心後代的健康。在對孕婦不同時期腸道微生物組成的研究中，我們也發現，從懷孕開始，孕婦腸道微生物的組成就會發生變化，菌群多樣性急劇增加，等到孩子出生後，多樣性開始恢復正常。孕婦腸道菌群的動態變化可能就是為了滿足「造人」過程中對各種各樣的「物料」和能量的需求。所以，只要腸道微生物存在，動物就能順利完成生育過程，這是微生物與人體共生的完美體現。

當然，這只是動物研究，可能並不適用於人類，但至少存在這種可能。我記得我媽說她懷我時，孕期反應非常強烈，天天吃不下東西，實在餓了就吃個雞蛋，其他都不吃，而我出生時還是非常健康的。在我國困難時期，食品匱乏，很多人吃不飽飯，更別提吃得營養均衡了，那時候出生的孩子也不少，而且大都挺健康的。腸道和飲食行為之間的關係以及它們之間的信息溝通途徑可以為未來人類的疾病治療，甚至後代繁衍提供新思路。

「專菌專用」，一種營養一種菌？

前面的研究已經發現，醋酸桿菌和乳酸桿菌對果蠅食慾的影響最為明

顯。但是，這兩種菌只對某幾種氨基酸有作用，對非必需氨基酸酪氨酸沒有影響。有人把果蠅體內一種合成酪氨酸的酶敲除掉，讓它不能合成酪氨酸，這就使得果蠅必須從食物中獲取酪氨酸。當給這種不能合成酪氨酸的果蠅補充醋酸桿菌和乳酸桿菌後，他們發現這兩種菌的加入並沒有影響這些果蠅對酪氨酸的攝入。這說明腸道細菌已經演化到與宿主配合得「天衣無縫」的程度，已經做到了「專菌專用」，腸道細菌只能調控某些必需氨基酸的攝入，對非必需氨基酸，它們不負擔任何責任。

有一個問題非常值得我們思考，人類為甚麼或者如何失去了合成這些必需氨基酸的能力？作為最高等的動物，人類只保留了兩萬多個基因，而腸道微生物編碼了數百萬個基因，也許正是人類和微生物互惠互利的共同演化和「共生」過程彌補了人體自身營養物質合成的不足。人類的高明之處就是能夠以最簡單、高效的方式完成自己最重要的使命，通過借力，通過合作能夠完美解決的問題就不自己來完成。人類無須再依賴自身產生這些營養物質，藉助共生微生物，即使缺乏一些營養物質，人類也能正常生存和繁衍後代。如此看來，人類懂得借力和合作，確實稱得上最聰明的動物。

腸道細菌在幼年時就能影響宿主未來的食物偏好

2017 年，研究人員發現，用前面提到的醋酸桿菌和乳酸桿菌這兩種菌分別與果蠅的卵密切接觸，同時與未加處理和用消毒水沖洗後的無菌果蠅卵對比，來看孵化成幼蟲後，這些果蠅的食物偏好。結果發現，接觸過醋酸桿菌的卵，孵化的幼蟲更喜歡含有醋酸桿菌的食物。同樣，接種過乳酸桿菌的卵孵化的幼蟲會聚集在摻有該細菌的食物附近。來自正常的沒用任何處理的卵

的幼蟲（含有母體來源的醋酸桿菌和乳酸桿菌）更偏好含有上述兩種細菌的食物。相反，無菌處理的果蠅幼蟲在孵化後沒有表現出食物偏好，對這兩種菌並不感興趣。

這就證明了，孕期或幼年期接觸的微生物不同，長大後的食物偏好也會不一樣。在人類中也有類似的現象，有研究發現，孕期媽媽的食物選擇會影響孩子出生和成年後的食物偏好。這就很容易理解，無論身處何方，人們最懷念的還是小時候媽媽做的飯的味道，小時候形成的食物偏好可能會持續一輩子，這一切可能都是受從小接觸的微生物以及腸道微生物組成影響的。

另外的實驗表明，果蠅對食物的選擇是基於嗅覺的，腸道細菌可能是通過影響果蠅的嗅覺來引導果蠅的食物選擇行為，在沒有微生物存在的情況下，嗅覺引導的食物選擇反應就會被改變。換句話說，就是微生物通過影響嗅覺參與了果蠅的食物選擇。

不同腸道微生物偏好不同食物

但是，新的問題來了，果蠅是如何選擇自己最需要的食物的，是如何平衡蛋白質、脂肪和碳水化合物等不同營養的需求的？

研究人員進一步發現，腸道中不同的細菌會控制果蠅對不同食物的選擇。腸道微生物正常的果蠅，更喜歡蛋白質與碳水化合物比例均衡的飲食。然而，當給果蠅使用醋酸桿菌或乳酸桿菌單獨某一菌株時，它們的行為會發生明顯的不同。那些定殖了醋酸桿菌的果蠅非常厭惡富含蛋白質的飲食，而定殖了乳酸桿菌的果蠅則傾向於富含碳水化合物的飲食。當把兩份醋酸桿菌和一份乳酸桿菌的混合物餵給果蠅時，果蠅變得跟醋酸桿菌一樣，更偏好富

含蛋白質的非健康飲食了。

這個研究表明，不同腸道微生物偏好不同的食物，均衡的腸道微生物組成也應該偏好營養均衡的食物。也許，我們人類的食物選擇過程代表了我們體內細菌的代謝和營養需求，我們吃得健康與否，很大程度上與我們體內的腸道微生物的健康和均衡與否，我們吃的食物和我們肚子裡的微生物組成存在密切聯繫。

選擇合適的營養物質對於不同物種的健康至關重要，無論是人類自身還是體內的微生物。然而，我們已經很難區分對於食物如何選擇的決定是來自我們自身還是體內的腸道微生物了。

不管怎樣，飲食中的蛋白質非常重要，它不僅是細菌細胞的主要成份，也是人體細胞合成的主要營養，必需氨基酸和人體共生細菌的協同行動共同控制着人類的食物選擇。飲食中缺乏任何單一的必需氨基酸就足以引發人的食慾，讓人更多的偏向富含必需氨基酸的食物。雖然，攝入蛋白質和氨基酸對動物是必不可少的，但過量攝入也不利於健康。因此，許多動物會對這些關鍵營養素的攝入進行精確控制，而有控制權的可能是腸道微生物。

當你控制不住自己想要吃肉時，可能正是你或者你體內的微生物攝入必需氨基酸不足，你需要多吃點肉來彌補必需氨基酸的不足。但是，這種需求也可能是人體或腸道微生物發出的錯誤信號。當正常的食慾控制過程出現錯亂時，就會引起不正常的食慾，腸道微生物的需求和人體的需求有可能不一致。這時候是聽腸道微生物的，還是聽人體的呢？還真說不好。當我們使用抗生素等藥物，壓力過大或暴飲暴食後，就可能引起腸道微生物的組成發生巨大變化，原有的微生物平衡被打破，一些喜好吃肉的細菌開始瘋漲，告訴人體吃更多肉，然而，實際上人體可能根本不需要這麼多的肉。這就造成了

錯誤的信號，人的食物需求也就亂了，時間長了，人體攝入營養不均衡，生病也就在所難免了。

　　善待「人體的營養師」——腸道微生物會讓你更健康，因為它們可能掌管着你身體的營養平衡。

④　腸道微生物決定你吃甚麼？

「腸腦」掌管吃喝大事

　　飲食是影響人體腸道菌群發育的最關鍵因素。表面上看，一日三餐，稀鬆平常，吃飽肚子就達到目的了。然而，健康和不健康飲食的差別可就大了！不同膳食模式可以改變腸道菌群的組成，好的膳食模式可以保持腸道菌群多樣性的平衡（共生）；不好的膳食模式則可能引起腸道微生態的失調，也就是引起潛在的病原體增多。需要注意的是菌群失調會導致炎症和腸漏，而腸漏和炎症是多種疾病的根源。

　　人體可以監控腸道菌群的組成，監控過程是靠腸內分泌細胞實施的。在監控過程中，激素發揮了重要作用。激素釋放是通過激活腸內分泌細胞的營養物質特異受體觸發的，這種激活發生在整個胃腸道系統，從胃到大腸，不同部位分佈着不同的細胞受體，可以分泌不同的激素。參與食慾調控的分子多達幾十種，它們相互之間還會相互影響，環環相扣形成複雜的調控網絡。

　　由於這個調控網絡比較複雜，我們通過下圖來簡單理解一下腸道菌群是如何調控食慾的。食物進入腸道後，該被人體吸收的營養物質已經被吸收了，剩下的食物殘渣會被一些腸道菌群利用。腸道菌群並不拒絕「殘羹剩

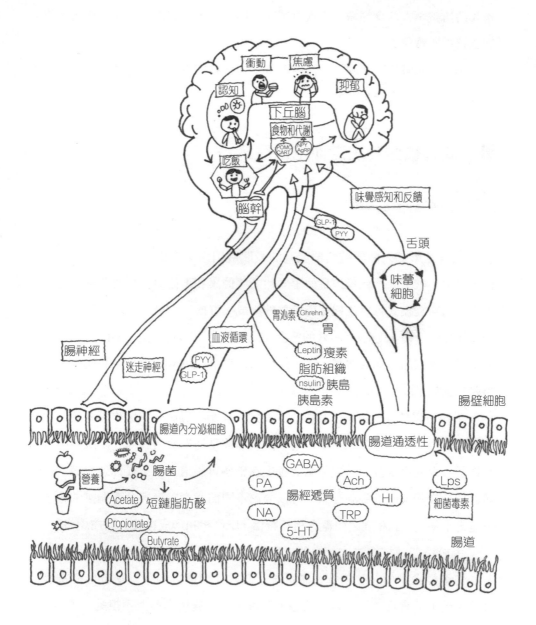

飯」，它們愛吃的食物就是這些殘渣，它們利用裡面未消化的膳食纖維產生短鏈脂肪酸、神經遞質和激素等物質，這些物質會直接作用於腸壁上的營養感受、食慾和飽腹感調節的感受器，特別是腸道內分泌細胞，這些細胞產生的激素或神經遞質再通過迷走神經系統或者血液系統影響宿主的食慾和進食行為。前面已經多次提到過，腸道中生成了人體 95% 的五羥色胺和超過一半的多巴胺，很多腸道微生物都參與了這些神經遞質的代謝。腸道菌群還可以操縱腸道屏障功能，與膽酸代謝相互作用，調節機體的免疫系統，影響宿主抗原的生產過程，間接影響宿主的進食行為。除了進食行為，人類的其他行為，如認知、衝動、焦慮和抑鬱等都會受到類似的調節通路控制。

短鏈脂肪酸能減肥？

短鏈脂肪酸，名字裡帶「脂肪」，實際上跟脂肪沒有任何關係，「酸」才是它們的根本。短鏈脂肪酸不是一種東西，而是一類有機酸，如乙酸、丙酸、丁酸等，乙酸就是醋酸，可以想像，其他短鏈脂肪酸跟醋酸類似，都是揮發性的，有刺激性的酸酸的氣味。在這些有機酸裡，乙酸是腸道產生的主要有機酸，而丁酸與腸道微生物的關係最為密切。腸道中的梭菌（*Clostridium* 簇 XIVa）可以產生丁酸，普拉梭菌（*Faecalibacterium prausnitzii*）和毛螺菌科（*Lachnospiraceae*）等細菌也可以產生。在結腸，有 95% 的丁酸被氧化為胴體給腸壁細胞快速提供能量，因此，丁酸是腸上皮細胞最主要和最快速的能量來源。

腸道中丁酸充足的話，腸道細胞接受的能量信息更多，就會給大腦發出飽腹感信號，告訴大腦「我吃飽了！」，大腦就會抑制食慾，限制飲食。有研

究發現，當給高脂飲食小鼠的食物中添加 5% 丁酸鈉，餵食 9 週後，小鼠的食慾就會明顯降低，同時激活了它們的褐色脂肪組織，加速了脂肪的氧化，增強了代謝產熱能力。褐色脂肪組織是專門消耗能量產熱的，嬰幼兒的肩背部含有大量的這種組織，可以幫助他們維持體溫，所以，嬰幼兒一般都不怕冷，反而怕熱。隨着年齡增加，褐色脂肪組織會逐漸減少，褐色脂肪組織多的話會消耗更多的能量產熱，而不是把能量保存為白色脂肪，也就不容易胖。

口服丁酸鹽後，腸道微生物的組成也會發生變化，比如，厚壁菌門豐度明顯增加，特別是產芽胞菌升高顯著。有意思的是，只有口服的丁酸鹽有效，而靜脈注射丁酸鹽沒有效果。丁酸發揮作用是通過激活迷走神經通路的，而迷走神經系統密佈消化道上，所以，口服丁酸鹽或許可以幫助需要減肥的人來抑制食慾，減少食物攝入，預防飲食引發的肥胖、血脂異常、胰島素抵抗和脂肪肝等疾病。

另一種與食慾控制有關的細菌代謝產物是乳酸。當腸道中有乙酸時，腸道菌群會產生乳酸，當乙酸比較少時，則會產生丁酸。無論是乳酸還是丁酸都可以作為細胞能量來源，也都可以控制食慾。腸道中的乳酸主要由乳酸桿菌，腸桿菌科和雙歧桿菌發酵糖類產生，當我們吃完飯後，血液中就會出現乳酸鹽的顯著升高，飽腹感也隨之出現，食慾被抑制住。有人做過研究，當把乳酸鹽注射到血液中，人吃飯時的用餐時間和用餐量就會明顯減少。

也許，飯前喝一杯酸奶也能起到同樣的效果。乳酸菌發酵牛奶的過程就是把乳糖轉變為乳酸的過程，因此，酸奶中富含大量乳酸。但是，現在的酸奶飲料和我說的酸奶是兩碼事，這種酸奶飲料中糖更多，相對來說乳酸的量很少，如果飯前喝這種飲料補充的更多的是糖而不是乳酸，也就起不到抑制食慾的作用，可能反而會由於攝入更多的糖分，最終，都變為熱量儲存成脂

肪，人就越喝越胖了。在飯後喝這種飲料，更不可能助消化，反而是額外攝入了更多能量，更讓人發胖。

「心寬體胖」不一定，壓力大了食慾增！

無論是腸道菌群還是上面說到的短鏈脂肪酸和神經遞質，都需要通過迷走神經給大腦傳達信息。前面已經介紹過，迷走神經系統實際上充當了腸腦和大腦之間信息溝通的高速公路，相比血液系統，通過迷走神經系統進行信息溝通走的是電信號，速度堪比光速。

每日三餐後，迷走神經就開始負責收集和整理信息了，首先，它會收集進入腸道的食物都有甚麼，有多少蛋白質、碳水化合物或者脂肪，應該派誰來負責消化和吸收這些營養物質。其次，它還要負責計算一下，吃進肚子裡的食物是不是足夠身體需要，還需不需再進食。最後，它會把這些信息統一反饋給大腦，告訴大腦還要不要繼續吃，應該再吃點甚麼。

美國哈佛大學醫學院的研究人員對老鼠迷走神經進行了剖析，發現分佈於胃腸道的迷走神經具有兩種不同類型的感應神經元：負責感受腸胃張力、傳遞飽腹信號的胰高血糖素樣肽 -1（GLP-1）受體神經元，以及負責監管營養物質攝取的 G 蛋白偶聯受體 65（GPR65）神經元。

我們將上述兩種神經元分別簡稱為 G1 和 G65，G1 主要分佈於胃部肌壁，幾乎不存在於腸道的內表面，並且 G1 主要感受的是胃是不是鼓起來，是不是吃飽了。而 G65 主要分佈於腸道，它們會識別穿過小腸到達腸道絨毛的營養物質，監控食物釋放的各種化學信號，把糖類、脂肪、蛋白質以及酸鹼性都給區分開，並把它們轉化為神經信號。 最終，這兩類感應神經元將信

號通過迷走神經系統傳遞給大腦，告訴大腦：「吃飽了，胃鼓鼓的了，並且食物中的營養物質足夠了！」

在大腦中，負責接收 G1 和 G65 這兩種神經元發送的信息的神經元細胞也分為兩類，這兩類細胞緊鄰排列，但彼此獨立。大腦專門設置了兩條通路來監控胃和腸道，彼此相對獨立，有着明顯的分工，一個負責控制數量，一個負責監控質量，靠着這樣精準的設計，維持着我們一日三餐的食慾控制和進食行為。目前，這兩個通路已為人類所利用，通過調節這兩個通路的神經活性就可以達到治療疾病的目的。比如，II 型糖尿病藥物作用的主要靶點就是 G1 通路，這類藥物可以減少腸蠕動、控制攝食、減輕體重、控制血糖。

如此嚴密的系統也會被破壞，其中一個主要的影響就是大腦。大腦接受的信息非常多，這些信息之間也會相互影響。社會壓力、焦慮抑鬱等都會影響大腦，同時也會影響食慾。有研究人員發現，社會壓力會激活大腦中的一些神經元，使人食慾大增。當把小鼠大腦中與壓力相關的神經元激活，小鼠對碳水化合物的渴望就異常增加，而對脂類食物的慾望被抑制了。感受到壓力的實驗小鼠吃的碳水化合物類食物的量是對照小鼠的三倍，而攝入的脂類食物的量是對照小鼠的一半！遺憾的是，由壓力導致的神經元的激活，往往靠意志力是不能抵消的。當人面臨壓力時，更傾向於選擇碳水化合物，富含糖的甜食往往也具有消除焦慮、緩解壓力的作用。這些高糖的食物會刺激大腦的快感中樞，讓我們覺得開心和滿足。

近幾年，國際上流行一種減肥方式，就是低碳水化合物飲食。這種飲食方式只吃肉類、蔬菜，不吃碳水化合物。邏輯是人體消耗熱量是從最容易分解的糖類開始的，然後才是脂肪和蛋白質，並且身體裡面多餘的糖分會轉換成脂肪存儲起來。所以，當不給人體提供碳水化合物的時候，身體就轉向燃

燒脂肪來提供能量。對於由壓力引起的肥胖人士來說，這種減肥方式可能具有一定的效果，因為壓力會讓人更愛吃碳水化合物。杜絕碳水化合物可以從根本上解決食慾失控，能量攝入超標的問題。但是，對於其他類型的人來說，可能需要注意了。因為，前面的果蠅實驗提到過，乳酸桿菌傾向於富含碳水化合物的飲食，而乳酸桿菌是腸道中的有益菌，如果長時間的不給它們吃喜愛的食物，不知道它們會不會起來造反或者被餓死？短時間實施一下低碳水化合物飲食是可以的，長時間不給自己和腸道微生物吃主食，可能引起人體能量代謝和腸道微生物紊亂，兩者中的一些成員可能會引發其他身體不適。

有時候，我們攝入的食物並不是迷走神經系統測算給出的需求，而是大腦直接下的指令，各種加工食品和人造美味等讓人無法抗拒的美食會誘導大腦直接發出指令，最終的結果是你可能吃得太多了，遠遠超過了身體需要的數量，久而久之身體必定「發福」。

所以，壓力大引起的肥胖就是控制食慾的神經系統出現了錯亂，而這種錯亂是很難通過意志力加以控制的。很多人一結婚，身體就開始變胖，我想其中有些人就是因為婚後承擔了更多的責任，房子、車子和孩子都要養，無形中壓力突然變大，導致無法抑制的食慾增強，吃得越來越多。對此，我有切身體會，自從結婚後，不僅壓力變大，每天還自己做飯，想吃多少管夠，沒過多久我的體重就長了至少 10 千克，至今也沒有再瘦下去。老話說「心寬體胖」，實際上壓力大也會胖，外人看起來「心寬」的人，其大腦感受的壓力是無法掩飾的，所以，一部分「心寬體胖」的人也不是真的心寬，而是壓力太大。

5 失控的慾望，怪誰？

食物成癮

食物成癮（food addiction）是對食物的迫切需要到了上癮的程度，像有的人愛吃辣椒、愛喝可樂，已經到了非吃非喝不可的地步。食物成癮和食慾可不是一個概念，食慾每個人每天都有，食物成癮則是一種病態。一項針對美國人食物成癮的大規模流行病學研究顯示，在參與調查的 12 萬名護士中，超過 11% 的女性存在食物成癮，其中，身體的肥胖指數 BMI ≥ 35 的人食物成癮的比例更高。此外，研究還發現吸煙者食物成癮的比例更高，而喜歡運動的人食物成癮的比例偏低，那些抑鬱的女性也更容易發生食物成癮。

食物成癮與現代社會食品加工業的發展密切相關。人類在漫長的進化過程中，身體已經形成了嚴密的調控網絡，就像上面提到的腸腦和大腦，它們嚴格地掌控着進食。然而，現在這種調控機制失控了，人們不再聽從大腦和腸腦的指揮，或者人類在想盡一切辦法迷惑我們的腸腦和大腦。

身不由己

很多人可能並不認同這個說法，人類怎麼會想方設法迷惑自己的腸腦和大腦呢？但事實就是如此，即使我們的初衷並不是這樣，可結果卻出乎意料。

隨着社會經濟水平的提高，人類可獲得的物質也在極大豐富，只要有錢，我們可以買到幾乎世界上任何地方出產的各種類型的食物。面對飯桌上各種各樣的美食，每一種嚐一口就基本上吃飽了，但是面對好吃的食物時，

還是想多吃幾口，這就造成，明明吃了很多，卻沒有感到滿足，大腦會無視飽腹感信號，繼續吃啊吃，最後造成過度進食。

　　還有，前面提到的壓力問題，現代社會競爭激烈，勞動強度很大，壓力也很大，午飯經常是一邊工作，一邊湊合着快速地扒拉兩口，還沒等腸腦的信號傳遞到大腦，「戰鬥」已經結束了。還有些人，一邊吃飯，一邊思考着項目，思考着客戶，根本就沒有注意自己在吃甚麼，吃了多少，吃飯成了機械的活動，在不知不覺中就吃下去很多食物，餐後還會再喝點甜得發膩的飲料，即使如此，他們也根本感覺不到飽腹感，當直起身子時，已經撐得走不動了。

　　有些人，經常加班，超強度工作，一天工作十幾個小時，三餐之間不得不加餐。尤其是在大城市工作，加班幾乎成了家常便飯，腸腦和大腦自然都不能休息。我們吃完飯就沒事了，我們的胃腸道還要持續工作四五個小時才能幹完自己的活兒。但是，在這中間，我們又吃下去了大量食物，胃腸道就更沒機會休息了，特別是在晚上，再吃點宵夜，我們睡着了，可憐的胃腸道整個晚上都得持續不斷地工作，到第二天起床時，它們可能還沒有消化完昨晚的食物，卻又要開始消化早餐了。

　　如果我是管控身體食慾和進食的人，早就已經辭職不幹了！我會想：發出的信息你們不回，給你們打電話也不接，還持續不斷、一刻不停地給我派任務，最後還要留下一堆爛攤子讓我收拾，一次兩次還可以忍，總是這樣，哪裡吃得消！

　　值得慶幸的是，我們的腸腦和大腦都不會辭職不幹，只是它們再也無法按照原來的工作節奏和流程工作了。食慾仍然會有，人不會把自己餓死，只是抑制食慾的系統慢慢會遲鈍失靈，食慾甚至會變成對食物的極度渴求，讓

我們不停地進食。胃腸道的監控和反饋系統也不正常工作了，這就成為肥胖和其他多種慢性疾病出現的原因。

食物成癮與腸道微生物

　　某些食物成癮跟腸道微生物關係密切，一項研究表明，腸道菌群在酒精成癮和戒斷後復發中發揮着重要作用，酒精成癮不僅是大腦的問題，而且是腸道菌群紊亂引起的。研究人員檢測了 60 位酗酒者的腸道菌群構成，發現其中 26 人存在腸漏，腸道菌群較少，變形菌等有害菌增多，而擬桿菌會減少，特別是具有抗炎作用的柔嫩梭菌。即使停止喝酒 19 天後，這些人焦慮和抑鬱症狀仍比較明顯，並且嗜酒的慾望也沒有改善。而其餘 34 人腸道菌群較正常，停止飲酒後焦慮抑鬱症狀和對酒精的渴望也明顯降低。腸道菌群中有害菌增加，產生較多的內毒素，通過腸漏進而破壞血腦屏障，毒素進入大腦引起炎症，而炎症會擾亂大腦的正常工作，導致焦慮和抑鬱，還會進一步加劇成癮。

　　酒精破壞腸道菌群平衡，腸道菌群反過來影響大腦，讓人更渴望酒精，如此一來，形成了惡性循環。對於酒精成癮的人來説，戒酒是一個非常痛苦的過程，其難度可能不亞於戒毒，很多人無法控制自己的慾望，導致戒酒失敗，甚至適得其反。

　　對於酒精成癮的人，實際上可以轉變一下思路，不要把目標只盯在酒上，而是把干預靶點放在腸道菌群上。如果依靠大腦的意志力行不通的話，將希望放在腸腦上可能是行之有效的。想方設法地恢復腸道菌群平衡，就能從根本上阻斷惡性循環，最終，戒掉酒癮。這個過程可能會比較漫長和曲折，

但一定是值得嘗試的方法。其他的各種「癮」也可以考慮通過這種方式來戒除，說不定會有意想不到的效果。

好騙的大腦

前面提到，現今的人類正在不知不覺中使用了很多方法迷惑腸腦和大腦。除了用高強度的壓力和超時的工作把腸腦和大腦給累迷糊之外，人類還在有意無意地生產各種加工食品。

食品工業無論是在國內還是國際均是第一大產業，在國民經濟工業各門類中位列第一。食品企業投入了大量的時間和金錢，聘請了許多高水平的科研人員來研究如何製作出好吃、人們都願意吃和吃得起的食品。這些人已經把大腦研究得很清楚了，他們已經將人的進食過程和食慾控制系統分析得明明白白，並且已經掌握了各種各樣「馴服」大腦的方法。普通消費者根本無從得知食品廠家在產品研發時的初衷和策略，只是嘗試着買回家，吃掉，覺得很好吃，然後，再買再吃。

在長期的進化過程中，大腦積累了很多經驗。不同顏色的食物和不同氣味的食材中含有不同的營養物質，有些顏色和氣味與人體需要的營養物質有對應關係。比如人類潛意識中認為橘色、黃色或紅色的食物是甜美而富含營養的，這些顏色是果實成熟後的顏色，代表裡面的青澀味、苦味或酸味較少，糖分更高，並且富含胡蘿蔔素、花青素以及鐵元素等營養物質。口感清脆的食物則預示着水分充足，新鮮多汁。

食品生產廠家正是利用了大腦的這些判斷準則，研發了各種各樣的加工食物。但實際上，很多加工食品並不存在天然食材所具備的特性。很多加工

食品顏色非常漂亮，人們一看到它們，大腦就會興奮，食慾也會大增。大腦想不到的是，這些食物中加的是色素，只是顏色跟天然食材一樣，並不含有大腦所期望的營養物質。黃色和紅色是最能刺激人食慾的顏色，留意觀察一下快餐廳的主色調，再看一下「金拱門」標誌的配色，你就知道商家在這方面花費了多少心思。

香精的加入，可以讓原本風馬牛不相及的兩種食材被大腦誤以為是一種東西，一瓶核桃露中可能就沒有一顆核桃，只需要一滴香精、一點乳化劑和水就能模擬出核桃乳天然的香味，但大腦根本分辨不出哪個是真核桃乳哪個是假的，甚至還可能更喜歡假的核桃乳的味道。

薯片清脆的口感，只是源於油炸過程讓澱粉脫水，與大腦認為的鮮嫩多汁沒有任何關係，只是口感一模一樣。咬下食物發出「咔嚓」的一聲，就能刺激大腦分泌大量的快樂激素，讓人的愉悅感大增，如果再加上大腦無法抗拒的色、香、味，完美的食物就只有薯片了。薯片不僅酥脆，還有焦黃色，富含油脂和鹽，真的堪稱完美！這也是為甚麼薯片可以暢銷全球幾十年，獲得幾乎所有人的喜愛的原因。

人工甜味劑，只有甜味沒有熱量，它會欺騙我們的嘴巴，讓大腦以為我們攝入了大量的熱量，實際上這些熱量並不能被人體吸收和利用。精製糖也是自然界中不存在的美味。除了水果，其他食材中的糖都是需要人體把長長的由單糖形成的糖鏈給分解開才能被人體利用。這個分解過程會產生一系列不同長度的糖，給人體提供不同的營養，並且腸道微生物還可以利用不同長度的糖來滿足自己的能量需求。而精製糖只有兩種單糖，幾乎不需要複雜的分解就能被人體吸收和利用，一小點就能滿足人體一整天的能量需求。雖然精製糖富含能量，但是幾乎沒有其他任何營養物質，只會欺騙大腦，告訴大

腦已經攝入了足夠的能量，實際上並沒有告訴大腦，對營養物質的攝入還不夠。已有研究證明，糖類的攝入會抑制食慾，導致孩子厭食和挑食，營養不良或者肥胖。

還有味精，我們的祖先從沒有吃過它，當我們在菜餚中嚐到味精的味道時，我的大腦以為是吃到了富含營養的食物（尤其是氨基酸），於是食慾大增，吃下更多的飯菜，而實際上可能食材本身營養並不豐富，質量也算不上上乘，只是味精提高了大腦對它們的認可度罷了。

是不是感覺我們的大腦很容易欺騙？它們只會通過「經驗」來判斷食物是不是人體需要的物質，但分不清裡面的成份都有哪些，也分不清各種成份的數量，這些工作都是靠腸腦來完成的。

高鹽、高糖、高脂和高蛋白的食物是所有動物都喜歡的，除了前面提到的薯片，我認為冰激凌幾乎是這類食物的完美代表，冰激凌富含糖、奶油和牛奶，我想再也沒有甚麼比它更符合大腦喜歡的食物標準了。

食物中富含的上述物質是生物體維持生存所必需的，所以，大腦會特別鍾愛這類食物，大腦的「獎賞中樞」碰到這類自然界中少有的美味必定欣喜若狂，持續的分泌快樂激素，給大腦造成快感，人也就不停地吃啊吃，不知不覺就會超量。

然而，在自然界中並不存在這樣完美的食物，天然食材中各類營養物質都是相伴存在的。由細胞組成的動物、植物和真菌總歸還是生物，在營養組成上差別不會很大，所以，當吃到天然食材時，人體會自動分泌多種分解酶，按照預設好的比例和數量來分解和吸收食物中的各種營養物質。

而加工食品中，只強調了人類喜好的物質，比如食物中含有 30 份的糖，而人體分泌的用於吸收糖的酶只準備了 20 份，但食物中其他營養物質只

有 10 份，人體卻分泌了 30 份的酶，每一種酶的產生都需要消耗人體大量的能量，調動大量的營養物質，當投入和回報總是不成比例時就會導致代謝系統的紊亂。這些人造美食，能量超級濃縮，營養單一，人吃的量又多，自然會供過於求，最終一定會引起代謝紊亂，引發糖尿病、肥胖和營養不均衡等問題。

當然，並不是所有加工食品都不好。很多加工方法可以大大提高食材本身的營養。比如，豆腐和酸奶。我所説的加工食品，實際上更多的是指垃圾食品，它們好吃，但缺乏營養。有條件的情況下，還是建議大家自己動手製作食品，多用天然食材，盡可能地對食材進行簡單加工，不要人為地添加欺騙大腦的調味品，比如味精和糖。另外，需要注意的是，不是説美味的食物都不能再吃了，偶爾吃一點也是可以的，畢竟人活着除了只是活着，還是需要快感的，只是需要你在快感和健康之間做出合理的選擇和安排。

欺騙腸腦，後果很嚴重

大腦好騙，但腸腦可不是那麼容易騙的。腸腦更務實一些，它負責着胃腸道的整體運行，一方面，它嚴格監控着進入腸道的任何物質，查看進入胃腸道的營養物質質量和數量是不是符合人體需要，有沒有有毒有害的物質進入。一旦發現異常，腸腦會立即採取行動，如碰到毒物時趕緊讓人嘔吐或者腹瀉；另一方面，腸腦還肩負着收集信息、反饋信息的職責。它們收集的信息除了來自胃腸道，還來自腸道微生物。

食物騙過了大腦，進入胃腸道後，腸道微生物還會做一次檢驗，它們可不是好騙的，再色香味俱全的食物，經過了胃也都成了一團「糨糊」，那麼，

能夠欺騙大腦的色素、各種代糖、各類添加劑統統沒有用，腸道菌群只認裡面的營養物質。可以被吸收利用的營養，微生物會加以利用，不能被吸收的就繼續讓它們往下游走，經過小腸、大腸中各種各樣微生物的挑挑揀揀後，形成的殘渣才會被製作成糞便排出體外。

　　一些食物騙過了大腦，看似營養豐富，微生物卻沒有發現任何可以利用的成份，大大小小的微生物，在湊到食物前面看過之後，紛紛失望地搖着頭走開了，飢腸轆轆的微生物們不得不餓着肚子，等待下一次食物的到來。可是，我們人類呢？仍受着食物的蒙騙，認為自己已經吃飽了，這下可苦了肚子裡的微生物們。如果人類經常吃這樣的食物，時間長了那些不抗餓的微生物就只能被活活餓死或者被逼無奈開始「起義」，義無反顧地「吃」起人的腸黏膜了。

　　還有一些食物，裡面的成份對微生物來說不僅沒有營養價值，可能還有毒害作用。比如，為了防止食物腐敗添加的防腐劑，本來是為了殺滅食物中的微生物，防止食物的腐敗，沒想到進了肚子裡碰到的也是微生物。防腐劑

可是六親不認的，它們哪兒管微生物是體外的還是體內的，一律統統殺死。碰到這樣的食物，腸道裡的微生物們可就遭殃了，本想上前看看是不是可以吃兩口，結果剛走到食物跟前兒就遇難了，你説冤不冤！

不管是哪種類型的食物，只要不符合人體和微生物的需求，都不是好的食物，微生物也都不會買賬。垃圾食品的攝入，會餓死或毒死肚子裡的微生物，導致腸道中微生物的數量和多樣性降低，而微生物的屍體、死亡的細菌產生的脂多糖 (LPS) 等物質還會成為人體的毒素，破壞腸黏膜的完整性，它們進入人體之後還會隨着血液循環進入全身各個器官，引起器官炎症，甚至，還能進入大腦，引發帕金森或老年癡呆。

腸道菌群可以產生激素和神經遞質，通過迷走神經系統直接與大腦溝通。當它們吃不到自己愛吃的食物時，就會向大腦發出信息，告訴大腦：「我還沒吃飽，你還得吃點東西！」大腦接收到了信號，就得繼續吃東西。就在這時，一則食品廣告出現了，介紹了一種好看又美味的食物，大腦在選擇食物時受到了太多的誘惑，最終，吃進嘴巴裡的食物仍然不是腸道微生物喜歡的。這個過程不停地循環，吃—錯誤—再吃—還錯誤—再吃……

一旦進入死循環，就像電腦一樣，最後只能「死機」，人得病了。實際上，目前發現的幾十種疾病都跟腸道微生物的紊亂有關，這些疾病的發生正是由於腸道微生物長期得不到合理的食物，從而導致其比例和種類發生了改變，也就不能為人體提供相應的營養物質和其他服務了。它們不健康，我們人體的健康也就無從談起。

我們在選擇食物時，要練就足夠的定力，可以抵制食品廣告的誘惑，要學會識別甚麼樣的食品是有營養的，甚麼樣的食品是垃圾食品。在選擇食物時不要光想着自己，只顧及嘴巴的享受而不顧及腸道裡那些數不清的微生

物。記住：你是你肚子裡這些微生物的「衣食父母」，你吃下去的每一口食物都是它們唯一的食物來源，它們的生死存亡全部掌握在你的嘴中。

所以，好好吃飯，不要欺騙腸腦，否則，後果真的很嚴重。

⑥　如何調控自己的食慾？

掌握進食時間

腸道菌群和人已經共進化五千多萬年了，在漫長的進化過程中，腸道菌群與人類在很多方面形成了一致的步調，畢竟腸道微生物的食物都是來自人類吃進去的食物。

已有研究發現，腸道菌群的生長動態過程與人類進食行為、飢餓感和飽腹感的產生是同步的。人類吃飯後 20 分鐘左右開始有飽腹感，但是在這段時間裡，食物中的營養物質還沒有來得及被消化和吸收。這個過程是受腸道飽腹激素（GLP1 和 PYY）控制的，它們在餐後 15~30 分鐘內明顯增加，隨後逐漸降低。有意思的是，在體外實驗中，營養物質誘導的微生物的生長動態曲線與飽腹感的產生以及激素的分泌時間節點是相重疊的，在 20 分鐘左右達到一個高峰期，隨後，開始進入穩定期。

這種重疊表明，微生物的動態生長可能與餐後飽腹信號存在因果關係。雖然，食物還沒有到達腸道，但是已經在胃裡十幾分鐘了，胃裡的微生物是可以感受到的。

因此，食慾控制可能是基於腸道菌群穩態的改變，菌群生長的動態變化

造成了宿主飢餓感和飽腹感的改變。在我們吃下食物後，食物中的成份會誘
導腸道中菌群的快速生長，在大約 20 分鐘後終止，與此同時，飽腹感通路被
激活，我們感受到飽腹感，我們也就停止了進食。

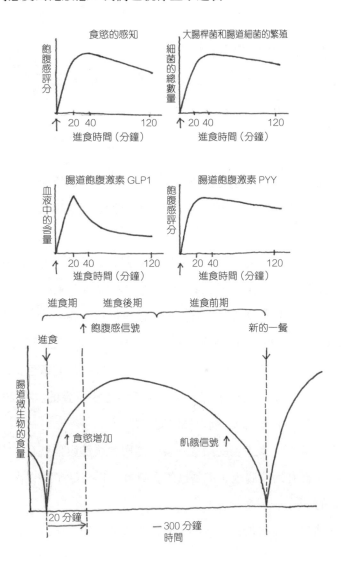

5~6 小時後，腸道菌群已經過了對數生長期（細菌快速繁殖期或青壯年時期），開始走向衰老和死亡，死亡的細菌自然裂解或被機體清除，導致細菌數量減少，菌群出現衰退，這時候飽腹感下降到了極點，飢餓感重新開始出現，於是，我們開始吃下一頓飯了。

我們新吃到肚子裡的食物會重置這些細菌的生長週期，重新開始進入快速生長期、衰退期，然後再經過下一輪的循環，腸道菌群和人體就是這樣密切配合完成了進食過程和食慾的長期維持。

所以，為了健康，為了肚子裡的微生物，我們應該聽從身體和菌群的召喚，規律飲食，當身體出現飢餓信號時，最好盡快吃飯，時間不要超過半個小時，這時候不光我們人體準備好了，腸道裡的微生物也準備好了，它們已經開始了快速生長。如果這時，我們並沒有吃飯，微生物也不會停止生長，得不到營養的微生物們一部分會被餓死，另一部分則會被迫過上節衣縮食的生活，失去了原有的活力。

按時吃飯，不僅為了我們，也是為了肚子裡的微生物，如果我們把它們當作我們的孩子，那麼是不是沒有比餓餓哭了的孩子還重要的理由來拒絕吃飯呢？可是，實際上很多人由於各種原因，並不能按時吃飯，時間長了就會影響到腸道微生物的平衡，不抗餓的微生物都被餓死了，剩下的都是比較耐活的微生物，這些微生物可能是靠消耗腸黏膜活着的，它們可能並不是對人體有益的。

如果不能及時吃飯，我建議身邊常備一點小零食，實在餓得不行了，一定要吃點東西，平復一下食慾，安慰一下這些微生物們。

還有一點需要注意，要盡可能地掌握進食的總時間，從開始吃飯起，總的吃飯時間不要超過 20 分鐘，時間過短和過長都不合適。時間過短，囫圇吞

棗似的吃飯，食物咀嚼不充分，會給胃造成較大壓力，胃腸道的監控系統也不能充分地分析食物中的成份，造成能量和營養成份的錯誤估計，導致攝入食物過多，引發肥胖。時間過長也不好，食慾的產生伴隨着消化液的分泌，時間久了，消化液分泌減少，如果還有食物進入，會對食物的分解不利，並且過了 20 分鐘，腸道微生物也進入了平穩期，對食物的分解和利用也開始變慢，這時候再有食物進入就會擾亂它們的正常生長和繁殖。

所以，無論是哪一頓飯，在 20 分鐘內解決都是最好的。如果吃飯時跟朋友聊天，也要盡量在前 20 分鐘裡迅速吃飽，剩下的時間可以繼續跟朋友聊天。

吃點黑巧克力或可改善代謝降低食慾

腸腦出現紊亂的人是很痛苦的，他們的食慾有時候不受控制。前面提到的食物成癮就是食慾失控的行為。對於這些人以及一些需要減肥的人來說，他們迫切需要能夠抑制失控的食慾的方法。

2017 年的一項研究給這些人帶來了希望，研究人員通過 4 週隨機交叉干預實驗發現，吃黑巧克力對健康中年受試者的食慾和葡萄糖耐受性有積極影響。他們選取了 20 位健康的中年人（4 男 16 女），把他們分成兩組，一組吃與巧克力熱量相似的食物，另一組吃黑巧克力，4 週後分析他們的餐後血糖、胰島素水平和食慾。結果發現，食用黑巧克力可以增加他們的葡萄糖和胰島素反應，餐後的飢餓感也明顯降低，並且短鏈脂肪酸，乙酸和丙酸含量也明顯升高。這就證實了黑巧克力在食慾調節中發揮着作用。

巧克力中富含多酚，但其對葡萄糖代謝和食慾調節的機制和作用可能是

通過調節腸道菌群。有研究已經證明，多酚（槲皮黃酮及兒茶酸）能夠通過調節腸道菌群而限制能量攝取。在給高脂飲食的大鼠服用上述兩種多酚後，服用兒茶酸大鼠的體重最低，並且腸道菌群的組成改變最明顯，腸道菌群的多樣性明顯增加，但厚壁菌門／擬桿菌門的比例並沒有多大變化。而槲皮黃酮並沒有這樣減輕體重的效果，但對血清生化指標改善明顯。這個研究證明了多酚和腸道菌群共同作用可以影響食慾，改善機體代謝，最終影響體重。

苗條的身材，美味的食物，兩者只能選其一？

除了黑巧克力，其他富含多酚的食物，以及一些蔬菜、水果等植物和蘑菇（如靈芝）等富含抗氧化物、纖維和其他植物活性物質的食物也都具有調節食慾，調節脂質吸收和代謝，增強胰島素敏感性，生熱作用和改變腸道菌群等作用，也都有助於減少肥胖和糖尿病的發生。

一般來說，具有調節腸道菌群，抑制食慾功能的食物有個共同的特點，就是都不怎麼好吃。比如前面提到的黑巧克力，裡面的多酚味道很苦，一般人都不會喜歡那個味道的，還有那些富含纖維的蔬菜和水果，吃起來無論是口感還是味道都不會太好。

所以，要苗條的身材還是美味的食物，可能兩者只能選其一，又想控制食慾，又想吃好吃的，最終的結果我想只能是失敗，因為，靠我們自己戰勝食慾基本上是不可能的。

還是乖乖地依靠腸道微生物吧，只要餵好它們，減肥也沒有那麼難。

當然，如果不願意放棄美食，又想獲得美妙的身材，聰明的科研人員還是能夠想到一些辦法來控制食慾和治療肥胖的。食慾的形成受到多種激素、

腸腦和大腦的多重控制，只要在控制的信號上「做點手腳」，還是可以人為調控食慾的。通過不同的營養物質組合，可以模擬進入腸道中的食物成份，這樣就可以騙過腸道內負責監控營養成份和能量的細胞，進而調節腸道內分泌細胞分泌的食慾調節激素，從而可以抑制食慾，治療肥胖。

在整個調控網絡中的關鍵激素，都可以成為控制食慾、治療肥胖的靶點。現有的肥胖治療藥物，如苯丁胺、奧利司他、苯丁胺／托吡酯緩釋劑、氯卡色林、納曲酮／安非他酮緩釋片、利拉魯肽等都離不開食慾調控網絡。苯丁胺是一種擬交感神經胺，能夠抑制食慾；奧利司他是一種胰腺及胃脂肪酶抑制劑，能夠抑制脂肪的吸收與利用；苯丁胺／托吡酯緩釋劑是一種擬交感神經胺，具有抑制食慾的作用，同時也是緩釋性抗癲癇藥物；氯卡色林為五羥色胺受體激動劑；納曲酮／安非他酮緩釋片為阿片類拮抗劑，同時也是氨基酮類抗抑鬱藥；利拉魯肽為 GLP-1 受體激動劑，具有抑制食慾作用。

上述藥物並不完美，因為食慾的調控網絡除了控制食慾，還影響着其他的功能，比如調動身體分泌消化液，分泌激素，引發快感等。減肥藥的副作用可能涉及消化系統和神經系統。通過藥物減肥，效果可能只是暫時的，控制食慾的調控網絡已經在人體內穩定運行了數萬年，藥物靶點只有少數的一兩個，這些靶點被抑制之後，調控網絡可能會及時採取補救措施，會有新的途徑來彌補靶點的缺失，這就使得很多減肥藥剛開始吃的時候有效果，時間長了就沒有效果了。

這就是為甚麼減肥藥越來越多，老藥沒用了，新的藥物也就不斷被研發出來，人類與肥胖的「戰爭」恐怕要一直打下去。

調控食慾和飲食行為離不開腸道菌群

　　腸道微生物是自私的，它們一定會優先考慮自身的利益，竭盡所能地獲得能量和營養來維持自己生存和繁殖。當其利益與宿主的利益發生衝突時，它們一定不會顧及宿主。當我們攝入糖或加工食品時，喜好這些物質的細菌會大量繁殖，它們會很樂意吃糖，一直不停地讓人繼續吃糖。但是，對人類來說，吃糖對人體的健康並不利，吃糖多了會讓人發胖、生病，甚至影響性慾和生殖功能。所以，腸道微生物是調節宿主食慾的一個關鍵因素。想方設法滿足腸道微生物的需求，才能最終控制住人類自身的食慾。

　　有研究表明，腸道微生物產生的一些化合物與人自身產生的食慾激素完全相同或極為相似。腸道細菌也可以直接或間接刺激迷走神經、影響胰島素信號或參與調節瘦素產生和敏感性，最終，影響大腦，調節食慾和飲食行為。

　　現在已經清楚了，腸道菌群的失調是異常飲食行為和不良食物渴求的源頭。自閉症和多動症等精神疾病患者往往飲食習慣也有問題，偏食挑食的比例非常高，並且伴隨腸道菌群的失衡。腸道中白色念珠菌多的人，對碳水化合物和甜食的渴望更明顯；腸道中愛好脂肪的微生物多的話，人們會更喜歡油膩的食物。所以，要想控制好食慾和體重，最好的辦法就是調節腸道菌群。

　　那要如何調節腸道菌群呢？首先，要保持腸道菌群的多樣性。如果一個人的腸道菌群多樣性喪失，那麼他的飲食和健康問題將尤為嚴重。多樣化的微生物可以行使多樣性的功能，「人多好辦事，眾人拾柴火焰高」就是這個道理。微生物的種類少，能夠為人體提供的營養物質的種類也就有限，人體得不到足夠的能量和營養，一定會持續的保持良好的食慾，以幫助人體補充缺乏的能量和營養。

其次，要堅持較長時間的健康飲食，才能對腸道微生物的組成做出持續影響。「三天打漁，兩天曬網」的做法是不能有效改善腸道微生物組成的。僅僅是簡單的一兩天的飲食改變，還不足以重塑多年形成的腸道微生物組成。一個穩定狀態的打破，不是一朝一夕的，朝代的更替過程是需要經過長期的革命才能完成的。只要能堅持，腸道菌群一定可以改變，但是這個過程可能需要人們付出相當大的意志力和相當長的時間。

　　最後，有沒有快速的或者輔助的方式來改變腸道微生物的組成呢？目前，除了日常飲食之外，還可以直接口服益生元或益生菌，實在不行，可以進行糞菌移植，直接把他人健康的腸道菌群移植給需要的人。這種快速改變腸道菌群的方式適合一些腸道菌群嚴重紊亂、意志力嚴重不足的人。

　　除了飲食、益生菌和益生元等改變腸道菌群組成的方法以外，壓力水平、睡眠質量和身體活動水平等也都能夠影響食慾和腸道菌群。如果能夠綜合上述幾種方法共同控制食慾和體重，必將收到意想不到的效果，不過還是那句老話：貴在堅持！

五

失衡的菌群，人體的災難

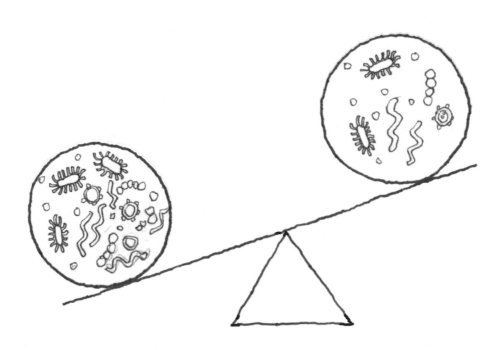

① 自閉症與腸道微生物有關係嗎？

自閉症（autism 或 autistic disorder），一些學者也稱為孤獨症，南方和沿海地區受香港、澳門、台灣地區以及日本、新加坡、馬來西亞等使用漢語的國家影響較多，多稱「自閉症」，北方的醫學以及特殊教育界多稱「孤獨症」。這兩個名字使用的比例差不多，自閉症相對來說更普及一些。

自閉症是一種有生物基礎的嚴重的廣泛性發育障礙類疾病，包括一系列複雜的神經發育障礙，統稱為自閉症譜系障礙（autism spectrum disorder，ASD）。自閉症一般在 3 歲前發病，有的患者在 6~24 個月時就表現症狀，但也有患者前期發育正常，在 2~3 歲時出現退行性變化，原來已有的語言和社交機能逐漸喪失。

最新版的美國精神疾病診斷標準（*American Psychiatric Association Diagnostic and Statistical Manual of Mental Disorders Fifth Edition*（DSM-V））已將自閉症的核心症狀合併為兩大類：

A. 社會溝通和社會交往的缺陷；

B. 局限的、重複的行為、興趣或活動。

這兩類症狀又分別分為三級，三級最嚴重，一級最輕。只要孩子在三歲左右出現社交障礙、重複和刻板行為或發育早期就出現過類似苗頭，都可能

被診斷為自閉症。

人們把這樣的孩子叫做「星星的孩子」，他們猶如天上的星星，一人一個世界，獨自閃爍。2007 年 12 月聯合國大會通過決議，從 2008 年起，將每年的 4 月 2 日定為「世界自閉症關注日」，以提高人們對自閉症患者及自閉症相關研究與診斷的關注。

自閉症患病率逐年增加

大多數人對自閉症應該並不陌生，電視上也經常出現關於自閉症的公益廣告。近些年自閉症患者人數在逐年增加，發病率越來越高。據估計，全球約有 3500 萬人患有這種神經系統疾病。中國自閉症患者數量已超過 1000 萬，其中 14 歲以下的兒童超過 200 萬。在美國，每個自閉症兒童一生的護理費用超過 320 萬美元，所有自閉症兒童每年的花費超過 350 億美元。目前，我國還缺乏此類官方的統計數據。

如今，自閉症每年以 20 多萬新發病例的速度在飛速增長，要知道在幾十年前，其發病率只有萬分之一，而現在已經達到 1%~2%，有些國家的發病率甚至接近 3%。越是發達國家，發病率越高。據美國疾控中心統計，截至 2010 年，美國 8 歲的兒童中每 68 人中就有一人患有 ASD，而 2013 年的報告顯示，在 6~17 歲的孩子中每 50 個孩子中就有 1 個患有自閉症，增長趨勢十分明顯。

自閉症更偏愛男孩，男性患病比例約 1/42，是女性的 4~5 倍。另外不可理解的是，越是生活條件好，父母文化水平高，收入高，偏理工科背景的家庭，孩子患自閉症的概率也越高。

　　我的親戚中就有兩家有自閉症孩子，他們或者在家中由專人負責照料，或者被送到干預學校，基本上無法正常上學和融入社會，也無法獨立生存，終身都需要人照顧。

　　自閉症已經成為兒童精神類致殘的重要疾病，隨着發病率的持續升高，已經並將持續給家庭和社會帶來巨大的經濟負擔。

　　遺憾的是，對於自閉症的病因，人們至今沒有確定。目前認為，自閉症是一類多因素導致的綜合徵，很多遺傳因素和各種環境因素都可能引起病症的發生，如病毒感染、免疫異常、營養缺乏、重金屬代謝異常、出生時父母年齡、父母疾病等。

自閉症原因未知，環境因素為主

　　早期，人們認為自閉症是一種性格缺陷，屬於極端內向的性格，還把發病原因歸結到父母的性格上，特別是母親。隨着研究的深入，人們逐漸認識到自閉症實際上是神經發育的問題，跟父母的性格和教育方式沒關係。再後來，通過對自閉症雙生子的研究，人們發現自閉症在同卵雙生子中共患病率高達 61%~90%，而異卵雙生子則未見明顯的共患病情況，並且其兄弟姊妹之間的再患病率在 4.5% 左右，表明自閉症存在遺傳傾向性。

　　然而，遺憾的是至今也沒有發現自閉症的致病基因，只是發現了某些染色體異常，如 7q、22q13、2q37、18q 等染色體相關基因的突變可能與自閉症有關。但其中一些突變跟自閉症沒有直接關係，較常見的容易與自閉症混淆的，也常表現為自閉症症狀的染色體病有 4 種：脆性 X 染色體綜合徵、結節性硬化症、15q 雙倍體和苯丙酮尿症。目前，已發現的可能與自閉症

相關的基因多達兩百多個，如 PRKCB1、CNTN4、CNTCAP2、STK39、MAOA、CSMD3、DRD1、NRP2、neurexin1、SLC25A12、JARD1C、Pax6 等。

如此多的候選基因，只能說明自閉症是一種多基因遺傳病，同時，逐年增加的患病率也說明，自閉症並不是一種單純的遺傳病，否則發病率不會逐年增加，而是保持相對穩定。自閉症更可能是一種在遺傳易感性基礎上，由環境因素誘發的神經系統發育障礙類疾病。

環境污染、毒素

殺蟲劑、農藥、添加劑和防腐劑等這些並非在正常人體內存在的生物異源物質（xenobiotics）進入體內後會對人體造成傷害。如重金屬會對人體神經系統產生毒害。有研究使用一種致畸劑，如抗痙攣藥：丙戊酸鈉（Sodium valproate）處理懷孕的母鼠，發現丙戊酸鈉在母鼠體內生成丙戊酸（valproic acid，VPA），VPA 會導致它們的後代出現類似自閉症症狀，大腦發育和行為異常，並持續到成年。

孕期影響

自閉症的發病時間通常是三歲以內，關鍵時期是出生之前、期間或出生後不久，這正是孩子生長發育的關鍵時期，極易受到外界環境的影響。研究發現，懷孕期間的各種影響因素都有可能影響孩子的神經發育，如懷孕期子宮感染和孕期併發症、接觸化學物質、環境污染、圍產期和產後健康狀況等

都在一定程度上提高了孩子患自閉症的風險。

孕婦生活的環境也會影響胎兒，嚴重的環境污染增加了自閉症的發生率，研究發現，懷孕期間以及在孩子出生後的第一年暴露於交通空氣污染中高濃度的二氧化氮，$PM_{2.5}$ 和 PM_{10} 會增加孩子患自閉症的風險。

孕期用藥要尤其小心。在懷孕期間服用藥物可能增加自閉症風險，如孕期服用處方藥丙戊酸和薩力多胺等。母親孕期接觸可卡因和酒精，病毒感染以及甲狀腺功能減退等都可能提高孩子患自閉症的風險。

若母親在懷孕時患有自身免疫病，孩子的自閉症風險將會增加34%~197%。母親產生的一些自身免疫抗體會通過胎盤，流經胎兒的大腦，可能會對胎兒大腦發育產生長久的影響。因此，建議女性在準備懷孕之前要根據自己的健康狀況諮詢醫生，把可能影響生育的疾病先治好了再懷孕。

高齡產子

研究發現，自閉症兒童母親的年齡顯著高於對照組，且約有 50% 的患者曾經有過產前併發症。父母生育孩子時的年齡越大孩子患自閉症的風險越高，並且祖父母晚育也會增加第三代孩子患自閉症的風險。

自閉症受菌-腸-腦軸影響

前面講過，腸道微生物和腸道構成的「腸腦」與大腦是雙向互通的，形成了菌-腸-腦軸（Microbiota-Gut-Brain- axis）進行連接。腸腦能夠影響中樞神經系統，進而影響人的情感、認知和行為，並且腸道微生物可能在其中具

有重要作用。大腦的疾病，如阿爾茨海默病、帕金森症以及癲癇等都與腸道有着一定程度的關聯。自閉症也不例外，也受菌-腸-腦軸的影響。早在 20世紀 60 年代，科學家們就發現腸道細菌組成與自閉症行為之間具有關聯。

　　患有自閉症的兒童通常存在多種飲食問題，他們對味道、質地和氣味等感官刺激極端敏感，並對吃的東西極其挑剔。與此同時，自閉症兒童的腸道症狀也很明顯。2006—2010 年，美國 3~17 歲的自閉症兒童患有腹瀉或結腸炎的比例是正常人的 7 倍。61% 的自閉症兒童同時伴有至少一種胃腸道症狀，並且所有伴有消化道症狀的兒童，情感問題都比較嚴重。具體來説，患有自閉症的兒童中有 25% 伴有腹瀉，25% 伴有便秘，並且胃腸道炎症影響了他們對營養物質的吸收，再加上普遍挑食、厭食，他們營養不良的比例也很高。

　　自閉症患者腸道出現炎症時，會引起腸道細胞腫脹，細胞間隙變大，引起腸漏（gut leakage），導致大分子物質能夠穿透腸壁進入人體，此外，嚴重的腸道問題可能伴隨腸道的破損和潰瘍，大分子物質就更容易進入腸道，進入血液循環系統，一些分子透過血腦屏障進入大腦，影響到大腦的正常運行。

　　腸道微生物能夠幫助人體消化和吸收營養物質，它們通過分泌各種酶類，合成某些維生素和生物活性物質影響人體代謝、控制體重、塑造人體免疫系統以及幫助抵禦病源微生物的侵入。血液中大約 70% 的物質來自於腸道，其中 36% 的小分子物質是由腸道微生物產生的。

　　腸道微生物的平衡對人體健康至關重要，這種平衡一旦被打破將可能導致多種疾病。目前，越來越多的研究指出，腸道微生物與自閉症關係密切。有研究表明，胃腸道感染亞急性破傷風梭菌可增加患自閉症的風險，可能是這種菌釋放的神經毒素通過迷走神經傳入中樞神經系統，抑制了神經遞質的

釋放，從而引起了自閉症的各種行為表現，而抗腸道梭菌的治療可減輕孤獨症的症狀。

自閉症孩子腸道微生物發育異常

其實，腸道微生物的發育和兒童的腦發育過程是同步的。嬰兒的腸道菌群有自己的生長發育規律，嬰兒出生後微生物逐漸定植，1 歲左右，腸道微生物趨於穩定，3 歲左右與成人類似或一致。人類大腦也有類似的發育階段。3 歲左右既是腸道微生物發育的關鍵節點，也是大腦發育的關鍵階段，3 歲時正是大腦中神經元數量最多的時候，總數可達成年人的兩倍。

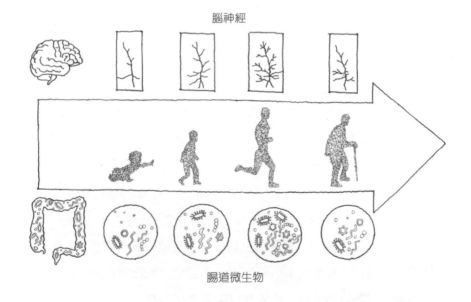

早期研究認為，嬰兒在母體子宮中是完全無菌的，隨着測序技術的發

展，胎盤中也可檢測到微生物，這些微生物有可能很早就定植在孩子腸道中了。除此之外，出生方式的不同會導致嬰兒體內定植的微生物不同，剖腹產和順產的嬰兒其腸道菌群差異顯著。不同出生方式使嬰兒接觸微生物的時機和部位不同，導致腸道中定植的微生物存在差異。不同的餵養方式也會導致微生物的差異，出生後採用母乳餵養與吃配方奶的嬰兒的腸道微生物構成也存在顯著差異。嬰兒吃母乳時，能夠通過乳頭和乳汁獲得母親的細菌，而吃配方奶時天天咬着奶嘴，根本接觸不到母親的乳頭，這就使嬰兒無法從母親體內獲取特定的有益微生物。所以，微生物從母親傳遞給嬰兒的過程被阻斷後，可能導致嬰兒健康和大腦發育異常等一系列問題。

　　自閉症兒童的消化道症狀也許就是由特定的腸道微生物引起的，而腸道早期定植的微生物出現異常很有可能會干擾大腦發育，引起或促進後代出現自閉症症狀。自閉症兒童在 1 歲以前開始出現症狀，大多數發病都是在 3 歲以內，這與嬰兒腸道菌群發育過程的時間節點具有相似性，可能嬰兒的大腦發育需要伴隨腸道微生物的發育而完成。

自閉症患者獨特的腸道微生物

　　目前，研究人員已經鑒定出了幾種與自閉症相關的腸道微生物，包括梭菌屬（*Clostridium*），普氏菌屬（*Prevotella*），糞球菌屬（*Coprococcus*），脫硫弧菌屬（*Desulfovibrio*）和薩特菌屬（*Sutterella*）細菌和白色念球菌（*Candida albicans*）屬。這些菌在自閉症患者體內與正常對照組都存在顯著差異，並且，在整體上厚壁菌門（*Firmicutes*）和擬桿菌門（*Bacteroidetes*）的比例也與正常對照不一樣。所以，我們有充足的理由懷疑自閉症是嬰兒早期腸道微生

物發育異常導致的。

2017 年，一項來自意大利農業生物和生物技術研究所的研究發現，自閉症患者腸道微生物中的細菌和真菌與健康對照組存在差異。研究人員招募了 40 名臨床診斷為自閉症的受試者（31 名男性，9 名女性，平均年齡 11.1 歲），依據兒童自閉症評定量表（Childhood Autism Rating Scale，CARS）得分，在這 40 名自閉症兒童中有 36 人屬於嚴重自閉症（CARS 值 > 37），有 4 人屬於中度自閉症（CARS 值從 30 到 36）。此外，他們還找來了與之年齡和性別匹配的 40 名健康受試者（28 名男性，12 名女性，平均年齡 9.2 歲）作為對照組。通過提取糞便 DNA 並進行高通量測序，檢測腸道細菌和真菌，結果發現，自閉症患者腸道中擬桿菌門（*Bacteroidetes*）比對照組顯著降低，而厚壁菌門（*Firmicutes*）與擬桿菌門的比值明顯增加。以往研究發現，厚壁菌門與擬桿菌門的比值增加預示着其體內炎症水平比較高，比如患有炎症性腸病（IBD）和肥胖的人腸道中這兩種菌的比值都比較高。在屬水平上，無論是自閉症患者還是健康對照組，腸道中雙歧桿菌（*Bifidobacterium*）、擬桿菌（*Bacteroides*）、糞桿菌（*Faecalibacterium*）等細菌的比例都較高。而普氏菌（*Prevotella*）在自閉症患者腸道中的比例非常低。

在腸道菌群多樣性方面，自閉症組和對照組細菌多樣性差別不大，但自閉症組與健康對照組在腸道微生物整體構成上差別顯著。自閉症患者腸道中有幾種菌的比例明顯降低了，如 *Alistipes*、嗜膽菌屬、Dialister、小桿菌屬、帕拉桿菌屬、韋榮球菌等，而腸道中的 *Collinsella*、棒狀桿菌屬、Dorea 和乳酸桿菌屬顯著增加。不可思議的是，乳酸桿菌屬這種常見的有益菌在自閉症患者腸道菌群中的比例反而更高。

便秘是 ASD 患者常見的胃腸道問題，研究人員比較了便秘和非便秘患

者腸道微生物群。發現腸道中的 *Gemmiger* 和瘤胃球菌（*Ruminococcus*）越多，便秘症狀越輕，相反，這兩種菌越少，便秘症狀也越重，所以，這兩種菌可能具有保護作用。另外，大腸埃希氏桿菌屬／志賀氏桿菌屬和梭狀芽孢桿菌 XVIII 群的細菌越多，腸道症狀越嚴重，便秘的個體腸道中上述菌的比例也更高，說明這兩類菌可能是「破壞分子」。特別是梭狀芽孢桿菌，已經有多個研究證實，這種菌在自閉症患者的體內更多，其中，梭狀芽孢桿菌 XVIII 群是可以產生外毒素並促進炎症發生的菌，所以，它們可能促進了炎症和自閉症的發生。

上面提到的都是細菌，在腸道真菌上，兩組之間也存在差異。與細菌類似，自閉症組和對照組在整體真菌構成上存在顯著差異。假絲酵母屬在自閉症患者腸道中要比正常人高出不止兩倍。已有研究發現，腸道真菌生態失調會影響自閉症的發生，腸道中白色念珠菌在自閉症患者體內明顯升高。目前，比較流行的一種干預自閉症的飲食的主要理論基礎就是通過控制飲食，試圖抑制腸道酵母菌的增殖，進而緩解自閉症的症狀。

除此之外，有研究發現，腸道微生物特別是某些種類的乳酸桿菌，可以提供色氨酸衍生的芳烴受體配體，刺激免疫系統產生 IL-22 和 IL-17 等免疫因子，從而抑制腸道真菌的過度增殖。因此，未來，或許可以通過改變自閉症患者的腸道微生物，恢復微生物群落結構來緩解或治療自閉症。

② 壞情緒來源於壞細菌？

近年來地研究發現，腸道微生物的改變會通過菌-腸-腦軸影響到大腦的正常工作，引起壓力、焦慮或抑鬱。2017 年，重慶醫科大學謝鵬團隊做了

一個有意思的研究，他們把無菌小鼠及 SPF 級（無特定病原菌）的有菌小鼠分為 4 組，其中 2 組接受慢性束縛應激處理，這一組的小鼠每天被束縛 4 小時，持續 21 天。結果發現，相比於 SPF 小鼠，無菌小鼠的焦慮樣行為較輕，且下丘腦－垂體－腎上腺（HPA）軸中的促腎上腺皮質激素釋放激素、促腎上腺皮質激素、皮質醇等激素水平明顯升高。這個研究證明了腸道微生物可以影響大腦。謝鵬團隊還曾對比過嚴重抑鬱症患者和健康人腸道微生物的差異，發現他們之間腸道微生物並不相同，嚴重抑鬱症患者有其獨特的微生物構成。

腸道菌群的失衡，可以通過影響激素水平和腦中的神經內分泌系統，最終導致宿主出現焦慮樣行為。腸道微生物和大腦溝通的物質除了上面提到的激素之外，還有消化道中不同位置和類型的腸內分泌細胞，這些細胞可分泌多種受腸道菌群調節的腸肽（如神經肽 Y 家族、縮膽囊素、胰高血糖素樣肽、促皮質素釋放因子、催產素、飢餓素等）。

通過抗生素、益生菌或者特別的手段引起的腸道菌群的改變，或許和機體的焦慮及抑鬱行為直接相關。連續給 10 週齡的大鼠吃抗生素，把腸道菌群都慢慢殺死後，研究人員發現，這些成年大鼠的空間記憶力明顯減弱，內臟的敏感性和抑鬱行為都明顯增強，同時，還伴隨着五羥色胺和其他激素受體的變化。這就證實了，壓力相關行為和腸道微生物的關係是相互的，它們之間可以通過神經遞質、激素和菌－腸－腦軸相互影響。

無論是激素還是腸肽，這些信號分子就像腸道微生物和人體之間的信使一樣，將微生物發出的信息傳達給了腸道，並通過迷走神經、血液循環和免疫系統直接或間接的影響大腦的正常運轉。

因壓力而產生變化的腸道微生物本身也具備了「致病性」。有研究把長

時間暴露在壓力源下的小鼠結腸菌群移植給無菌小鼠，結果發現，在移植一天後，移植了壓力源小鼠腸道菌群的小鼠結腸感染了致病菌，6天後，體內促炎症因子及趨化因子都顯著上升，並且腸道中的有益菌——雙歧桿菌屬已經完全消失。這個研究似乎證明了，壓力通過腸道微生物是可以「傳染」的！

好在，人與人之間並不共享腸道微生物，但也不排除身體上的微生物不發生交換。然而，跨物種的微生物轉移也是同樣的結果。有一項研究發現，將嚴重抑鬱症患者機體的腸道菌群樣本，移植給無菌大鼠，這些大鼠就會表現出和抑鬱症相關的行為改變。

如果這種「傳染」真的可以在人類中發生，也許我們需要考慮選擇甚麼樣的人做朋友了。對於一些壓力大，甚至，患有焦慮抑鬱的人，如果我們的菌群不夠強大，可以考慮暫時遠離他們吧，免得你也被傳染。從另一方面來說，對於這些人，我們也可以主動接近他們，把我們身體中充滿正能量的菌群反向「傳染」給他們，幫助他們恢復失衡的菌群，也許真的可以挽救一個朋友，使你們成為更好的朋友。

抗抑鬱藥物也要通過腸道微生物起作用

腸道微生物要想影響大腦，有兩個屏障必須攻破，一個是腸道屏障，一個是血腦屏障。「腸漏假說」認為，精神疾病的發生是由於腸道屏障破損，腸道微生物通過調節五羥色胺、γ氨基丁酸、去甲腎上腺素等神經遞質，影響機體的免疫系統，從而導致炎症的發生，體內促炎因子明顯升高，進而影響焦慮、抑鬱等精神疾病的產生和發展。所以，靶向腸道菌群的精神疾病藥物可能是未來的研究方向。

在目前應用的一些藥物中，有一些藥物發揮藥效離不開腸道微生物的參與。2000 年，有研究發現，一定劑量的氯胺酮可以起到抗抑鬱的效果，但副作用也很明顯，常令患者產生幻覺。而氯胺酮包含 R 型和 S 型，兩種類型的藥物效果不同，R 型氯胺酮抗抑鬱效果更好，有效力更強，更持久，且副作用更小。

同樣的藥品，構型不同為甚麼會有這麼大差距？為了解答這個問題，研究人員設計了一個非常有意思的實驗。他們讓一種脾氣比較暴躁的老鼠，每天暴打模型鼠 10 分鐘，總共打 10 天。當模型鼠滿懷期待，熱情地想要跟其他老鼠交朋友時，回應它的卻是一頓暴揍，這就給模型鼠造成了慢性社交失敗壓力（chronic social defeat stress，CSDS）。

連續十天的暴揍，這些模型鼠就都變得抑鬱了，表現為社交迴避，它們變得再也不相信「友情」了，也不願意再見任何「人」了，具體表現為性動機減少，快感缺失，行為絕望，體重減輕。等模型鼠備好後，研究人員分別給它們服用 R 型和 S 型氯胺酮，來看看藥物的抗抑鬱效果。結果發現，藥物可以明顯改善小鼠的抑鬱症狀，並且模型小鼠腸道中柔膜菌門及放線菌門的微生物水平發生了明顯變化，但僅有 R 型可顯著抑制柔膜菌綱的水平，並且引起腸道中丁酸亞胺（Butyricimonas）的水平降低，説明 R 型氯胺酮對那些與抑鬱密切相關的腸道微生物影響最明顯，這個結果就解釋了之所以 R 型氯胺酮抗抑鬱效果更好，是因為它對腸道微生物的影響更顯著。

冥想調節菌群，降壓力，抗焦慮抑鬱？

既然，壓力會引起腸道菌群的改變，那緩解壓力是不是腸道菌群也會跟

着變好呢？2016 年的一項研究證明了這一點，研究人員先給焦慮患者進行減壓訓練，通過持續的正念訓練來幫助他們緩解壓力，隨後，再給患者進行綜合認知心理治療和飲食干預，最終，患者的焦慮症狀明顯好轉，並且腸道微生物也恢復了正常。這樣看來，那些因壓力引起的腸道菌群紊亂，確實是可以通過心理諮詢、瑜伽、冥想、正念訓練等減壓方式得以修復的。最近，加拿大滑鐵盧大學的一項隨機對照研究顯示，10 分鐘的冥想就可有效預防焦慮。只是不知道這十分鐘的冥想是不是也會對腸道微生物造成影響。

除了通過緩解大腦壓力之外，菌-腸-腦軸作為腸腦和大腦之間上下溝通的渠道，單純調節這個渠道中的信號分子也可以發揮同樣的作用。褪黑素（melatonin）是一種內源性激素，由另一種神經遞質五羥色胺衍生而來，是一類具有保護幼體或抗衰老作用的物質。以往的研究證明，褪黑素還具有調整動物晝夜節律、提高睡眠質量、改善睡眠障礙、調節內分泌等作用，常被用作治療失眠。有一種著名的保健品「腦白金」，其主要成份就是褪黑素。

腸道菌群，褪黑素起效的媒介

褪黑素不僅對睡眠有作用，還有助於緩解壓力，調節腸道菌群。以往的研究已經證明，睡眠時間少於 8 個小時會導致焦慮症以及抑鬱症發生風險的上升腸道菌群能夠影響睡眠的質量和機體的晝夜節律，而晝夜節律的失調能夠導致腸道菌群的失衡。在一項針對慢性疲勞綜合徵患者的研究中，人們發現，女性腸道中有害梭狀芽胞桿菌水平的增加，往往和她們的睡眠障礙及疲憊度增加直接相關。

腸道菌群的失衡或許會突然間或永久性地影響機體的睡眠，這種效應

可以通過補充褪黑素來緩解。有研究發現，給斷奶小鼠補充褪黑素後，它們的體重明顯增加，且腸道健康狀況也顯著改善。褪黑素還會增加腸道菌群的豐度，並且可以顯著增加乳酸桿菌屬的豐度達三倍以上。補充褪黑素還可以顯著影響腸道微生物的代謝，如對氨基酸和藥物的代謝，幫助斷奶小鼠抵抗60% 的病原菌感染。更重要的是，在抗生素處理的斷奶小鼠和無菌的斷奶小鼠中，缺乏了腸道微生物，褪黑素就不能發揮原有的效果了。所以，在動物體內，褪黑素的作用可能是由腸道菌群介導的。

人類也能使用植物激素？

有個題外話非常有必要提一下。很少有激素是動植物共用的，但褪黑素是個例外。原本人們認為，只有動物才有褪黑素，直到 1991 年，有人發現植物也產生，並且還是一種非常重要的植物激素。在農業上，褪黑素已經作為一種新的植物生長調節劑和生物刺激劑使用多年，它在促進植物生長，增加產量，促進種子萌發，調節光週期，調控根系發育，延遲葉片衰老，影響果實成熟和貯藏，提高植物抗逆性等方面都有重要作用。

由於其具有抗逆性，那些生存條件不好的植物具有更多的褪黑素，那麼我們可以推斷在大田中生長的植物中，褪黑素的含量要明顯高於大棚中的，野生的要高於人工栽培的。研究已經證明，植物幼嫩組織的褪黑素含量高於衰老組織；種子裡含量最高，而果實中含量最低，人們常吃的葵花籽、甜杏仁和芥菜籽中的褪黑素含量非常高。而加工食品中，褪黑素含量非常低，如櫻桃果汁和櫻桃果乾中完全不含褪黑素，但冷凍櫻桃和凍乾櫻桃粉中褪黑素含量則較高。

　　如果有人想通過飲食來改善睡眠，除了服用含有褪黑素的保健品之外，還可以通過食用上面提到的這些食物，不僅省錢還可以補充天然褪黑素，同時也給腸道微生物提供了它們喜歡的食物，可謂一舉多得。

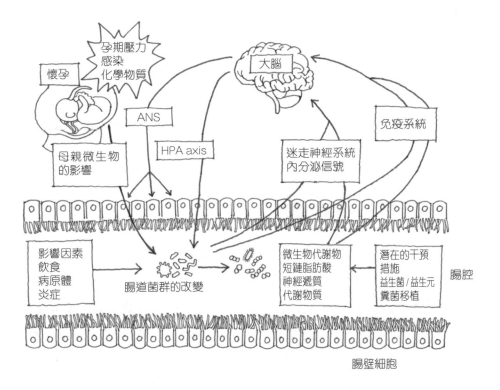

「腦病腸治，腸病腦治」

　　通過上面這些研究，我們已經基本上摸清了腸道微生物和大腦之間的相互關係。壓力會導致大腦中分泌的神經遞質發生紊亂，還會引起腎上腺素等激素分泌異常，影響免疫系統的正常工作，使免疫系統不能很好地識別腸道

微生物，一些原本與人共生的微生物，如上面提到的乳酸桿菌，可能會被識別為病原微生物，從而被免疫細胞清除掉，而那些病原菌則有可能被誤認為是「良民」，給它們靠近人體的機會，而它們則趁機侵入人體，引發疾病。同樣的，服用抗生素、藥物或不健康的食物會引起腸道微生物的改變，一些病原菌大量出現後，會破壞腸道的屏障功能，通過上面提到的血液系統、免疫系統和神經系統，最終，影響大腦的正常工作，引發應激反應，甚至出現焦慮和抑鬱。

根據腸道微生物和精神疾病的相互因果關係，在未來，「腦病腸治，腸病腦治」或許可以成為更好的身心疾病治療措施。

3　太乾淨導致老年癡呆？

2017 年，英國《每日電訊報》發佈報告稱，老年癡呆症已經超越癌症和心腦血管疾病成為英國死亡人數最高的疾病，是 80 歲以上女性和 85 歲以上男性最常見的死亡原因。2016 年，有 7 萬多名英國人死於阿爾茨海默病（Alzheimer's disease, AD）和癡呆症，而死於心臟病的人數只有 6.6 萬。然而，就在 2015 年，心臟病還是老年人的頭號殺手。據統計，從 2002 年到 2015 年的十幾年裡，英國男性和女性患中老年癡呆症的患者數分別增長了 2.5 倍和 1.75 倍。目前，英國大約有 85 萬人罹患老年癡呆症，其中大部分是阿爾茨海默病患者，預計到 2040 年，這一數據將達到 120 萬。美國的情況也不樂觀，據老年癡呆協會 2013 年的報告，美國約有 520 萬老年癡呆症患者，到 2050 年，患老年癡呆症的美國人將是這個數字的三倍。

中國會不會好一點呢？不會！有數據顯示，中國老年癡呆症患者人數

已居世界第一。由於中國人口基數大，65 歲以上老人發病率達 6.6%，截至
2015 年，患者數在 950 萬以上，85 歲以上老人中每四個人就有一人。預計
到 2050 年，患老年癡呆的中國人可達 3000 萬。

放眼全球，情況也不容樂觀。據估計，截至 2015 年，全球有 4680 萬老
年癡呆症患者，每年新增病例可達 990 萬，平均每 3.2 秒就有一個不幸的老
人變成癡呆，預計到 2050 年將達到 13 150 萬。而且此病呈現年輕化趨勢，
從原來的 65 歲以上開始發病，逐漸年輕化到 55 歲就開始出現了。

得不起、沒法治的 AD！

阿爾茨海默病的主要表現為漸進性記憶障礙、認知功能障礙、人格改
變及語言障礙等神經精神症狀，導致患者的日常活動嚴重受損。簡單來說，
得了 AD 後，老人的認知會退化到跟孩子一樣，很多原來認識的人，包括自
己，自己的孩子，原來會做的事統統都不知道了，只能記得一些很早以前的
人和事。

這種病有個特點，年齡越大，越容易患病。過了 65 歲，患 AD 的比例可
達 5%，到 75~85 歲時，患病率很快飆升到 20%，到 85 歲以上時，患病率可
達 30%，等到過了 90 歲，發病率更高達 40%！隨着社會老齡化的發展，將
會有越來越多的家庭，不得不眼睜睜地看着他們的親人認知能力逐漸減退，
從親人變成「陌生人」，然後，慢慢地離開人世，無論是誰都無力回天，束手
無策。

家庭中一旦有人患上 AD，將會給家庭和社會醫療系統造成沉重負擔，
不只是情感上的負擔，更多的是經濟上的負擔。作為孩子，令人感到難以承

擔的除了老人不再認識我們的痛苦，還有高昂的護理費用，並且需要連續多年，持續不斷的高成本護理。據統計，患 AD 的老人，每年在醫療項目上的花費是其他疾病的 5 倍。根據美國阿爾茨海默病協會提供的數據，2017 年，美國人花費了 2590 億美元在看護那些 AD 患者身上。在未來幾年或幾十年裡，這些花費還將繼續擴大，持續吞噬醫療保險和財政預算。

對於發達國家來說，花費在 AD 的錢已經成為增長最快的醫療負擔之一，令各國財政苦不堪言。像中國這樣的發展中國家以及那些欠發達國家所面臨的問題其實和美國一樣，AD 問題已經成為世界上所有國家都需要考慮的問題，況且 AD 的患者數仍在全球範圍內不斷增加！遺憾的是，到目前為止，全球對這種病都無可奈何！

儘管全球的科學家們已經對這種病研究了超過一百年，可是到現在還是沒能搞清楚到底是甚麼原因導致了 AD，更不知道如何才能阻止這種疾病對大腦的破壞。人都有老去的那一天，即使是那些名人和達官顯貴們也不能倖免。美國前總統列根在 1994 年被確診患上 AD，同時，他向社會公開了自己的病情，以自己的知名度喚起了全世界對這種病的關注。英國前首相，擁有「鐵娘子」之稱的戴卓爾夫人患上的也是 AD，她患病後就再也不能很好地讀書看報了，即使看了一小段，很快就忘記上一段寫的甚麼，甚至是一段話還沒有看完就忘了前面寫的甚麼。2003 年，華裔物理科學家，諾貝爾物理學獎獲得者，被譽為「光纖之父」的高錕，因患 AD 變得連自己研究了一輩子的「光纖」都不認識了。世界首富比爾·蓋茨可能擔心自己老了之後患上 AD，2017 年，他以個人名義向一個致力於增加臨床藥物種類和發現新治療目標的私募基金 —— 癡呆症發現基金（Dementia Discovery Fund）投資了 5000 萬美元，用於尋找更多的有可能治癒 AD 的治療方法。

不要覺得這個病與你無關，每個人都終將老去，活的時間越長，患這種病的概率越高。如果你在五六十歲得了這種病，那麼你和你的家庭將會在接下來的幾十年中承受高昂的護理費用，而在此期間，你可能連每天照顧自己的親生子女都不認識了，這種精神和經濟上的雙重打擊實在讓人於心不忍。

大腦萎縮，智力如兒童

AD 患者大腦的主要表現是皮層萎縮，神經元壞死。人們發現有兩種蛋白參與了這個過程，一種是位於神經細胞外的 β- 澱粉樣蛋白（amyloid protein β, Aβ），這種蛋白聚集在一起就會在大腦上形成「老年斑」；另一種是位於神經細胞內的過度磷酸化的 tau 蛋白，它們會在大腦中形成神經原纖維纏結。在這兩種蛋白的內外夾擊下，導致神經細胞不能正常工作，出現神經突營養不良、神經元丟失和突觸功能紊亂。緊接着，整個大腦，特別是海馬區萎縮，體積縮小約 5%，最終，導致 AD 的發生。

上述這兩種蛋白就像一對「蠶」一樣，慢慢地「吞食」着我們的大腦，這個過程可能非常緩慢，它們的產生和積聚通常始於 40 歲左右，可能需要超過 20 年才能使人表現出認知障礙。然而，一旦出現明顯症狀，再去治療就已然太晚了。目前，全球的多個大型製藥公司都在尋找針對上述兩種蛋白的治療方法，遺憾的是至今未果。大家普遍認為的發病機理是，遺傳因素與環境因素共同作用導致了 AD。然而，人們仍沒有搞清楚大腦中為甚麼會形成這兩種蛋白。現實情況是，我們不知道致病機理，也沒有藥物可以治療，唯一比較靠譜的方法只能是通過改善生活方式或飲食來預防 AD 的發生。

在過去的幾十年中，人們找到過一些與 AD 發病有關的易感基因，主要

涉及免疫反應、炎症、細胞遷移以及脂類運輸等代謝通路。其中，載脂蛋白 E（Apolipoprotein E, ApoE）被認為是最常見的一個易感基因，其中，ApoE4 基因變異被認為是 AD 的主要危險信號，攜帶該基因變異的人出現神經退行性疾病的風險比普通人高 12 倍。基因表達檢測顯示，ApoE4 開啟了腦部炎症細胞內的一組炎症反應基因，ApoE4 蛋白的存在會導致大腦累積 β 澱粉樣蛋白團塊和 tau 蛋白的毒性纏結。其他 ApoE 基因突變則沒有危害，甚至還有保護作用，如 ApoE2 具有預防 AD 作用，ApoE3 是大多數人攜帶的類型。

另外，也有一些環境因素，如農藥、化學製劑、電磁場等環境污染，吸煙、酗酒等不良生活方式以及心腦血管疾病、高血壓、高血脂、糖尿病、慢性炎症、感染、甲狀腺病、免疫系統疾病、癲癇、外傷性腦損傷、焦慮、抑鬱、精神分裂症等疾病都可能增加患 AD 的風險。

自測一下：

你是否具有如下早期症狀：

（1）記憶力減退，影響日常生活起居。如記不住人名地名，炒菜放兩次鹽。

（2）難以處理以前熟悉的事務。如不知道穿衣服的次序，做飯的步驟。

（3）語言表達出現困難。如說的話或寫的句子讓人無法理解。

（4）對時間、地點及人物日漸混淆。如不記得今天是幾號，不記得自己住在哪兒。

（5）判斷力日漸衰退。如烈日下穿着棉襖，買東西時付的錢不對。

（6）理解力和合理安排事務的能力下降。如不能根據規則下棋打牌，跟不上他人交談的思路。

（7）經常把東西放在不適當的地方。如把熨斗放進冰箱，把手錶放進糖罐。

（8）情緒表現不穩及行為較前出現異常。如情緒快速漲落，變得喜怒無常。

（9）性格出現轉變。如變得多疑冷漠，焦慮或者粗暴。

（10）做事失去主動性。如終日消磨時日，對以前的愛好沒了興趣。

阿爾茨海默病的臨床表現：

主要表現為認知功能下降，精神症狀和行為障礙，日常生活能力逐漸下降。根據認知能力和身體機能的惡化程度分成三個階段：

輕度階段：患者會顯示出記憶力減退，判讀能力下降。

中度階段：患者雖可以獨立完成任務，但是複雜任務需要旁人幫助，他們難以辨別物體、家庭成員、朋友，讀寫困難，買東西忘記付款等。

重度階段：生活難以自理，難以與人交流，大小便失控，基本喪失行走、坐、微笑、咀嚼、吞嚥等能力，長年臥床不起。

照料建議：

如果你的父母是阿爾茨海默病患者，請以最大的耐心照顧他們：

（1）使用大的明顯的標記，幫助患者辨認地方和時間；

（2）保持環境的穩定，減少不必要的改變，注意家居安全，尤其是衛生間、陽台、廚房等高風險地帶；

（3）提供足夠的照明，防止半夜起床時跌倒；

（4）選擇適合患者能力的方法和用具，如選擇一些寬闊易穿，少紐扣的衣物，物品要有標誌，方便取用；

(5) 佩戴上寫有個人信息的腕帶和 GPS 定位的手環，防止他們走失；

(6) 將鑰匙錢包掛在脖子上，防止丟失遺忘；

(7) 培養他們寫便箋和錄音的習慣，將便箋和錄音筆帶在身上時刻提醒要做的事情。

遠離公路，保護大腦，避免癡呆

幾年前，有一位來自墨西哥的女科學家發現了一個有意思的現象，她注意到那些生活在城市中空氣污染比較嚴重的區域的狗，等老了以後會變得越來越傻，經常搞不清方向，找不到回家的路，甚至，連自己的主人都不認識了。等到這些狗去世後，她從狗的主人那裡要來屍體並解剖開大腦，發現這些狗的腦子裡沉積了大量的跟 AD 患者一樣的 β- 澱粉樣蛋白，並且，越是生活在污染嚴重的地方，斑塊的數量也越多。這個結果引起了她的注意，後來，她在當地意外死亡的人腦中也觀察到了類似規律，即空氣污染嚴重的地區生活的人，大腦中與 AD 相關的蛋白含量更高。

2012 年，來自波士頓大學的流行病學家做了一項大規模的調查。他們對美國各地的近兩萬名退休護士做了調查，結果發現，這些護士住所附近的 $PM_{2.5}$ 濃度越高，認知測驗的得分就下降得越多，並且，污染物濃度每增加 $10\ \mu g/m^3$，記憶力和注意力測試中的得分就會有相當於衰老兩歲的下降。

在 2015 年的一項來自哈佛大學醫學院的研究中，研究人員採用核磁共振成像（MRI）的方法掃描了一些患者的腦部，發現患者居住地離主機動車道越近，大腦的腦容量就越小。並且腦容量的縮小與受教育程度、吸煙與否、肥胖程度以及心血管疾病等因素都沒有關係，只是與空氣污染程度有關。

2016 年，有研究統計了來自中國、瑞典、德國、英國、美國等國家的流行病學資料，發現暴露在重空氣污染環境中會增加患老年癡呆的風險。

2017 年 1 月，著名的醫學雜誌《柳葉刀》(The Lancet) 上發表了一項加拿大多倫多大學的研究結果：在接受調查的 660 萬安大略省居民中，居住在距離主路 50 米以內 (污染物濃度較高) 的居民，患老年癡呆的風險比生活在距主路 200 米以外的居民要高出 12%。

同一年，來自美國的一項長達 11 年之久的流行病學研究顯示，如果長期暴露在高於美國環境保護署規定的 12 μg /m^3 的 $PM_{2.5}$ 濃度下，那麼女性老人患 AD 的概率會增加一倍。

這些研究似乎告訴人們，空氣污染可以增加人們患老年癡呆的風險。污染的空氣究竟是如何與老年癡呆扯上關係呢？美國南加州大學的研究人員曾做過一個有意思的動物實驗，他們把污染的空氣通入實驗小鼠的籠子，對照小鼠組則呼吸經過過濾的純淨空氣，數週後，他們發現，呼吸污染空氣的小鼠大腦炎症水平明顯升高，並且含有更多的可導致 AD 的 β- 澱粉樣蛋白。

這些研究表明，空氣污染可能真的會影響老人的認知能力，增加他們患 AD 的風險。居住在交通主幹道周邊的人們，由於汽車尾氣排放較多，汽車經過時引起的氣流也可能引起揚塵，空氣污染相應地更嚴重，他們患 AD 的風險更高。所以，還沒有買房子的朋友需要注意一下，盡量不要購買靠近公路的房子，並且也盡可能遠離垃圾遍地，塵土飛揚的髒亂差的環境。對於老年人來說，選擇養老的地方就比較關鍵了，建議有條件的老人，在退休之後選擇那些山清水秀，遠離空氣污染的地方，這樣不僅心情好，對大腦健康也有好處，最主要的是可以避免或者延緩患上老年癡呆症。

2014 年，清華大學生命學院的朱聽研究員課題組曾發表過一篇文章，他

們發現北京市霧霾中 $PM_{2.5}$ 與 PM_{10} 污染物存在大量微生物，經過高通量基因測序鑒定到了 1300 多種微生物，其中，細菌佔八成以上。另外，霧霾中還有少量的古細菌和病毒，雖然，絕大部分為非致病性的，但也含有極少量可能致病或致過敏的微生物。

會不會是霧霾中的微生物參與了污染物引起的認知損傷呢？

髒點更健康，太乾淨會增加患 AD 的風險

流行病學調查發現，AD 的發病率有一些特別有意思的規律。在遺傳背景一致的人群中，生活在衛生條件較差的環境下的人要比衛生條件好的人患 AD 的風險更低。與貧困落後的發展中國家相比，生活在發達國家的人群 AD 發病率更高，特別是北美和歐洲，80 歲以上的老人患病率要明顯高於其他國家；拉丁美洲國家、中國和印度的發病率明顯低於歐洲國家，並且農村地區低於城市地區。

還有研究對比了不同衛生條件的國家之間移民的人患 AD 的風險。結果發現，患 AD 的風險隨着兩個國家之間環境衛生條件的差異而變化。整體來看，移民人群的發病率處於其出生國和移民國之間。如果從衛生條件差的國家移民到衛生條件好的國家，AD 的患病風險會升高，相反，如果從衛生條件好的國家移民到衛生條件差的國家，則可以降低患病風險。基於這個研究，我呼籲那些發達國家的老人們，等到退休之後，可以考慮組團到經濟落後、衛生條件較差的國家去養老！一方面，可以帶動當地落後的經濟發展，另一方面，最主要的還是能避免患上 AD，真可謂兩全其美！

為甚麼會有這樣的差異呢？衛生環境竟然可以影響 AD 的發病風險？這

應該和環境微生物有關。在發展中國家和農村地區，微生物多樣性更高，生活在這裡的人們暴露於微生物的機會更多，而在發達國家和城市地區，由於環境和衛生條件的改善，微生物多樣性明顯降低，人們暴露於微生物的機會明顯減少。

各位讀者可以環顧一下四周，你現在所處的環境是不是都鋪了地板或地毯，刷了牆或貼了壁紙，整個屋子是不是都很整潔乾淨？再仔細回憶一下，你有多少天沒有接觸過泥土了？拿起自己的鞋，看一下鞋底子上有沒有沾上泥土。生活在城市中的人們，大多數人的生活實際上都已經長期遠離泥土，遠離了微生物。如今，生活在農村的人們也一樣，他們中的一些人也都住上了樓房，國家也在全國各地推廣「農民上樓」。在不久的將來，隨着城市化進程的加快，會有越來越多的人遠離祖祖輩輩養育我們的土壤，而土壤中含有的大量微生物已經沒有機會再跟我們親密接觸了。

1989 年，大衛 · P. 斯特羅恩（David P. Strachan）發現兒童常見感染的發病率較高和過敏性疾病的發病率較低之間具有相關性，從而提出了「衛生假説」（Hygiene hypothesis）。他認為，生命早期的衛生改善與較低的微生物接觸，可導致未來患過敏性疾病的概率增加。2003 年，格雷厄姆 · 羅克（Graham Rook）提出了「老朋友假説」（old friends hypothesis），他認為在人類漫長的進化過程中，對人體無害的微生物因長期與人類接觸而共同進化，人體的免疫系統已經把這些微生物當作是無害的，並且由它們刺激免疫系統，維持了免疫系統的正常，它們就像人類的「老朋友」。現代社會，缺乏了微生物和寄生蟲等這些與人類共進化的「老朋友」，人類的免疫系統就不能正常發育，人類患過敏性疾病的風險就會增加。

無論是「衛生假説」還是「老朋友假説」，都告訴我們別小看了這些微生

物，因為暴露於微生物對人體免疫系統的發育至關重要，微生物暴露不足將會引起免疫功能障礙。現代人的生活與我們的祖輩發生了巨大變化，濫用抗生素，使用消毒劑、殺菌劑、殺蟲劑和防腐劑，消過毒的飲用水，良好的衛生條件等都會導致微生物暴露不夠，過敏、哮喘等免疫系統疾病的發生就在所難免了。越講衛生，患 AD 的風險越高，而接觸自然界中的微生物（例如沒有化學污染的土壤中就含有大量的有益菌）有可能降低患老年癡呆的風險。需要注意的是，污染和髒是兩個不同的概念，前面提到的污染的空氣和農村的髒及不衛生不同，前者含有明確的有毒有害物質，而後者只是髒一些，裡面的微生物多一些，但並不含有明確的有毒有害物質。

為甚麼太乾淨會增加 AD 呢？在前面的章節中，我已經詳細說明了腸道微生物與大腦之間的關係，大腦的健康是受腸道微生物的平衡決定的，理論上腸道微生物越平衡，有益菌的種類和數量越多，大腦就越健康，大腦的功能就越正常。人體的微生物大多來自環境中，太乾淨的環境減少了微生物的種類和數量，進而降低了體內微生物的多樣性，有益菌的種類和數量越來越少，而致病菌的種類和數量越來越多，體內微生物的平衡被破壞，失衡的微生物通過菌－腸－腦軸影響到大腦的正常工作。

因此，要想保證大腦的健康，避免患上 AD，你需要做的其實很簡單。首先，要立即停止或減少一切殺滅人體微生物的活動，盡量避免使用含有抗菌消毒成份的日用品，少洗點澡，少用抗生素。2016 年，美國食品藥品監督管理局（Food and Drug Administration，FDA）已經明確規定，在日常洗漱用品中不再允許添加三氯生和三氯卡班等 19 種殺菌成份，並於 2017 年 9 月開始正式實施。中國還沒有相關規定，含有殺菌成份的日用品仍在不停的做廣告。如果實在需要殺菌時，可以偶爾用用，或者用普通的洗滌劑就可以了，

一般的清潔只需要用清水沖一沖就可以了。其次，要盡可能地增加腸道微生物的多樣性，多到戶外活動，接觸自然，接觸土壤。同時，還要保持好的生活和飲食習慣，選擇可以增加腸道有益菌的食品，增加腸道微生物愛吃的食品。

　　腸道中有甚麼樣的菌，你就有甚麼樣的大腦，善待它們，不要太乾淨了！

細菌入侵大腦引發 AD？

　　前面提到，環境微生物和腸道微生物可能影響 AD 的發病率，但是缺乏直接有效的證據。2016 年，美國加州大學戴維斯分校神經和大腦研究所的一項研究為此提供了一些直接證據。研究人員首次發現，在所有 18 個晚發性 AD 患者大腦樣本中都存在較高水平的革蘭陰性菌的抗原：脂多糖（LPS）和大腸桿菌 K99 菌毛蛋白。上述兩種物質都是細菌產生的毒性物質，研究進一步確認，K99 在患者的大腦灰質樣本中明顯增加，而脂多糖更多地聚集在 β 澱粉樣斑塊上以及患者大腦的血管中。

　　2017 年的一項研究，首次對比了健康人和 AD 患者大腦中的脂多糖含量和聚集位置，結果發現在 AD 患者的腦中，腸道革蘭陰性桿菌產生的脂多糖大量富集在新皮質及海馬體區域。在健康人的腦中，LPS 在腦中只是聚集成塊，而在 AD 患者腦中，75% 的 LPS 聚集在活性較差的細胞核周圍。這個結果說明，AD 患者的腦中存在大量來源於胃腸道菌群的促炎分子，隨着衰老、血管缺陷及退行性疾病的發展，這些毒素分子可能透過胃腸道「漏」進全身循環，最終進入大腦，引起大腦病變。這個研究也證明了我在本書中提到的

精神疾病的通用致病機理，腸漏與血腦屏障打開是 AD 發生的關鍵。

這樣看來，大腦中的細菌成份可能是腸道微生物產生的毒性物質經過腸漏進入血液系統，再透過血腦屏障進入大腦，引起大腦病變並引發 AD。

在 AD 患者大腦中發現細菌分子還是讓人非常驚訝的，也就是説 AD 患者大腦中細菌成份的存在可能是引起 AD 的原因。更形象的説法可能是細菌侵入了 AD 患者的大腦！當然，還有可能進入大腦的細菌成份是在患了 AD 之後才進入大腦的，所以，目前的結果還不足以確定細菌就是引起 AD 的直接原因。

無論誰是因，誰是果，至少目前的結果都指向了微生物，也許微生物才是引發 AD 的關鍵！

4　腸道菌群是引發老年癡呆的罪魁禍首嗎？

近年來，越來越多的研究表明，腸道菌群通過菌－腸－腦軸參與調控腦發育、應激反應、焦慮、抑鬱、認知功能等中樞神經系統活動，調節宿主的腦功能和行為。腸道菌群的平衡一旦破壞，就容易造成腸道及血腦屏障的通透性增加，腸道菌群的代謝產物及病原體感染等就可能影響到宿主的神經系統，從而增加 AD 的發病風險。

缺乏細菌，AD 症狀更嚴重

2017 年，瑞典隆德大學的一項研究發現，AD 模型小鼠腸道細菌的組成與健康小鼠存在明顯不同。通過構建無菌的 AD 模型小鼠，研究人員發現，

完全沒有細菌的小鼠其大腦中 β 澱粉樣蛋白斑塊數量明顯減少，說明腸道菌群可能參與了斑塊的形成。隨後，他們又將普通 AD 模型小鼠的腸道菌群移植給無菌小鼠，結果它們大腦內斑塊數量明顯增多。這就證明了腸道細菌和 AD 之間的直接因果關係，腸道細菌有可能是引發 AD 的直接原因。

AD 患者腸道菌群失調

2017 年的一項研究，對比了 AD 患者和健康人之間腸道微生物組成的差異。他們收集了 25 名 AD 患者和 25 名年齡、性別匹配的健康人的糞便樣品，通過對比發現，AD 患者的腸道菌群多樣性明顯降低，並且在組成上與健康對照組也不一樣了，主要是厚壁菌門減少、擬桿菌門增加、雙歧桿菌屬減少，並且這些差異最明顯的細菌在腸道中的含量與患者腦脊液中與 AD 相關的生物標誌物的濃度顯著相關。與此同時，另一項研究進一步證明，AD 患者腸道菌群失調使那些能產生澱粉樣蛋白和內毒素（LPS）的大腸桿菌屬和志賀氏菌屬豐度上升，而具有抗炎作用的直腸真桿菌和脆弱擬桿菌豐度降低。這就說明，菌群的改變促使了 AD 患者血液和大腦中的炎症因子水平升高，引發大腦炎症，進而導致神經退行性病變。

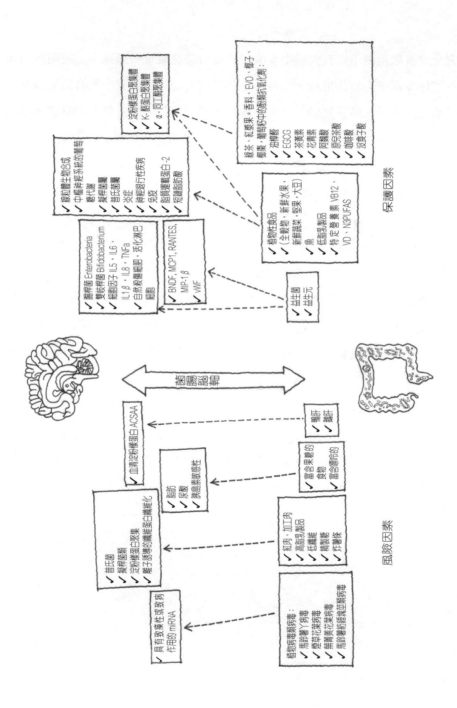

保護因素

風險因素

衰老引起腸道菌群變化，增加 AD 風險

年齡越大，患 AD 的風險越高，所以，衰老本身就是 AD 等神經退行性疾病的高風險因素。在人的一生中，腸道微生物一直是變化的，伴隨衰老，腸道菌群組成也發生着相應改變，腸道中不同菌比例會出現波動，於此同時，菌群的多樣性會逐漸下降，那些引起慢性炎症的腸道致病菌則會逐漸增加，而常見的益生菌乳桿菌屬的減少與老年人的虛弱密切相關。

隨着衰老，人體自身免疫力也逐漸降低，運動能力逐步衰退，表現為淋巴結減少、局部 T/B 細胞功能及巨噬細胞活性的改變，這些改變都可能影響到腸道黏膜的免疫水平以及腸道的蠕動，進而影響到腸道菌群的組成。除此之外，人老了，牙口變得也不好，牙齒脫落導致很多食物都不能吃了。食物和牙齒的改變都會造成口腔菌群的變化，要知道口腔的菌群是可以通過嗅覺神經、三叉神經等神經通路直接影響大腦的。

有研究對比了年老和年輕小鼠在腸道菌群組成、大腦代謝產物、腦血管功能和認知行為方面的差異，結果發現，老年小鼠腸道菌群構成發生了改變：菌群的多樣性增加、厚壁菌門 / 擬桿菌門的比例上升。此外，腦中與炎症和 AD 相關的多種氨基酸和脂肪酸等代謝產物含量都出現了明顯增加，與此同時，血腦屏障的功能也出現損傷，腦血流量明顯下降，轉運澱粉樣蛋白的 P- 糖蛋白水平也下降了。在認知行為方面，老年小鼠的學習記憶能力明顯下降，焦慮現象則明顯增加。這一系列的變化，都是由衰老引發的系統性炎症反應，最終，增加了 AD 風險。

通過上面的介紹，我們基本上能夠捋清楚腸道微生物與 AD 的關係了。腸道微生物紊亂導致的腸道通透性和血腦屏障通透性增加會加大 AD 的風

險。腸道微生物的代謝產物或病原微生物透過腸道和血腦屏障進而對宿主神經系統的影響會增加或降低 AD 的風險。同時，AD 的發病規律也支持了「衛生假說」和「老朋友假說」。這些結果都提示我們，AD 可能起源於腸道，與腸道微生物的紊亂密切相關。

小心血液中的 β- 澱粉樣蛋白

最近的一項研究表明，血液中可能存在引起 AD 的物質。這個研究還是兩個中國人共同完成的，一位是來自加拿大不列顛哥倫比亞大學的精神病學的教授宋宏偉，另一位是來自中國第三軍醫大學的神經學教授王延江。他們共同發現，引起 ADβ- 澱粉樣蛋白會伴隨血液在全身內轉移。他們做了一個非常巧妙的實驗，把兩個老鼠的血管接在一起，讓兩個老鼠之間的血液可以互通。其中一隻老鼠是 AD 模型小鼠，另一隻是健康小鼠。經過一年的「共生」，結果發現那隻正常的小鼠也表現出了典型的 AD 症狀，並且控制學習、記憶等相關功能的信號通路也受到損傷。

難道是突變小鼠體內的 β- 澱粉樣蛋白轉移至正常小鼠的大腦中了嗎？隨後，他們確實在正常小鼠大腦內檢測到了 β- 澱粉樣蛋白的堆積，並且，在身體其他組織，如血小板、血管和肌肉中也檢測到了 β- 澱粉樣蛋白。實際上，除了大腦，β- 澱粉樣蛋白的沉積還會損害許多其他器官組織，包括心臟、肝臟、腎臟等。

這是人類首次發現 β- 澱粉樣蛋白會通過血液轉移引發 AD。β- 澱粉樣蛋白通過血液循環從一隻小鼠體內進入另一隻小鼠的血液和大腦，引發健康小鼠 AD 症狀。基於這個研究，我們以後再輸血時要小心了，據我所知，目

前血站中並沒有把 β- 澱粉樣蛋白作為必檢項目，這就意味着志願者捐獻的血液中如果存在 β- 澱粉樣蛋白，這些 β- 澱粉樣蛋白很可能在輸血時進入患者的身體，時間久了會不會進而引發 AD？這還真不好說。如果這個結果被更多的研究機構證實的話，我想會有大量的診斷企業和藥企開發相關的檢測和干預方式，如果能夠提早檢測到血液中的 β- 澱粉樣蛋白，然後用特異的藥物消除它們，那麼預防或延緩 AD 的發生就會成為可能。

可喜的是，2018 年初，日本國家老年醫學中心報告了一種通過檢測血漿中 β- 澱粉樣蛋白相關肽段的水平來預測大腦中 β- 澱粉樣蛋白沉積物的方法，可以方便經濟的評估 AD 的病情。原來都是通過 PET 成像或測量腦脊液中 β- 澱粉樣蛋白水平來進行評估，創傷比較大，費用也較高。

遺憾的是，國際著名藥企禮來公司針對 AD 患者 β- 澱粉樣蛋白的單抗新藥 solanezumab 的 III 期臨床試驗宣告失敗，實驗組與安慰劑組之間並沒有顯著差異。看來，要想消除 β- 澱粉樣蛋白並不容易。

由於阿爾茨海默病的發病是緩慢的，從大腦和中樞神經系統發生變化到臨床發病至少需要 15~20 年的時間。如果在這個過程中我們能夠通過檢測腸道微生物的組成，提前預知或評估中樞神經系統的健康狀況，就有可能在患者還沒有出現臨床症狀時進行提早干預，這或許是未來預防這類神經退行性疾病的有效手段。在將來，如果我們了解腸道細菌變化如何影響發病或進展，或者知道它們產生的物質與中樞神經系統的相互作用，掌握腸道微生物與人體健康的規律，我們就可以建立一種新的個性化的精準醫學干預方法。

任重而道遠，需要大家一起努力！

5 治療老年癡呆的藥物遲遲未見，方向錯誤還是時間不夠？

2018 初，全球最大製藥公司輝瑞（Pfizer）發表聲明，宣佈他們將放棄繼續資助針對 AD 及帕金森症的潛伏期、Ⅰ 期、Ⅱ 期的早期臨床試驗。2016 年，另一製藥巨頭禮來（Eli Lilly）公司在經歷了數年的臨床試驗後，處於 III 期臨床試驗的阿爾茨海默病藥物 —— solanezumab 宣佈失敗。

為甚麼這些藥企都跌倒在 AD 上？也許得從他們研發藥物的靶點和 AD 致病機制上找找原因。

關於 AD 的致病機理，目前最主流的推斷是：β- 澱粉樣蛋白積累引發神經元突觸功能障礙、tau 蛋白過度磷酸化和繼發炎性反應，導致神經元變性死亡，從而吞噬記憶，導致認知功能障礙。隨着年齡增長，一部分人的大腦中會先出現 β- 澱粉樣蛋白斑塊的積累，特別是在控制學習及記憶功能的海馬區。理所當然的，分解或阻止 β- 澱粉樣蛋白就成了大多數藥企研發的最主要藥物靶向。除此之外，tau 蛋白、神經免疫和神經傳遞這幾個大方向也都有藥企在努力。遺憾的是，到目前為止最有希望的兩個藥品都宣告失敗，強生、羅氏、葛蘭素史克等全球知名的藥企參與的超過 60 個研發項目已經夭折。

大量以 β- 澱粉樣蛋白沉澱假說為靶向的藥物研發紛紛失敗，不得不促使各大藥企轉換思路，β- 澱粉樣蛋白沉澱也許並非 AD 的主要致病誘因。過度磷酸化的 tau 蛋白會在大腦中傳播，感染和破壞神經細胞，神經膠質細胞的神經炎症也很常見，牛磺酸也會參與神經細胞纖維糾結，這些都可以是 AD 的靶標。

然而，我認為現在的這些靶標可能都有偏差。從近幾年腸道微生物與

AD 之間關係的研究中，我們不難發現，在 AD 發生前的數年或者數十年前，腸道微生物已經出現了異常，這種異常伴隨着腸道和血腦屏障的打開，腸道微生物及其代謝產物持續作用於大腦，引發大腦炎症。大腦中出現的澱粉樣沉澱，大腦萎縮和認知障礙可能源於腸道微生物。因此，將來藥物研發的靶點應該在腸道，或者在血液，大腦只是終點。

在我接觸到的案例中，有一位在北京某軍區大院裡生活的老太太給我印象特別深刻。她被診斷為 AD 已經有十年左右的時間，她的女兒曾經服用過我們開發的益生菌產品，感覺效果不錯，然後，就給她服用了大概半年左右的時間。她女兒發現，母親服用完益生菌後開始出現好轉，可以時不時地認出自己，也開始提各種要求了，比如要求女兒買她愛吃的食物，買從電視上看到的別人穿的衣服。又過了半年，她女兒興奮的跑來跟我們說，母親已經基本恢復正常，還邀請朋友去她家裡做客，還邀請客人吃好吃的，並且專門買了新衣服，梳妝打扮了一番。

很多人可能不相信僅僅通過服用益生菌就能有這樣的改變，認為這是偶然現象。的確，一兩個病例並不能說明問題，但是這個現象值得引起人們的關注。也許，對於 AD 的治療和藥物研發，我們應該換換思路了。大腦的病變可能只是最終的結果，真正的病因可能在腸腦，在腸道微生物，在菌-腸-腦軸上。巨頭藥企的失敗不代表沒有希望了，還是有人在繼續努力開發新藥，畢竟新藥的成功意味着上萬億市值的巨大市場，並且這個市場還沒有競爭者。據估計，僅在美國，2018 年一年，AD 相關的治療花費可能會高達 1 萬億美元，到 2030 年，預計將高達 2 萬億美元。也許是意識到問題的嚴重性，2018 年 3 月，特普朗總統給美國國立衛生研究院 (NIH) 批准了 371 億美元的年度預算，其中，有 18 億美元是專門用於 AD 研究的。大的藥企放棄

了，正是創新型創業小公司的機會，也許劍走偏鋒能夠一舉成名，成為真正的「獨角獸」，我想這只是時間問題！

藥物的研發離不開基礎研究，未來全球還需要將更多的資源投入到 AD 的基礎研究上，特別是在有關腸道微生物和 AD 的關係方面。藥物的研發是需要時間的，我們要做的只有等待。不過，留給大家的時間可能不多了。當今，全球各個國家幾乎都步入了老齡化社會，各國的醫療條件在逐步改善，人類的平均壽命都在極大的延長，AD 和 PD 這些神經退行性疾病一定會變得越來越常見。

每個人都有老去的一天，每個人都擔心自己和自己的長輩身患神經退行性疾病，如果藥物研發的步伐跟不上我們老去的速度，等過了 65 歲，我們或者我們的親人可能癡呆或者顫抖着活過後半生。

我不想有這一天！

⑥ 嗅覺異常，便秘和體味改變？當心患上帕金森

帕金森症（Parkinson's Disease，PD）是一種慢性神經退行性疾病，主要影響中老年人，多在 60 歲以後發病。帕金森的症狀比較明顯，如果在街上看見有老人的手、頭或嘴不由自主地抖個不停，肌肉僵直、行動緩慢以及身體沒法平衡，十有八九就是帕金森患者。得了這種病，患者在生活上基本都不能自理。目前，全球帕金森患者人數越來越多，遺憾的是，自 1817 年發現至今的 200 多年中，人們始終沒有搞清楚為甚麼人老了會患上帕金森症帕金森症。為了紀念發現者──英國內科醫生詹姆斯·帕金森（James Parkinson）博士的生日，歐洲帕金森症帕金森症聯合會從 1997 年開始，將每年的 4 月

11 日確定為「世界帕金森症日」（World Parkinson's Disease Day）。

全球一半以上的 PD 患者在中國，呈年輕化，高增長趨勢

PD 已經成為困擾中老年人的重要疾病，是繼老年癡呆症後的第二大常見神經退行性疾病。流行病學調查顯示，65 歲老人中大約一百個人裡就有兩個人患 PD，75 歲以上患病率更是高達 3.4%，已經成為繼腫瘤、心腦血管病之後，中老年人的「第三殺手」。據估計，全球 400 萬患者中，有 170 萬~220 萬人在中國，還呈現出年輕化趨勢，每一百個 PD 患者中就有 10 個屬於「青少年型帕金森症」，三四十歲發病的帕金森症患者也並不罕見。世界衛生組織專家預測，到 2030 年，中國的帕金森症患者將達到 500 萬！中國 PD 人數多，可能並不是中國特色，而是由於中國人口基數大。

在國外，PD 的人數也不少。據統計，在澳大利亞有超過 7 萬人患有 PD，平均每 340 人中就有 1 人患病。55 歲以上的成年人是 PD 的主要人群，大約 20% 的人會在 50 歲以下被診斷為帕金森疾病，而 10% 的人則會在 40 歲以下被診斷為該病。據估計，每年澳大利亞會花費大約 1.1 億澳元在 PD 治療上，是十年前疾病開支總和的兩倍，推測到 2030 年，PD 的發病率也會翻倍，達到跟中國類似的情況。

到 2030 年，我的年紀也差不多到了該發病的時候。我絕對不想顫顫巍巍，抖個不停地活過後半生。我想大多數和我同齡或者比我還小的讀者們應該都有相同的想法。治療疾病最好的方式其實是不得病。這是大實話，我始終認為人體一旦得了病，不管是大病小病，身體一定很難恢復到原來的樣子，就像破鏡難圓一樣。所以，我們老祖宗提出來的「治未病」是我們努力的

方向。要做到這一點，有幾個問題需要弄清楚，究竟 PD 有甚麼徵兆？有甚麼方法可以預防或者治療？

PD 的臨床症狀

如果已經確診為 PD，臨床症狀會非常明顯，主要表現為肢體震顫、動作遲緩、強直、渾身僵硬，甚至完全無法行動等運動症狀。除了可以明顯看出來的運動功能障礙外，患者還有嗅覺減退、便秘、睡眠行為異常和抑鬱等不易明顯看出來的非運動症狀。

非運動症狀要比運動症狀出現的更早。也就是說，上面提到的這些症狀，如果在年輕時持續出現，非常有可能在多年之後表現為 PD。有研究表明，72% 的 PD 患者在運動症狀出現前 10 年之內就曾出現抑鬱，並且 PD 患者平均患抑鬱的時間為 7.9 年。提前 10 年出現症狀，那時候有誰會意識到 10 年後會發展為 PD 呢？嗅覺異常、便秘和失眠這種司空見慣的症狀，我相信絕大多數人並不會很在意，尤其是在青壯年時期。

這樣看來，在年輕時，還真不能小看身體出現的各種不適，小毛病不注意，日後很有可能發展為大毛病。為了幫助人們更早的識別和預防 PD，2003 年，布拉克（Braak）等人按照發病階段的先後順序對 PD 進行了病理分期，總共分為 6 期：

I 期：表現為嗅覺障礙及便秘，累及嗅球、嗅核前部、迷走神經背側運動核；

II 期：表現為便秘、抑鬱、失眠、胃腸道功能失調及疲勞，累及下位腦幹，包括藍斑、脊核等核團；

Ⅲ、Ⅳ期：表現為運動症狀，累及中腦黑質、其他深部核團和端腦；

Ⅴ、Ⅵ期：表現為認知障礙及精神症狀等，累及邊緣系統、新皮質。

由於非運動症狀屬於 PD 的早期階段，即使當時表現不明顯，仍具有非常好的早期診斷價值。把非運動症狀作為 PD 早期診斷指標，在做疾病篩查時把非運動症狀評估加上，就有可能提前十年甚至更長時間發現 PD，進而可以早干預，早治療。

在這裡，我也提醒大家，密切注意自己的嗅覺變化和便秘症狀，發現問題盡早就醫。

嗅覺異常是最早的 PD 症狀

嗅覺的變化不是很容易察覺，但也有專門的測嗅方式，幾分鐘內就能評估老人的嗅覺能力。這種方法是評估老人的鼻子還靈不靈，是不是能分辨不同的氣味，是不是能聞到非常少量的氣味。測嗅的方式其實很簡單，就是把日常生活中經常聞到的氣味按不同的濃度放在專門的容器中。評測時，打開容器口，放在老人鼻子下面讓老人聞一聞，詢問老人是不是能聞到氣味，聞到的是甚麼氣味？根據老人的回答，通過能聞到的氣味的最低濃度和能分辨的不同氣味的正確率來評估老人的嗅覺水平。在一些醫院和體檢機構已經有了這樣的測試了。

也有比較簡單的方式自己來評估，比如，可以回憶一下近期自己是不是胃口不好，不愛吃飯。因為，食物的味道 80% 來自嗅覺，胃口不好通常是因為嗅覺變差，感冒時食慾不好就是因為鼻涕把鼻腔堵住，鼻子感受不到氣味了。另外，家人也可以回憶一下，近期，家裡的老人做菜時是不是放錯過調

料，尤其是醋、醬油、香油等有氣味的調料。如果出現過這些情況，就要引起警惕了，必要時去醫院進行詳細的排查。

便秘：PD 最常見的非運動症狀

前面提到過，病情發展到 II 期時，70%~80% 的帕金森患者身體已經開始表現出不同程度的腸道運動障礙，其中，便秘的比例最高。這可能是由於帕金森患者內臟，特別是控制胃腸道蠕動的平滑肌的運動受到了影響。前面提到過，腸腦和大腦擁有類似的信號分子和運行模式，大腦出現病變時，腸腦也會出現類似病變。PD 患者如此高比例的便秘，可能是他們的大腦和腸腦都出現了病變，只是腸神經系統異常表現得更早，腸道運動異常表現得更明顯。

記得在醫院收集樣本時，碰到過一對老人，老爺子已經出現了明顯的 PD 症狀，當問到他的便秘情況時，老太太搶先回答：「他便秘太嚴重了，一週都出不來一次，每次上廁所，全樓的人都能知道，那個難受勁兒，廁所的門都快被他敲散了，上一次廁所，馬桶都快給坐穿了！」老爺子補充道：「確實是，恨不得用手掏出來！吃了各種藥都不管用，開塞露用了不知道多少瓶！」在我碰到的 PD 老人中，便秘的比例確實非常高，一週以上便一次的人真不在少數。

除了自身因素，因自主神經功能損害引起便秘之外，患者服用的某些治療帕金森的藥物也會引起便秘，如安坦等抗膽鹼能藥物。原理實際上跟前面提到的一樣，都是因為腸腦和大腦擁有類似的信號分子和運行模式，藥物起效時，大腦受影響的同時，腸腦也會跟着受影響。

體味有可能「出賣」了你

2015 年，來自蘇格蘭的一名的 65 歲退休護士喬伊·米爾恩（Joy Milne）告訴研究人員，她有一項神奇的本領，能夠聞到「帕金森的味道」。早在多年以前，她就注意到她已故的、患有帕金森症的丈夫萊斯（Les）先生在患病前後有非常明顯的體味變化。

萊斯先生曾是一名麻醉師，45 時被診斷為帕金森症。然而，在萊斯先生 35 歲時，米爾恩女士說就能從丈夫身上聞到一種不尋常的「麝香味」，但當時她並沒有將這種氣味與帕金森症聯繫起來。直到多年以後，她和丈夫一起參加帕金森症患者的聚會，她聞到了來聚會的患者身上都有相同的特殊氣味。這時候，她才意識到這種氣味可能跟帕金森症存在關聯。

在一次有關帕金森症的專業會議上，米爾恩把她的經歷告訴了英國愛丁堡大學的一位專家，隨後，她被邀請去參加一個測試，看看她是不是真的能夠正確聞出帕金森症患者穿過的 T 恤。研究人員一共收集了 12 件 T 恤，其中 6 件來自帕金森症患者，另 6 件來自健康志願者。

令人難以置信的是，米爾恩準確無誤地找出了 6 件帕金森症患者的 T 恤，但是錯誤的把一位志願者的 T 恤也給挑了出來。令人意外的是，3 個月後，那件錯誤的來自志願者的 T 恤的主人不幸被診斷出患有帕金森症。這時，愛丁堡大學的專家們徹底相信了米爾恩的「超能力」。

在曼徹斯特大學化學分析專家的幫助，米爾恩和愛丁堡大學的專家一起利用質譜儀分離出了米爾恩聞到的帕金森患者身體上的特殊氣味分子。初步結果顯示，帕金森症患者身上有 10 種特殊的分子，它們可能就是麝香味的原因。

人體哪裡可以產生氣味呢？實際上，人體的氣味大多來自人體微生物的代謝。比如腳臭，汗臭和口臭等體味都是人體微生物代謝產生的。在確診為帕金森症幾年前就已經出現了氣味的變化，並且帕金森的其他非運動症狀也是明顯早於運動症狀的，特別是嗅覺異常和便秘，可能早於發病十年以上。

我想這不是巧合，而是相互之間存在聯繫。帕金森症患者身上有 10 種特殊的分子可能就是由於他們腸道異常導致的，因便秘排不出去的糞便堆積在大腸中，裡面豐富的腸道微生物就可以大快朵頤地享受這些殘留的食物了。與此同時，它們也會把吃下去的食物轉化為各種各樣的化學物質，其中一些微生物產生的化學物質很可能就屬於目前發現的那 10 種特殊分子。

整體的邏輯是腸道微生物的變化引起代謝產物的異常，這些異常的代謝產物導致在出現帕金森症幾年之前身體就出現異常的氣味。

所以，通過檢測氣味分子，或者產生這些氣味分子的微生物，理論上都能夠快速、準確，並且提前數十年來評估帕金森的風險。通過這種簡單、便捷的早期診斷方法，希望在不久的將來可以提早預防和治療這種疾病，也希望到我五六十歲時，這種檢測方法能夠上市並服務大眾。到時候我一定會去檢測，我可不想後半生顫顫巍巍地一直抖到死。

⑦ 帕金森症可能起始於腸道

帕金森症病因未明

目前，人們認為與 PD 有關的因素有很多，但是沒有一個因素是可以直接導致 PD 的。隨着年齡增加，人體正常衰老，大腦的老化在所難免，可能

是引起 PD 的原因。但是衰老解釋不了為甚麼 PD 的發病率在逐步上升。另外，也有人認為 PD 和基因有關，但是真正家族遺傳性的 PD 只佔到發病總人數的 10%~15%，絕大多數 PD 都是散發性的。所以，PD 應該是由遺傳、環境和衰老等因素共同作用導致的，環境因素可能是主要原因。

在過去的幾十年裡，農藥、殺蟲劑、工業化學產品和一些重金屬等給我們生活的環境和每天吃的食品造成了污染。有研究發現，百草枯和魚藤酮等農藥可引起大腦多巴胺能神經元缺失，這種神經元的缺失是引起帕金森的關鍵。很有可能是我們生活環境中的有毒有害物質，加上我們每天吃下肚子裡的各種添加劑、農藥和激素殘留等物質，慢慢積累在體內，逐漸侵蝕我們的大腦，持續幾十年的傷害，最終，在五六十歲時表現為 PD。當然，現在還只能是猜測，具體的病因還有待進一步確認。

帕金森症可能起始於消化道

最近的研究發現，帕金森症的發生可能開始於胃腸道，並通過迷走神經傳播到大腦。來自丹麥奧爾胡斯大學醫院的研究人員調查了約 1.5 萬名在 1977—1995 年之間接受了胃部迷走神經切斷術的患者，結果發現，20 年後，進行了迷走神經切斷手術的患者發生帕金森症的比例很低，全部切除迷走神經的患者甚至比對照人群患帕金森症的風險幾乎降低了一半，而那些部分切斷迷走神經的患者與對照組差別不大。2017 年，來自瑞典斯德哥爾摩卡羅林斯卡研究所的科研人員比較了 9430 名 40 歲以上的進行迷走神經切斷術的患者和 37.72 萬名正常人，他們發現進行過迷走神經切斷術的患者患帕金森的比例為 0.78%，而未進行手術的人比例為 1.15%。這些研究證明，帕金森症

的發生可能始於胃腸道，迷走神經是傳遞病變信號給大腦的關鍵通路。前面也提到過，帕金森症患者在被診斷為帕金森之前，確實有很多人曾飽受胃腸道疾病的困擾，最主要的就是便秘。

　　胃部迷走神經切斷術是一種在國內外應用廣泛的手術，是治療十二指腸潰瘍的推薦治療方法之一。迷走神經系統可能充當了腸道和大腦連接的通路，胃腸道出現病症，大腦也會出現類似的病症。切斷迷走神經，潰瘍好了，創傷面不再形成，腸道微生物及其代謝產物就不會進入人體，進而避免了它們進入大腦引發帕金森。

　　杜克大學的研究人員在人和鼠的小腸內分泌細胞中發現了一種名為 α-突觸核蛋白的物質，這種物質本不該出現在腸道而是主要分佈在大腦神經細胞的突觸前膜，是一種與帕金森症發生密切相關的蛋白質。這種蛋白本來是可溶的，但是在帕金森症患者腦中出現了錯誤的摺疊，沉澱下來形成路易小體，從而導致腦細胞損傷，引起多巴胺能神經元死亡，最終引發帕金森。腸道中 α- 突觸核蛋白的錯誤摺疊可能早於大腦，這就說明，帕金森症可能起源於腸道異常，迷走神經只是「幫兇」。但是，需要注意的是迷走神經切斷術並不能治療 PD，已經得了 PD 再進行手術是沒有效果的。

　　腸道異常情況有很多種，比如，腹瀉、便秘、腹脹、腹痛、潰瘍、炎症、功能紊亂等，目前，除了便秘之外，還不能確定哪些腸道症狀跟 PD 關係密切。前面提到，帕金森症呈現年輕化趨勢，這可能與消化道系統疾病呈現年輕化有關係。現在的年輕人由於工作壓力大，經常熬夜、加班、喝酒、進食不規律，並且大部分時間吃外賣、垃圾食品、油炸食品、方便食品和各種加工食品，這些食品攝入太多，難免會影響消化系統的正常工作，引起各種胃腸道疾病，影響神經系統的正常工作也就在所難免了。

8　腸道微生物是帕金森症的元兇嗎？

2015 年，一項來自芬蘭的研究顯示 PD 患者腸道微生物與對照組存在明顯不同，PD 患者腸道微生物中普雷沃氏菌科的細菌豐度明顯下降。研究人員找來 72 例 PD 患者，平均年齡 65.3 歲，男女比例差不多，另外還找了 72 例年齡和性別相匹配的健康對照。通過檢測他們糞便中的微生物，發現相比於對照，PD 患者糞便中的普雷沃氏菌豐度平均下降了 77.6%。而且腸道中另一種細菌——腸桿菌科的豐度與姿勢不穩和步態困難的嚴重程度存在相關性，腸桿菌科的豐度越高，症狀就越嚴重。

2016 年，美國加州理工學院的研究者們構建了一種帕金森症小鼠模型。這些小鼠腦中都存在錯誤摺疊的 α- 突觸核蛋白。隨後，他們將這些小鼠分別飼養在正常或無菌的環境中。結果發現，在無菌環境中成長起來的小鼠，帕金森症狀要比在正常環境中飼養的小鼠輕很多，腦內具有毒性的 α- 突觸核蛋白含量也明顯降低。難道腸道微生物參與了 α- 突觸核蛋白的錯誤摺疊，導致了帕金森嗎？為了驗證這個想法，他們又給正常飼養的小鼠喝抗生素水，結果發現，抗生素殺死腸道微生物後，這些小鼠的症狀也明顯減輕。緊接著，他們又把帕金森症患者的腸道菌群移植給無菌小鼠，發現這些小鼠很快都出現了帕金森症狀。而那些移植了正常人腸道菌群的小鼠則沒有出現症狀。這就再次證明了研究人員的想法，腸道微生物確實參與了帕金森的發病。但是具體的機制不清楚，腸道微生物可能釋放了一些毒性物質，通過迷走神經系統傳遞到大腦，引起大腦損傷，進而引起帕金森。

2017 年，我參與的一項關於帕金森患者和健康者腸道菌群差異的研究論文發表了。通過對比，我們發現 PD 組腸道中 *Blautia* 屬、糞桿菌屬和瘤胃球

菌屬等具有纖維素降解能力的細菌豐度顯著降低，而大腸-志賀桿菌屬、鏈球菌屬、變形桿菌屬和腸球菌屬等潛在致病菌豐度明顯增加。此外，研究還發現 PD 症狀越嚴重，上述纖維素降解菌豐度越低，而潛在致病菌豐度越高。推測，致病菌的增加產生了更多神經毒素，而纖維素降解菌的減少降低了短鏈脂肪酸含量，最終，引起 PD 的病理發展。

來自美國加州理工學院的研究人員也做了一個有意思的實驗，他們對比了無菌鼠和有菌鼠在運動機能測試中的表現，發現無菌鼠比有菌鼠在運動測試方面表現更好。當分別給兩組餵食腸道微生物產生的短鏈脂肪酸（short-chain fatty acids，SCFA）時，兩組老鼠都出現了帕金森症狀。這個研究表明，腸道微生物或其代謝產物的改變可能是 PD 的重要推手。

雖然，上述研究是在老鼠體內做的，但這個結果也足以引起人們的重視。短鏈脂肪酸主要包括乙酸、丙酸、丁酸、戊酸等，一向被認為是維持腸道正常功能和健康的重要物質。一直以來的研究表明，腸道微生物，特別是腸道有益微生物可通過產生短鏈脂肪酸對人體健康產生有利影響。然而，上述研究結果似乎顛覆了我們對短鏈脂肪酸的認識，腸道微生物產生的短鏈脂肪酸在某些情況下並不是好東西，有可能與 PD 的發病相關。

未來，還需要再確定一下，是不是在人類身上也有類似的結果。

PD 患者體內有益菌比例反而高？

2017 年，又有一項關於 PD 患者腸道微生物的研究可能再次顛覆我們對腸道有益菌的認知。來自美國阿拉巴馬大學伯明翰分校的研究人員分別採集了 197 位帕金森症人和 130 位健康人的糞便樣本進行測序分析，同時收集他

們藥物使用、飲食習慣、胃腸道症狀等 39 項潛在的對腸道微生物造成影響的混雜因素。經過分析，研究人員意外地發現 PD 患者腸道微生物中一些有益菌的比例要高於健康對照。腸道雙歧桿菌科、乳酸桿菌科、巴斯德氏菌科和疣微菌科的微生物的豐度在 PD 組顯著升高，而可以產短鏈脂肪酸的毛螺菌科在 PD 組顯著降低。

目前，人們普遍把雙歧桿菌、乳酸桿菌等當作有益菌。嬰兒體內的雙歧桿菌，佔到腸道菌的絕大部分，隨着年齡增加，雙歧桿菌的比例很快會下降，其他菌開始增多，但這種變化是人體菌群的正常發育過程，並不表明人類必須依靠高比例的雙歧桿菌來維持健康，也不是說成年人必須補允雙歧桿菌才能維持健康。

相反，在老年時期，雙歧桿菌的比例升高也許並不是好事。成年人體內，腸道中最主要的兩個門是擬桿菌門和厚壁菌門，兩者的總和甚至可以佔到腸道菌的超過 90%。正常成年人體內放線菌門（雙歧桿菌所在的門）的比例並不會很高。如果雙歧桿菌的比例增多，勢必引起佔主導的擬桿菌門和厚壁菌門的比例降低，也許這並不是甚麼好事。

除了雙歧桿菌，另一個常見的益生菌 —— 乳酸桿菌，在 PD 患者腸道中的比例也要高於健康對照組。功能預測結果揭示植物衍生化合物的代謝和異生素降解能力在 PD 組明顯升高。

腸道菌群可能遠比我們認為的複雜

腸道菌群與帕金森症關係密切，可能其中一些腸道菌群和其代謝產物導致了帕金森症的發生，但是，我們現在還不知道具體是哪些菌起了決定作

用。原本我們認為對人體有益的菌，如常見的雙歧桿菌和乳桿菌等，反而在帕金森患者體內更多。這就給我們提出了新的問題，有益菌和有害菌的標準該如何界定？是否存在有益菌和有害菌的安全範圍？是不是超過或者低於一定比例，有益菌就有可能變成有害菌？為甚麼各個國家發現的與 PD 相關的腸道菌群的研究結果並不一致？這些問題目前還都沒有答案，還有待我們進一步研究。

隨着高通量測序技術的發展，我們能夠了解更多腸道菌群的構成信息，然而，隨之而來也會產生許多新的問題。實際上，腸道菌群遠比我們想像的要複雜得多，目前的發現也許只是冰山一角，更多的腸道微生物與人體健康之間的關係還有待於我們去探索、去發現 。

雖然，我們對人體微生物的認識不足，但至少現在的研究已經將我們的視線轉移到了腸道微生物上，在傳統的治療方法對許多神經退行性疾病基本束手無策時，這些新的發現也許能指引研究人員將視線轉移到腸道微生物上，從這個角度研究如何干預和治療帕金森症，說不定就能夠取得突破性的進展。

腸漏與血腦屏障打開是 PD 發生的關鍵

2018 年初，一篇新發表的文章系統總結了帕金森症的發生原因，認為腸道微生物通過菌–腸–腦軸影響了大腦活動是 PD 發病的重要機制。腦內多巴胺的合成是受酶控制的，而這些酶的產生則由腸道微生物通過菌–腸–腦軸控制。大腦中 α- 突觸核蛋白的沉積是伴隨腸神經系統中腸通透性、氧化應激和局部炎症的增加等相關神經病變而發生的，這也是引起帕金森症患者便秘的

重要因素。

　　具體的機制包括：腸道慢性低度炎症引起腸道通透性的增加，腸道微生物產生的物質進入菌–腸–腦軸後，到達血腦屏障，進一步引起血腦屏障的滲漏，引發大腦免疫細胞活化和炎症，最終，導致大腦發炎。這就能夠解釋，為甚麼在運動症狀出現之前幾年，非運動症狀，特別是腸道症狀最早出現。腸道出現慢性炎症後的數年，甚至數十年後，大腦才會出現運動症狀。

　　目前，越來越多的證據顯示，PD 的發生始於腸道，由腸道微生物的紊亂引起腸道慢性炎症，逐漸引起腸道屏障功能破損，引發「腸漏」。與此同時，腸神經系統也出現了紊亂，影響了腸道運動，這時候便秘發生了。隨着腸道狀態的進一步惡化（這個過程可能持續的時間非常長），腸漏進一步加劇，腸道微生物或其代謝產物通過菌–腸–腦軸進入大腦，引起大腦炎症，最終影響到了大腦的正常工作，帕金森的運動症狀開始出現。所以，腸道微生物的改變可能是 PD 可靠的早期生物標誌物。

　　上述整個過程中的任何一個地方出現異常都能增加 PD 的風險。所以，在未來，防治 PD 的方向應該集中於探索新的檢測技術，以確定這些可靠的早期生物標誌物的有無和數量，鑒定導致帕金森症的特定腸道微生物和其代謝產物。

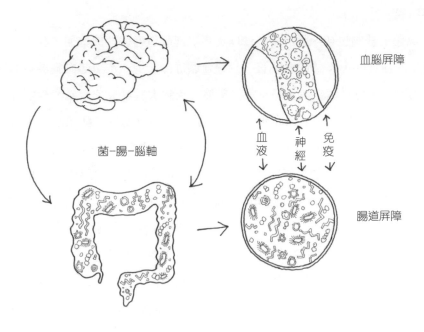

血腦屏障

菌-腸-腦軸

血液 神經 免疫

腸道屏障

精神疾病的「一二三」原則

為了方便理解，我曾將上述 PD 的致病機理概括為：精神疾病的「一二三」原則。

一是指的一個軸：菌-腸-腦軸，是致病的關鍵渠道。關於菌-腸-腦軸，前面已經有詳細的介紹，這裡不再贅述。

二是指的兩個屏障：腸道屏障和血腦屏障，只有兩個屏障都出現泄漏才能發病。腸道微生物導致精神疾病有兩個重要的因素。第一個是腸漏，第二個是血腦屏障通透性增加。

所謂的腸漏，字面的意思就是「腸子漏了」，腸道其實是分為很多層的，

最外層和糞便直接接觸，上面有很多微生物以及鬆散腸黏膜層，再往裡是致密黏膜層和免疫細胞層，最後才是腸壁細胞，它們共同組成了一道屏障——腸屏障。在一些因素的影響下，最外側的腸道微生物首先受到了影響，進而使得腸道黏膜層被破壞，讓免疫細胞和腸壁細胞直接裸露在外，腸道中的毒性物質乘機增加腸壁細胞的通透性，引起炎症反應，引發腸漏。

這些毒性物質透過腸道進入血液系統後就能引起全身免疫反應。不過這些進入血液的毒性物質要想影響大腦，還需要通過血腦屏障這一關。研究發現，完全無菌的老鼠，其體內的血腦屏障一直處於打開的狀態。因此腸道微生物也能影響血腦屏障的完整性。

三是指的三個代謝通道：腸腦和大腦之間溝通的三個主要通道：神經系統，血液系統和免疫系統，腸道微生物要影響大腦必須通過上述通道。神經系統更多的可能是指迷走神經系統，血液系統就是血液循環系統，免疫系統包括體液和淋巴系統。原來認為大腦中不存在淋巴系統，近年來的研究發現，大腦中也存在大量的淋巴系統。

需要說明的是，這個原則並不僅僅是 PD 的致病機理，應該說絕大多數精神疾病都存在這個共同的機理。雖然，目前還沒有特別充分的證據完全支持這個理論，但我相信這個理論是真實存在的。

9　不停顫抖的手，源於年輕時喝下的酒？

在做調查過程中，我們注意到那些患有 PD 的老人，在年輕時大多愛喝酒。有些人是出於工作應酬需要，有些人則是本身就好喝兩口，每頓飯都得就着酒才能算吃飯。以往的研究表明，無論是針對 PD 或 AD 等神經退行性

疾病的 MIND 飲食（Mediterranean-DASH Intervention for Neurodegenerative Delay，MIND），還是經典的地中海模式都推薦在日常飲食中喝點葡萄酒。一些研究發現，少量和適度飲酒能預防 AD，而另一些研究發現酗酒會增加 AD 的風險。這就奇怪了，研究人員也太不靠譜了，專家們一會兒說喝酒好，一會兒又說喝酒不好，到底喝酒好不好呢？

規律、適度飲酒有利健康？

2017 年 12 月，一項來自美國的研究顯示喝酒更長壽，而且患 AD 的概率更低。這項研究規模可不小，加州大學聖地亞哥分校醫學院的研究人員統計了長達 29 年的數據，他們根據參與調查的人能不能活到 85 歲，是不是做過認知健康測試兩條標準篩選出了 1344 個樣本，其中 157 人不喝酒，其他的人都多少會喝一些酒。29 年中，有 546 人沒能活到 85 歲就去世了；剩下活到 85 歲的人中，有 353 人出現 AD 症狀，另外 546 人則很健康。通過分析這些人的飲酒情況，結果發現，與不飲酒的中老年人相比，每天有規律、適度飲酒的人活到 85 歲的比例更高一些，且到 85 歲後認知能力受損的人比例更低。

這樣看來，似乎規律、適度飲酒確實有利於老人健康。然而，這項研究也存在偏差，他們統計的人基本上都是中產以上水平，有錢的白人，學歷還很高，大部分人是大學以上學歷。在美國，中產階層生活品質相當高了，喝的酒不會差，相比窮人，他們喝的酒檔次要高不少。另外，參與調查的人中愛喝酒的人生活還更有規律，自制力強，他們可能同時還具有良好的生活和鍛煉習慣，不排除這些人除了小酌兩口之外，還每天游泳半小時，並且在醫

療保險方面的花費也更多。所以，這個研究的結論應該是高學歷、高收入的美國人，每天生活規律，心情舒暢，經常喝兩口好酒的人可以活得更久、更健康。

　　所以，這個研究結果可能並不適用於喝白酒的一般工薪階層，不要認為沒事整兩杯二鍋頭也能和他們一樣。喝酒本身只是生活方式的一種體現，影響人的健康的因素除了飲酒，還有經濟狀況、生活習慣、飲食習慣和生活環境。一個天天生活不如意，發愁喝悶酒的人，無論如何健康狀況也不會好，況且更多的研究顯示喝酒一定傷身。酒精本身已經被列為與黃麴霉毒素、砒霜、煙草和檳榔一樣的一級致癌物質。

喝酒可導致基因突變，影響造血幹細胞

　　就在美國的這項調查公佈後不久，英國劍橋大學的研究人員在國際頂尖雜誌《自然》上發表了一篇絕對具有震撼力的研究，他們通過動物模型研究發現，酒精和其代謝產物乙醛會對造血幹細胞造成顯著影響。酒精本身不會引起基因突變，真正危險的是它的代謝產物乙醛。乙醛存在於多種水果中，香味很誘人。喝酒臉紅的人就是體內缺乏乙醇脫氫酶，不能把酒精代謝的乙醛進一步代謝為乙酸，於是，過量的乙醛積累在體內引起血管擴張，血液聚集，最終，表現為臉和皮膚發紅。在亞洲人中，有一半以上的人缺乏這個酶，所以，亞洲人喝酒臉紅的比較多，外國人也把這種喝酒上臉的人稱作「亞洲紅臉」。

　　我就屬於典型的缺乏乙醇脫氫酶的人，一喝酒就臉紅，並且胸口、後背、手掌都是紅的。以前，經常有人勸酒時說：喝酒臉紅的人最能喝，來幹

了這杯！我這人嘴笨，不會討價還價，人家稍微客氣幾句，我就毫不猶豫地「乾了」。在上大學時，我參加同學聚會，吃飯時沒少喝醉。後來才知道，實際上這種情況對我的身體傷害很大。乙醛對身體很危險，它們能直接結合DNA，誘發基因突變，引發癌症。所以，現在我已經基本上不再飲酒，知道的朋友也不再勸我喝酒了，因為，我抵不住勸！

我的幾個朋友特別愛喝酒，每到一個地方就想嚐嚐當地的特色美酒，自己家裡也是擺滿了各式各樣、世界各地的美酒。每次喝酒，他們一定得喝到伶仃大醉才算喝好。我也多次勸阻他們少喝點，實際上根本沒有用，只要開喝了，到了一定程度根本就控制不住自己，不由得就喝多了。然後，第二天清醒了，又開始後悔自責。到下次喝酒時，還是記不住，周而復始，直到身體出現嚴重問題。

喝酒引發癌症，老年癡呆

酒精對人體傷害是累積性的，基因的突變也不是短時間造成的。癌症和其他疾病的發生原因是可以追溯到幾年甚至幾十年前的。有研究調查了2008—2013 年，3160 萬人的住院記錄，其中超過 110 萬人被診斷為 AD 並被納入研究。結果發現，這些人中有 86% 的人存在酗酒，其中，大約 3% 的 AD 患者是由於酒精引起的大腦損傷，近 5% 的 AD 患者存在其他酒精使用障礙。在 5.7 萬例 65 歲以下早發性癡呆患者中，則有高達 39% 的病例歸因於酒精相關的腦損傷。此外，研究還發現，有 6.2% 的男性有酒精成癮，而在患有 AD 的男性中，這一比例高達 16.5%。在女性中，也觀察到了類似結果。總體而言，酗酒者患 AD 的風險是其他人的三倍左右。這一數據分別為 1.5% 和 4%。

2018 年初，北京大學的呂筠教授主導了一項囊括了 45 萬人的研究顯示，對於那些沒有喝燙茶習慣的人而言，如果同時有抽煙、喝酒的習慣，他們患食管癌風險是不抽煙喝酒人的 2.47 倍，然而，對於那些同時有吸煙、飲酒、喝燙茶習慣的人而言，他們患食管癌的風險，是沒有這三個習慣的人的5 倍！試想一下，一口燙茶，一口煙，燙茶會燙傷食管，導致消化道黏膜和表皮細胞受損，煙裡的致癌物質正好碰到受損的細胞，那還不趕緊幹點壞事啊。聊完了天，喝完了茶，吃飯時再喝點酒，受損的食管還沒有來得及修復呢，酒精又來了一波致癌傷害，長此以往，得食管癌的概率不大才怪。

所以，同時有吸煙、飲酒、喝燙茶習慣的人需要特別注意了，小心得食管癌！

雖然，大多數人都理解喝大酒會導致記憶問題和癡呆症，少量飲酒的影響較小，甚至還能保護大腦。但是，英國牛津大學和倫敦大學學院的研究人員推翻了少量飲酒對大腦有益的觀點。即使每天少量飲酒，隨着時間推移，日積月累，最終都會損傷大腦並削弱認知功能。

他們跟蹤調查了 550 名健康受試者。自 1985 年開始，在長達 30 年裡，他們詳細記錄這些人的酒精攝入和認知表現，並對他們的大腦進行了核磁共振成像檢測，評估了腦白質結構和與記憶相關的海馬體的狀態。他們發現，參與調查的所有人都沒有酒精依賴，但大多數都不同程度飲酒。飲酒量更大的受測者通常海馬體縮小更多，而右側大腦受影響更嚴重。

一般認為右側大腦控制人對物體空間關係的認知，控制情緒以及對音樂和藝術的欣賞等，海馬體主要影響人的記憶力。長期飲酒的人脾氣變差，情緒容易失控可能就是由於右側大腦受酒精影響的原因。

隨着年齡增長，有 35% 不飲酒的人右側海馬體也縮小了，但是相比喝

酒的人來說，他們右側海馬體縮小還是比較正常的。對於那些每週酒精攝入
140~210 毫升的人來說，他們中有 65% 的人明顯縮小，而每週喝 300 毫升以
上的人縮小的比例是 77%！也就是說喝酒越多，右側海馬體縮小越多。

　　為了評估酒精攝入量與大腦認知和記憶能力的關係，他們對受試者進行
了詞彙流暢度測試，他們讓每個人在一分鐘內說出盡可能多的以特定字母開
頭的單詞，通過說出的單詞數量來評估他們的認知和記憶能力。結果發現，
每週喝 140 毫升的人與每週只喝 10 毫升以下酒精的人相比，喝酒多的人說
出的單詞數量減少了 14%。也就是說，喝酒越多，認知和記憶能力也越差，
即使喝酒的量較少也是一樣。

腸道菌群愛喝酒？

　　乙醇實際上是一種能源物質，可以被生物分解為能量，供生物直接利
用。有研究發現，酒精攝入會改變腸道菌群的組成。他們分別把沒喝過酒的
小鼠和喝了酒的小鼠的小腸內容物放在不同培養基上進行培養，結果發現喝
酒的小鼠腸道中細菌的數量明顯增加，有趣的是，兩組之間差異最大的是一
種腸桿菌（*Enterobacteria*），喝酒的小鼠腸道中這種菌的數量幾乎是不喝酒小
鼠的十倍。

　　腸桿菌是一種條件致病菌，類似的菌還有大腸桿菌、沙門氏菌和志賀氏
菌。除了腸桿菌，腸道中其他菌的數量也隨着酒精攝入明顯增加，比如腸球
菌（*Enterococcus*）和乳酸菌（*Lactobacillus*）等。

　　整體上看，腸道中好氧菌和厭氧菌的數量都能被酒精增殖。這個結果說
明，對於腸道微生物來說，它們大部分具有分解酒精的酶，我們喝下的每一

口酒有 80% 會進入腸道，在這裡酒精就成了微生物的能源，充足的能源能夠幫助它們繁殖。

酒精改變腸道菌群構成

酒精對於腸道微生物來說是能源，但並不是所有腸道微生物都能利用酒精。整體上來說，酒精的攝入會減少腸道有益菌，增加致病菌。有研究發現，酒精肝病患者長期攝入酒精導致腸道內乳酸桿菌、雙歧桿菌屬、擬桿菌門和厚壁菌門的數量都明顯減少，而普氏菌科、變形菌門和放線菌門的數量明顯增加。酒精的攝入會導致腸道 pH 升高，間接促進了變形菌門等腸道病原微生物的過度生長。無論是哪種情況，酒精對健康的影響都是負面的。

有一項實驗證實，體內完全無菌的小鼠，大量喝酒後沒有觀察到肝損傷。但是，當把大量飲酒後的正常小鼠的腸道菌群移植給無菌小鼠後，無菌小鼠的肝臟及腸道就會出現明顯的炎症反應。表明腸道菌群是酒精傷肝的主要因素。但是，每個人體內的微生物組成不同，因此，對酒精的反應也不一樣。

相同的酒精濃度，不同的初始微生物組成，最終引起的腸道微生物的組成也會不一樣。也就是說，可能每個人飲酒之後腸道微生物的反應會不一樣，因此，酒精對人體的傷害可能跟腸道微生物的組成有關係。

有些人一輩子飲酒，身體還很健康，這樣的人可能本身腸道微生物比較均衡，體內愛喝酒的微生物比較多，能夠迅速把酒精轉化為能量被它們吸收，這就減少了酒精對人體的損傷。一些看似非常能喝的人，可能本身具有很強的分解酒精的能力，但是由於體內微生物不平衡，有害菌比例較高，並

且這些菌也很愛喝酒，時間長了，異常的菌群構成也會對他們的身體造成不良影響。

酒精引發腸漏

酒精是一種可以自由穿梭於細胞之間的物質，同時它又是一種既能溶於水又能溶於脂類的物質。因此，酒精非常容易破壞腸道黏膜屏障的完整性，引起腸漏。

在正常情況下，腸黏膜很完整，能夠充當很好的腸道屏障。但在過多或長期飲酒時，酒精會溶解一部分腸黏膜，並且酒精代謝產生的乙醛會聚集於腸道，破壞腸壁細胞之間的黏連蛋白，導致腸道通透性增加。

此外，酒精還促進了腸道革蘭陰性菌的生長，導致腸道裡的壞菌大量增加，腸道內脂多糖等毒素濃度升高，促使毒素隨着腸道通透性增加逐漸進入人體，這些毒素進入血液系統，沿着人體血流循環，激活肝臟及其他器官的炎症反應。

腸漏是多種疾病的病因，也是 AD 和 PD 等神經退行性疾病的高風險因素。酒精長期破壞腸黏膜必定侵害到血腦屏障，並且酒精本身就能自由出入血腦屏障，因此，年輕時持續地、大量地飲酒非常有可能到老年時患上這些疾病。

調節腸道菌群，可以改善酒癮？

上述研究已經表明，酒精能夠影響腸道微生物的組成，導致腸道有益

菌乳酸菌和雙歧桿菌等有益菌的減少。是不是恢復腸道菌群平衡，補充有益菌的缺失就能改善酒精相關疾病呢？有研究發現，給實驗動物服用益生菌或益生元，可以調節腸道菌群構成，減少腸漏、內毒素血症、炎症和改善肝臟功能。

在人體研究中也發現了類似的現象，每天給酒精肝患者補充乾酪乳桿菌，連續吃四週可以明顯改善中性粒細胞的吞噬能力，減少機體的炎症水平。神奇的是，即使短期補充益生菌可能也會有用。

有研究發現，給酒精肝患者每天補充兩歧雙歧桿菌和植物乳桿菌組成的復合益生菌，僅僅連續補充 5 天就能觀察到腸道菌群明顯恢復，肝損傷的情況也可以明顯好轉。目前，還沒有明確某種益生菌能消除酒癮，但是益生菌確實有良好的前景。

益生元是有益菌的食物，腸道中常見的乳酸桿菌和雙歧桿菌比較喜歡吃它們，所以，服用益生元後，腸道有益菌會被選擇性地刺激生長，數量增加，活性增強，而腸道有害菌則被抑制，最終，益生元調節了腸道菌群的平衡，對宿主產生有益的影響，改善宿主健康。常見的益生元包括低聚半乳糖、低聚果糖、低聚木糖、菊粉、抗性糊精、抗性澱粉和低聚異麥芽糖等。

益生元被腸道微生物代謝後可以產生短鏈脂肪酸等有益代謝產物，腸道 pH 值也會隨之降低，腸道中革蘭陰性菌、變形菌門等病原菌的生長會被抑制，腸道的屏障功能會被增強，同時抗炎能力也被提升。

前面已經介紹過，酒精的攝入會減少腸道有益菌，增加致病菌。因此，補充益生元對酒精引起的腸道微生物損失具有修復作用。有研究表明，補充低聚半乳糖或低聚果糖等益生元後，腸道中具有抗炎作用的柔嫩梭桿菌和雙歧桿菌的豐度會增加，而這兩種菌在酒精成癮者腸道中是明顯減少的。因

此，通過口服益生元的方式，非常有可能能夠糾正酗酒者腸道菌群，避免酗酒對身體的傷害，甚至，還有可能從此戒掉酒癮。

參 考 文 獻

[1] Schloss P D, Girard R A, Thomas M, et al. Status of the archaeal and bacterial census: An update [J]. Mbio, 2016, 7(3): e00201-16.

[2] Amann R, Rossellómóra R. After all, only millions?[J]. Mbio,2016,7(4): e00999-16.

[3] Soler J J, Martín-Vivaldi M, Peralta-Sánchez J M, et al. Hoopoes color their eggs with antimicrobial uropygial secretions[J]. Die Naturwissenschaften, 2014, 101(9):697-705.

[4] Martínvivaldi M, Soler J J, Peraltasánchez J M, et al. Special structures of hoopoe eggshells enhance the adhesion of syMbiont-carrying uropygial secretion that increase hatching success[J]. Journal of Animal Ecology, 2015, 83(6):1289-1301.

[5] Soler J J, Martínvivaldi M, Ruizrodríguez M, et al. SyMbiotic association between hoopoes and antibiotic-producing bacteria that live in their uropygial gland[J]. Functional Ecology, 2008, 22(5):864-871.

[6] Soler J J, Martínez-García Á, Rodríguez-Ruano S M, et al. Nestedness of hoopoes' bacterial communities: SyMbionts from the uropygial gland to the eggshell[J]. Biological Journal of the Linnean Society, 2016, 118(4):763-773.

[7] Ruizrodríguez M, Valdivia E, Soler J J, et al. SyMbiotic bacteria living in the hoopoe's uropygial gland prevent feather degradation[J]. Journal of Experimental Biology, 2009, 212(Pt 22):3621.

[8] Younes J A, Lievens E, Hummelen R, et al. Women and their microbes: The unexpected friendship[J]. Trends in Microbiology, 2018,26(1):16-32.

[9] Collado M C, Rautava S, Aakko J, et al. Human gut colonisation may be initiated in utero by distinct microbial communities in the placenta and amniotic fluid[J]. Scientific Reports, 2016, 6: 23129.

[10] Stinson L F, Payne M S, Keelan J A. Planting the seed: Origins, composition, and postnatal health significance of the fetal gastrointestinal microbiota[J]. Critical Reviews in Microbiology, 2016, 43(3): 1-18.

[11] Hornef M, Penders J. Does a prenatal bacterial microbiota exist [J]. Mucosal Immunology, 2017, 10(3): 598-601.

[12] Rosenblum R.Oral hygiene can reduce the incidence of and death resulting from pneumonia and respiratory tract infection[J]. The Journal of the American Dental Association, 2010, 141(9): 1117-1118.

[13] Teng F, Yang F, Huang S, et al. Prediction of early childhood caries via spatial-temporal variations of oral microbiota[J]. Cell Host & Microbe, 2015, 18(3): 296-306.

[14] Saito M, Shimazaki Y, Nonoyama T, et al. Association between dental visits for periodontal treatment and type 2 diabetes mellitus in an elderly Japanese cohort[J]. Journal of Clinical Periodontology, 2017, 44(11): 1133-1139.

[15] Eriksson L, Holgerson P L, Johansson I. Saliva and tooth biofilm bacterial microbiota in adolescents in a low caries community[J]. Scientific Reports, 2017, 7(1): 5861.

[16] Xiao E, Mattos M, Gha V, et al. Diabetes enhances IL-17 expression and alters the oral microbiome to increase its pathogenicity [J]. Cell Host & Microbe, 2017, 22(1): 120-128.

[17] Stone V N, Xu P. Targeted antimicrobial therapy in the microbiome era[J]. Molecular Oral Microbiology, 2017, 32: 446-454.

[18] Pereira P A, Aho V T, Paulin L, et al. Oral and nasal microbiota in Parkinson's disease [J]. Parkinsonism & Related Disorders, 2017, 38: 61-67.

[19] Yu G, Phillips S, Gail M H, et al. The effect of cigarette smoking on the oral and nasal microbiota[J]. Microbiome,2017, 5(1): 3.

[20] Chhibber-Goel J, Singhal V, Bhowmik D, et al. Linkages between oral commensal bacteria and atherosclerotic plaques in coronary artery disease patients[J]. Npj Biofilms Microbiomes, 2016, 2(1): 7.

[21] Kilian M, Chapple I L C, Hannig M, et al. The oral microbiome-an update for oral healthcare professionals[J]. British Dental Journal, 2016, 221(10): 657.

[22] Kato I, Vasquez A, Moyerbrailean G, et al. Nutritional correlates of human oral

microbiome[J]. Journal of the American College of Nutrition, 2017, 36(2): 88-98.

[23] Bryan N S, Tribble G, Angelov N. Oral microbiome and nitric oxide: The missing link in the management of blood pressure[J]. Current Hypertension Reports, 2017, 19(4): 33.

[24] Gomez A, Espinoza J L, Harkins D M, et al. Host genetic control of the oral microbiome in health and disease[J]. Cell Host & Microbe, 2017, 22(3): 269-278.

[25] Xu H, Dongari-Bagtzoglou A. Shaping the oral mycobiota: Interactions of opportunistic fungi with oral bacteria and the host[J]. Current Opinion in Microbiology, 2015, 26: 65-70.

[26] Patricia I D, Linda D S, Anna D. Fungal-bacterial interactions and their relevance to oral health: Linking the clinic and the bench [J]. Frontiers in Cellular and Infection Microbiology, 2014, 4(101): 101.

[27] 張微雲, 葉瑋. 口臭的常用診斷方法及其比較 [J]. 口腔材料器械雜誌, 2011, 20(4):202-204.

[28] 張羽, 陳曦, 馮希平. 胃腸道疾病與口臭的關係 [J]. 國際口腔醫學雜誌, 2014, 41 (6)：703-706.

[29] 趙曉亞, 江振作, 王躍飛. 真性口臭的病因、分類及與疾病的關係 [J]. 北京口腔醫學, 2015 (3)：173-176.

[30] Penala S, Kalakonda B, Pathakota K R, et al. Efficacy of local use of probiotics as an adjunct to scaling and root planing in chronic periodontitis and halitosis: A randomized controlled trial[J]. Journal of Research in Pharmacy Practice, 2016, 5(2): 86-93.

[31] Suzuki N,Yoneda M,Tanabe K, et al. Lactobacillus salivarius WB21-containing tablets for the treatment of oral malodor: a double-blind, randomized, placebo-controlled crossover trial[J]. Oral Surg Oral Med Oral Pathol Oral Radiol, 2014, 117(4): 462-470.

[32] Zarco M F, Vess T J, Ginsburg G S. The oral microbiome in health and disease and the potential impact on personalized dental medicine[J]. Oral Diseases, 2012, 18(2): 109-120.

[33] Lu H, Ren Z, Li A, et al. Deep sequencing reveals microbiota dysbiosis of tongue coat in patients with liver carcinoma [J]. Scientific Reports, 2016, 6: 33142.

[34] Ye J, Cai X, Yang J, et al. Bacillusas a potential diagnostic marker for yellow tongue coating[J]. Scientific Reports, 2016, 6: 32496.

[35] Ren W, Xun Z, Wang Z, et al. Tongue coating and the salivary microbial communities vary in children with halitosis[J]. Scientific Reports, 2016, 6: 24481.

[36] Ma Y, Wu X, Giovanni V, et al. Effects of soybean oligosaccharides on intestinal microbial communities and immune modulation in mice[J]. Saudi Journal of Biological Sciences, 2016, 24(1): 114-121.

[37] Garner C E, Smith S, De L C B, et al. Volatile organic compounds from feces and their potential for diagnosis of gastrointestinal disease[J]. Faseb Journal, 2007, 21(8): 1675-1688.

[38] Shepherd S F, McGuire N D, de Lacy Costello B P J, et al. The use of a gas chromatograph coupled to a metal oxide sensor for rapid assessment of stool samples from irritable bowel syndrome and inflammatory bowel disease patients[J]. Journal of Breath Research, 2014, 8(2): 026001.

[39] Ou J Z, Yao C K, Rotbart A, et al. Human intestinal gas measurement systems: In vitro fermentation and gas capsules[J]. Trends in Biotechnology, 2015, 33(4): 208-213.

[40] Figura N, Piomboni P, Ponzetto A, et al. Helicobacter pylori infection and infertility[J]. European Journal of Gastroenterology & Hepatology, 2002, 14(6): 663-669.

[41] Collodel G, Moretti E, Campagna M S, et al. Infection by CagA-positive Helicobacter pylori strains may contribute to alter the sperm quality of men with fertility disorders and increase the systemic levels of TNF-alpha[J]. Digestive Diseases and Sciences, 2010, 55(1): 94-100.

[42] 魏秋 , 劉彥 , 金志軍 , 等 . 幽門螺桿菌感染在女性不孕症發病機制中的作用 [J]. 胃腸病學 , 2008, 13(6): 361-363.

[43] Dorer M S, Talarico S, Salama N R. Helicobacter pylori's unconventional role in health and disease[J]. PLoS pathogens, 2009, 5(10): e1000544.

[44] Misra V, Pandey R, Misra S P, et al. Helicobacter pylori and gastric cancer: Indian enigma[J]. World Journal of Gastroenterology, 2014,20(6):1503-1509.

[45] Rogers M B, Brower-Sinning R, Firek B, et al. Acute appendicitis in children is associated with a local expansion of Fusobacteria[J]. Clinical Infectious Diseases, 2016, 63(1): 71-78.

[46] Mirpuri J, Raetz M, Sturge C R, et al. Proteobacteria-specific IgA regulates maturation

of the intestinal microbiota[J]. Gut Microbes, 2014, 5(1): 28-39.

[47] Heather F Smith ,W Parker ,Sanet H Kotzé, et al. Morphological evolution of the mammalian cecum and cecal appendix[J]. Comptes rendus - Palevol, 2016, 16: 39-57.

[48] Damgaard C, Magnussen K, Enevold C, et al. Viable bacteria associated with red blood cells and plasma in freshly drawn blood donations[J]. Plos One, 2015, 10(3): e0120826.

[49] Bhattacharyya M, Ghosh T, Shankar S, et al. The conserved phylogeny of blood microbiome[J]. Molecular Phylogenetics & Evolution, 2017.

[50] Moustafa A, Xie C, Kirkness E, et al. The blood DNA virome in 8,000 humans[J]. Plos Pathogens, 2017, 13(3): e1006292.

[51] Amar J, Lange C, Payros G, et al. Blood microbiota dysbiosis is associated with the onset of cardiovascular events in a large general population: The D.E.S.I.R. study[J]. Plos One, 2013, 8(1):e54461.

[52] Zhao L P, Shen J. Whole-body systems approaches for gut microbiota-targeted, preventive healthcare[J]. Journal of Biotechnology, 2010, 149(3): 183.

[53] 劉冬梅 , 李躍梅 . 菌血症病原菌種類分佈及耐藥分析 [J]. 中國衛生產業 , 2017, 14(10): 54-55.

[54] 孫國全 , 王倩 , 褚雲卓 , 等 . 28179 例血培養病原菌分佈及耐藥性分析 [J]. 微生物學雜誌 , 2013, 33(5): 102-105.

[55] Pretorius E, Bester J, Kell D B. A bacterial component to alzheimer's-type dementia seen via a systems biology approach that links iron dysregulation and inflammagen shedding to disease[J]. Journal of Alzheimers Disease, 2016, 53(4): 1237-1256.

[56] Païssé S, Valle C, Servant F, et al. Comprehensive description of blood microbiome from healthy donors assessed by 16S targeted metagenomic sequencing[J]. Transfusion, 2016, 56(5): 1138-1147.

[57] Pisa D, Alonso R, Rábano A, et al. Different brain regions are infected with fungi in alzheimer's disease[J]. Scientific Reports, 2015, 5: 15015.

[58] 田在善 . 有關「腹腦 (第二大腦)」之說 [J]. 中國中西醫結合外科雜誌 , 2005, 11(5): 454-457.

[59] Rolig A S, Mittge E K, Ganz J, et al. The enteric nervous system promotes intestinal health by constraining microbiota composition[J]. PLOS Biology, 2017, 15(2):

e2000689.

[60] Collins S M, Bercik P. The relationship between intestinal microbiota and the central nervous system in normal gastrointestinal function and disease[J]. Gastroenterology, 2009, 136(6): 2003-2014.

[61] Parracho H M R T, Bingham M O, Gibson G R, et al. Differences between the gut microflora of children with autistic spectrum disorders and that of healthy children[J]. Journal of medical microbiology, 2005, 54(10): 987-991.

[62] Goodacre R. Metabolomics of a superorganism[J]. The Journal of nutrition, 2007, 137(1): 259S-266S.

[63] Chen J, Chia N, Kalari K R, et al. Multiple sclerosis patients have a distinct gut microbiota compared to healthy controls[J]. Scientific Reports, 2016, 6: 28484.

[64] Scheperjans F, Aho V, Pereira P A, et al. Gut microbiota are related to Parkinson's disease and clinical phenotype[J]. Movement Disorders, 2015, 30(3): 350-358.

[65] Zhan X, Stamova B, Jin L W, et al. Gram-negative bacterial molecules associate with Alzheimer disease pathology[J]. Neurology, 2016, 87(22): 2324-2332.

[66] Huo R, Zeng B, Zeng L, et al. Microbiota modulate anxiety-like behavior and endocrine abnormalities in hypothalamic-pituitary-adrenal axis[J]. Frontiers in Cellular & Infection Microbiology, 2017, 7: 489.

[67] Hoban A E, Stilling R M, Moloney G, et al. Microbial regulation of microRNA expression in the amygdala and prefrontal cortex[J]. Microbiome, 2017, 5(1): 102.

[68] Sampson T R, Debelius J W, Thron T, et al. Gut microbiota regulate motor deficits and neuroinflammation in a model of parkinson's disease[J]. Cell, 2016, 167(6): 1469-1480.

[69] Harach T, Marungruang N, Duthilleul N, et al. Reduction of abeta amyloid pathology in APPPS1 transgenic mice in the absence of gut microbiota[J]. Scientific Reports, 2017, 7: 41802.

[70] Parashar A, Udayabanu M. Gut microbiota: Implications in Parkinson's disease [J]. Parkinsonism & Related Disorders, 2017, 38: 1-7.

[71] Bercik P. The microbiota-gut-brain axis: Learning from intestinal bacteria?[J]. Gut, 2011, 60(3): 288-289.

[72] Noble E E, Hsu T M, Kanoski S E. Gut to brain dysbiosis: Mechanisms linking western

diet consumption, the microbiome, and cognitive impairment[J]. Frontiers in Behavioral Neuroscience, 2017, 11: 9.

[73] De P G, Lynch M D, Lu J, et al. Transplantation of fecal microbiota from patients with irritable bowel syndrome alters gut function and behavior in recipient mice [J]. Science Translational Medicine, 2017, 9(379): eaaf6397.

[74] Lionnet A, Leclairvisonneau L, Neunlist M, et al. Does Parkinson's disease start in the gut? [J]. Acta Neuropathologica, 2018, 135(1): 1-12.

[75] Yang X, Qian Y, Xu S, et al. Longitudinal analysis of fecal microbiome and pathologic processes in a rotenone induced mice model of Parkinson's disease[J]. Frontiers in Aging Neuroscience, 2017, 9: 441.

[76] Li W, Wu X, Hu X, et al. Structural changes of gut microbiota in Parkinson's disease and its correlation with clinical features[J]. Science China Life Sciences, 2017, 60(11): 1223-1233.

[77] Metselaar S, Widdershoven G. Ethical issues in fecal microbiota transplantion: taking into account identity and family relations[J]. American Journal of Bioethics, 2017, 17(5): 53-55.

[78] Chuong K H, Hwang D M, Tullis D E, et al. Navigating social and ethical challenges of biobanking for human microbiome research[J]. BMC Medical Ethics, 2017, 18(1): 1.

[79] Ma Y, Liu J, Rhodes C, et al. Ethical issues in fecal microbiota transplantation in practice[J]. American Journal of Bioethics, 2017, 17(5): 34-45.

[80] Zhang F J, Jiang L L. Neuroinflammation in Alzheimer's disease[J]. Neuropsychiatric Disease & Treatment, 2015, 11(4): 243-256.

[81] Hu X, Wang T, Jin F. Alzheimer's disease and gut microbiota[J]. Science China Life Sciences, 2016, 59(10): 1006-1023.

[82] Booth A, Granger D A, Mazur A, et al. Testosterone and social behavior[J]. Social Forces, 2006, 85(1): 167-191.

[83] Booth A, Johnson D R, Granger D A. Testosterone and men's depression: The role of social behavior [J]. Journal of Health & Social Behavior, 1999, 40(2): 130-140.

[84] Carter C S, Grippo A J, Pournajafi-Nazarloo H, et al. Oxytocin, vasopressin and sociality[J]. Progress in Brain Research, 2008, 170: 331-336.

[85] Markle J G M, Danska J S. Sex differences in the gut microbiome drive hormone-dependent regulation of autoimmunity[J]. Science, 2013, 339(6123): 1084-1088.

[86] Shropshire J D, Bordenstein S R. Speciation by syMbiosis: The microbiome and behavior[J]. Mbio, 2016, 7(2): e01785-15.

[87] Flint A J, Gearhardt A N, Corbin W R, et al. Food-addiction scale measurement in 2 cohorts of middle-aged and older women[J]. American Journal of Clinical Nutrition, 2014, 99(3): 578.

[88] Leclercq S, Matamoros S, Cani P D, et al. Intestinal permeability, gut-bacterial dysbiosis, and behavioral markers of alcohol-dependence severity[J]. Proceedings of the National Academy of Sciences, 2014, 111(42): e4485-e4493.

[89] Mutlu E A, Gillevet P M, Rangwala H, et al. Colonic microbiome is altered in alcoholism[J]. American Journal of Physiology-Gastrointestinal and Liver Physiology, 2012, 302(9): G966-G978.

[90] Swinburn B A, Sacks G, Hall K D, et al. The global obesity pandemic: Shaped by global drivers and local environments[J]. The Lancet, 2011, 378(9793): 804-814.

[91] Potenza M N, Grilo C M. How relevant is food craving to obesity and its treatment?[J]. Frontiers in psychiatry, 2014, 5: 164.

[92] Robertson C, Avenell A, Boachie C, et al. Should weight loss and maintenance programmes be designed differently for men? A systematic review of long-term randomised controlled trials presenting data for men and women: The ROMEO Project[J]. Obesity research & clinical practice, 2016, 10(1): 70-84.

[93] Field A E, Coakley E H, Must A, et al. Impact of overweight on the risk of developing common chronic diseases during a 10-year period[J]. Archives of Internal Medicine, 2001, 161(13): 1581-1586.

[94] Berridge K C, Kringelbach M L. Pleasure systems in the brain[J]. Neuron, 2015, 86(3): 646-664.

[95] Frank S, Laharnar N, Kullmann S, et al. Processing of food pictures: Influence of hunger, gender and calorie content[J]. Brain Research, 2010, 1350: 159-166.

[96] Dietrich A, Hollmann M, Mathar D, et al. Brain regulation of food craving: Relationships with weight status & eating behavior[J]. Int J Obes, 2016, 40(6).

[97] Boswell R G, Kober H. Food cue reactivity and craving predict eating and weight gain: a meta-analytic review[J]. Obesity Reviews, 2016, 17(2): 159-177.

[98] Lennerz B S, Alsop D C, Holsen L M, et al. Effects of dietary glycemic index on brain regions related to reward and craving in men[J]. American Journal of Clinical Nutrition, 2013, 98(3): 641.

[99] Littel M, van den Hout M A, Engelhard I M. Desensitizing addiction: Using eye movements to reduce the intensity of substance-related mental imagery and craving[J]. Frontiers in Psychiatry, 2016, 7: 14.

[100] Svanbäck R, Zha Y, Brönmark C, et al. The interaction between predation risk and food ration on behavior and morphology of Eurasian perch[J]. Ecology & Evolution, 2017, 7(20): 8567-8577.

[101] Mackos A R, Varaljay V A, Maltz R, et al. Role of the intestinal microbiota in host responses to stressor exposure[J]. International Review of Neurobiology, 2016, 131:1.

[102] Yang C, Qu Y, Fujita Y, et al. Possible role of the gut microbiota-brain axis in the antidepressant effects of (R)-ketamine in a social defeat stress model[J]. Translational Psychiatry, 2017, 7(12): 1294.

[103] Hayley S, Audet M C, Anisman H. Inflammation and the microbiome: Implications for depressive disorders[J]. Current Opinion in Pharmacology, 2016, 29: 42-46.

[104] Daniels J K, Koopman M, Aidy S E. Depressed gut? The microbiota-diet-inflammation trialogue in depression[J]. Current Opinion in Psychiatry, 2017, 30(5): 369.

[105] Kelly J R, Borre Y, O' B C, et al. Transferring the blues: Depression-associated gut microbiota induces neurobehavioural changes in the rat[J]. Journal of Psychiatric Research, 2016, 82: 109.

[106] Lach G, Schellekens H, Dinan T G, et al. Anxiety, depression, and the microbiome: A role for gut peptides[J]. Neurotherapeutics, 2017: 1-24.

[107] Bailey M T, Dowd S E, Parry N M A, et al. Stressor exposure disrupts commensal microbial populations in the intestines and leads to increased colonization by citrobacter rodentium[J]. Infection & Immunity, 2010, 78(4): 1509.

[108] Hoban A E, Moloney R D, Golubeva A V, et al. Behavioural and neurochemical consequences of chronic gut microbiota depletion during adulthood in the rat[J].

Neuroscience, 2016, 339: 463-477.

[109] Schnorr S L, Bachner H A. Integrative therapies in anxiety treatment with special emphasis on the gut microbiome[J]. Yale Journal of Biology & Medicine, 2016, 89(3): 397-422.

[110] Jackson M L, Butt H, Ball M, et al. Sleep quality and the treatment of intestinal microbiota imbalance in Chronic Fatigue Syndrome: A pilot study[J]. Sleep Science, 2015, 8(3): 124-133.

[111] Walker A K, Rivera P D, Wang Q, et al. The P7C3 class of neuroprotective compounds exerts antidepressant efficacy in mice by increasing hippocampal neurogenesis[J]. Molecular Psychiatry, 2015, 20(4): 500-508.

[112] Worthington J J, Reimann F, Gribble F M. Enteroendocrine cells-sensory sentinels of the intestinal environment and orchestrators of mucosal immunity[J]. Mucosal Immunology, 2018, 11(1): 3.

[113] Herpertz-Dahlmann B, Seitz J, Baines J. Food matters: How the microbiome and gutbrain interaction might impact the development and course of anorexia nervosa[J]. European Child & Adolescent Psychiatry, 2017, 26(9): 1-11.

[114] Burrows T, Skinner J, Joyner M A, et al. Food addiction in children: Associations with obesity, parental food addiction and feeding practices[J]Eating Behaviors, 2017, 26: 114-120.

[115] Leitãogonçalves R, Carvalhosantos Z, Francisco A P, et al. Commensal bacteria and essential amino acids control food choice behavior and reproduction[J]. PLOS Biology, 2017, 15(4): e2000862.

[116] Wong A C N, Wang Q P, Morimoto J, et al. Gut microbiota modifies olfactory-guided microbial preferences and foraging decisions in Drosophila[J]. Current Biology, 2017, 27(15): 2397-2404.

[117] Simpson S J, Clissold F J, Lihoreau M, et al. Recent advances in the integrative nutrition of arthropods[J]. Annual Review of Entomology, 2015, 60: 293-311.

[118] Van d W M, Schellekens H, Dinan T G, et al. Microbiota-Gut-Brain axis: Modulator of host metabolism and appetite[J]. Journal of Nutrition, 2017, 147(5): 727.

[119] Fluitman K S, Wijdeveld M, Nieuwdorp M, et al. Potential of butyrate to influence

food intake in mice and men[J]. Gut, 2018, 67(7): 1203-1204.

[120] Li Z, Yi C X, Katiraei S, et al. Butyrate reduces appetite and activates brown adipose tissue via the gut-brain neural circuit[J]. Gut, 2017: gutjnl-2017-314050.

[121] Van d W M, Schellekens H, Dinan T G, et al. Microbiota-Gut-Brain Axis: Modulator of host metabolism and appetite[J]. Journal of Nutrition, 2017, 147(5): 727.

[122] Williams E, Chang R, Strochlic D, et al. Sensory neurons that detect stretch and nutrients in the digestive system[J]. Cell, 2016, 166(1): 209-221.

[123] Martel J, Ojcius D M, Chang C J, et al. Anti-obesogenic and antidiabetic effects of plants and mushrooms[J]. Nature Reviews Endocrinology, 2017, 13(3): 149.

[124] Norton M, Murphy K G. Targeting gastrointestinal nutrient sensing mechanisms to treat obesity[J]. Current Opinion in Pharmacology, 2017, 37: 16-23.

[125] Oliveira D, Nilsson A. Effects of dark-chocolate on appetite variables and glucose tolerance: A 4 week randomised crossover intervention in healthy middle aged subjects[J]. Journal of Functional Foods, 2017, 37(C): 390-399.

[126] Huang J, Lin X, Xue B, et al. Impact of polyphenols combined with high-fat diet on rats' gut microbiota[J]. Journal of Functional Foods, 2016, 26: 763-771.

[127] Borre, Yuliya E, O'Keeffe, et al. Microbiota and neurodevelopmental windows: implications for brain disorders[J]. Trends in Molecular Medicine, 2014, 20(9): 509-518.

[128] Yang Y, Tian J, Yang B. Targeting gut microbiome: A novel and potential therapy for autism[J]. Life Sciences, 2018, 194: 111-119.

[129] Fox M, Knapp L A, Andrews P W, et al. Hygiene and the world distribution of Alzheimer's disease Epidemiological evidence for a relationship between microbial environment and age-adjusted disease burden[J]. Evolution, medicine, and public health, 2013(1): 173-186.

[130] Hill J M, Bhattacharjee S, Pogue A I, et al. The gastrointestinal tract microbiome and potential link to Alzheimer's disease[J]. Frontiers in Neurology, 2014, 5: 43.

[131] Weiss S T. Eat dirt--the hygiene hypothesis and allergic diseases[J]. New England Journal of Medicine, 2002, 347(12): 930.

[132] Jiang C, Li G, Huang P, et al. The gut microbiota and Alzheimer's disease[J]. Journal

of Alzheimers Disease Jad, 2017, 58(1): 1.

[133] Zhao Y, Cong L, Jaber V, et al. Microbiome-Derived lipopolysaccharide enriched in the perinuclear region of Alzheimer's disease brain[J]. Frontiers in Immunology, 2017, 8:1064.

[134] Shi Y, Yamada K, Liddelow S A, et al. ApoE4 markedly exacerbates tau-mediated neurodegeneration in a mouse model of tauopathy[J]. Nature, 2017, 549(7673): 523-527.

[135] Vogt N M, Kerby R L, Dillmcfarland K A, et al. Gut microbiome alterations in Alzheimer's disease[J]. Scientific Reports, 2017, 7(1): p563.

[136] Pistollato F, Sumalla C S, Elio I, et al. Role of gut microbiota and nutrients in amyloid formation and pathogenesis of Alzheimer disease[J]. Nutrition Reviews, 2016, 74(10): 624.

[137] Mancuso C, Santangelo R. Alzheimer's disease and gut microbiota modifications: The long way between preclinical studies and clinical evidence[J]. Pharmacological Research, 2017.

[138] Hoffman J D, Parikh I, Green S J, et al. Age drives distortion of brain metabolic, vascular and cognitive functions, and the gut microbiome[J]. Frontiers in Aging Neuroscience, 2017, 9: 298.

[139] Garcíapeña C, Álvarezcisneros T, Quirozbaez R, et al. Microbiota and aging. a review and commentary[J]. Archives of Medical Research, 2017.

[140] Alkasir R, Li J, Li X, et al. Human gut microbiota: the links with dementia development[J]. Protein & Cell, 2017, 8(2): 90.

[141] Bu X L, Xiang Y, Jin W S, et al. Blood-derived amyloid- β protein induces Alzheimer's disease pathologies[J]. Molecular Psychiatry, 2017.

[142] 羅佳 , 金鋒 . 腸道菌群影響宿主行為的研究進展 [J]. 科學通報 , 2014, 59(22): 2169-2190.

[143] Nakamura A, Kaneko N, Villemagne V L, et al. High performance plasma amyloid-β biomarkers for Alzheimer's disease[J]. Nature, 2018, 554(7691): 249.

[144] Chandra R, Hiniker A, Kuo Y M, et al. α-Synuclein in gut endocrine cells and its implications for Parkinson's disease[J]. Jci Insight, 2017, 2(12).

[145] Liu B, Fang F, Pedersen N L, et al. Vagotomy and Parkinson disease[J]. Neurology, 2017, 88(21): 1996-2002.

[146] Nair A T, Ramachandran V, Joghee N M, et al. Gut microbiota dysfunction as reliable non-invasive early diagnostic biomarkers in the pathophysiology of Parkinson's Disease: A Critical Review[J]. Journal of Neurogastroenterology & Motility, 2018, 24(1): 30-42.

[147] Hill-Burns E M, Debelius J W, Morton J T, et al. Parkinson's disease and Parkinson's disease medications have distinct signatures of the gut microbiome[J]. Movement Disorders, 2017, 32(5): 739.

[148] Garaycoechea J I, Crossan G P, Langevin F, et al. Alcohol and endogenous aldehydes damage chromosomes and mutate stem cells[J]. Nature, 2018, 553(7687): 171.

[149] Yu C, Tang H, Guo Y, et al. Effect of hot tea consumption and its interactions with alcohol and tobacco use on the risk for esophageal cancer: A population-based cohort study[J]. Annals of Internal Medicine, 2018.

[150] Topiwala A, Allan C L, Valkanova V, et al. Moderate alcohol consumption as risk factor for adverse brain outcomes and cognitive decline: longitudinal cohort study[J]. BMJ (Clinical research ed.), 2017, 357: j2353.

[151] 屈興漢, 耿寶文, 賈軍. 血尿酸水平及飲酒與帕金森病的相關性研究 [J]. 臨床醫學研究與實踐, 2017, 2(2): 4-5.

後 記

　　看着羅列的文字變成書，是一件很有成就感的事兒。不由得回想是怎樣的契機讓我這個原來一寫作文就頭疼的理科生走上科普這條路的呢？

　　2009 年，我剛剛考上博士，沒事常逛科學網博客，時間久了不由得「手癢癢」，也開了一個博客。在那裡，用戶大部分都是搞科研的老師和學生，討論的也都是與科學和科研相關的問題。我這人愛較真，凡事喜歡刨根問底兒，自己不明白的東西非得查個底掉才肯罷休。好不容易弄明白的東西自然希望與人分享，讓更多的人知道。於是，這個博客就成了我表達看法的地盤，對於自己認為有疑義的科學言論或社會現象總是有話要說，喜歡激濁揚清、針砭時弊、直抒胸臆，活脫脫一個憤青。最開始的文章大多數是評論社會亂象和抨擊流言的，當看到科學網上大家對我所寫內容或認可或疑問的反饋以及熱烈的討論時，頓時覺得自己做的事還挺有意思的。雖然大部分用戶都是搞科研的，但實際上真的是隔行如隔山，搞物理的人其實並不清楚生物學是做啥的。漸漸地，我發現我的疑問和觀點能引起大家的關注和共鳴，偶爾還能幫助人們釋疑解惑。在做科普的過程中，為了把一個問題寫清楚，我不得不查閱大量的文獻，涉獵的領域越來越廣，掌握的知識也越來越深入，不僅沒有耽誤時間，還極大的開拓了我的視野，擴寬了我的知識面。

　　慢慢的，隨着我在科研工作中有感而寫的幾篇科普文章為人們所認可，

使得學習探究專業知識之於我的意義又多了一層 —— 負責任地傳播科學知識。我給自己的博客起了一個名字：科學拂塵，意思就是去偽存真，用科學的原理揭示事物的本來面目。在寫文章的過程中，我逐漸認識到，現今社會人們不再是單純地娛樂至上，對科學知識不感興趣，而是長久以來對科學知識晦澀難懂的觀念，隔行如隔山的意識以及偽科普的傳播束縛了大家親近科學擁抱科學的雙手。我想給大家鬆鬆綁，至少是在自己學習研究的領域，充當一個媒介，用最平實簡單的語言將這些科學知識介紹給大家，把複雜的科學問題變成普通人能夠看得懂的文字。

我所從事的領域比較新，有關人體共生微生物的研究基本上是從 2010 年之後才開始的。學習和研究越深入，我就越覺得有必要和大家分享這個領域的知識。因為很多新的發現都顛覆了大眾原有的認知，現在人們正在做的認為是正確的或是有利於身體健康的行為習慣，實際上可能正在默默地損害着人體的健康。比如，抗菌皂的日常普及使用，吃抗生素像吃飯一樣常見，如果從人體共生微生物的角度來看，並不是明智的做法，一時的起效可能會影響未來的身體健康。現在，有關腸腦的認知已經得到了越來越多人的認可，而在前幾年，當我説自己研究的腸道微生物與大腦和行為的關係時，很多人投來懷疑的目光，認為我的研究就是瞎胡鬧。

如何才能讓大家接受新的觀點並對數十年來固化的觀念進行改變呢？這個難度很大。值得欣喜的是，現在的人們身處快速發展的社會大潮之中，感知和接受新鮮事物，新觀點的能力早已超越前人，多年的經歷和教育使得他們具有清晰的分析判斷和超強的學習思考能力。於是，2015 年，為了方便大家獲取和閱讀科普文章，我開通了科普微信公眾號：腸菌與健康（microbiota-health），專注於宣傳腸道微生物與健康領域的科研進展。當一個科普人將有理

有據的研究，用生動有趣的文字擺在人們面前時，收穫更多的會是大家的關注和思考。話不說不透，理不辨不明，正是這些年來不間斷的科普經歷和與大家分享科學知識的初心，激勵我寫出了這本書。

當然，這本書能夠呈現給大家，離不開家人、師長和朋友的幫助，在此我要特別感謝我的博士導師金鋒教授，是他引領我進入人體共生微生物的世界；感謝高福院士、王瀝教授、王晶教授、朱寶利教授、趙方慶教授、王軍教授、王欣教授、陳協群教授、吳開春教授、聶勇戰教授、張發明教授、魏泓教授、徐健教授、蔡英傑教授、孔學君教授等前輩、專家給予的學術支持；感謝我的朋友和同事，感謝吳曉麗博士，梁姍博士、律娜博士、李晶博士、胡永飛博士、張瑞芬博士、胡曉燕博士、劉湘醫生、木森、曲藝等人提供的幫助；感謝閻醫生、劉海霞給予的鼓勵和支持；感謝唐開宇先生繪製的優美插圖；感謝熱心腸先生藍燦輝和其創辦的熱心腸日報提供的文獻資源支持；感謝劉楊，在書名、選題和內容上的建議和修訂指導。在此，也要感謝「973」課題：重要病原細菌關鍵生物學特性適應性進化機制的研究（2015CB554200）提供的支持。

感謝我的愛人，是她一直鼓勵和支持我進行科研工作。在此書的寫作過程中，每次與她的探討交流，都給了我不少的靈感。特別是在文字校對、語言潤色方面，她都付出了大量的時間和精力；感謝我的寶貝女兒，她的降生給予了我無盡的快樂，也帶給我很多的思考和人生感悟；感謝我的父母、岳父母在寫作期間給予的生活方面的理解和支持。

感謝所有熱心讀者的支持，你們的閱讀和反饋是我持續寫作的動力源泉。

要感謝的人很多，不能在此一一列出，衷心地感謝那些曾經給我提供幫助和支持的朋友們！

在寫這本書的一年裡，幾乎每隔幾天就會有新的價值巨大的腸道微生物方面的研究文章發表，在持續不斷地更新着我們對人體微生物的認識。在主體框架完備的前提下，我也在不時地更新着裡面的內容，以期為大家呈現最新的科研結論和觀點，雖耗時費事卻甘之如飴。本書主要介紹了腸道微生物之於人體的重要意義，尤其站在腸腦的角度，着重向大家介紹了腸道微生物對人類潛在的心理和精神健康的影響。外在顯性的疾病容易引起人們的重視而潛在隱藏的問題常遭到大家的忽視。如果這本書能夠讓大家意識到潛在疾病常與腸道微生物相關，改變只顧自身而忽視與之共生的微生物的觀念，日常生活多考慮腸菌的需求，就已經實現了我的初衷。

想寫的東西很多，現在各國科研工作者們對人體共生微生物的研究仍在如火如荼地進行中，新的發現和進展層出不窮，後面我還將繼續向大家深入介紹各國科研人員如何發現和利用腸菌進行人類疾病預防和干預等方面的內容。

如果大家對共生微生物感興趣，想更進一步了解和跟進最新的研究，請關注我的微信公眾號及科學網博客，我會盡自己所能及時跟進國際上最新研究進展，用平實簡單、生動有趣的語言和大家分享我的所想所感。

段雲峰
2018 年 8 月

責任編輯	許琼英
書籍設計	林　溪
排　版	肖　霞
印　務	馮政光

書　名	曉肚知腸：腸菌的小心思
叢書名	生命 · 健康
作　者	段雲峰
出　版	香港中和出版有限公司 Hong Kong Open Page Publishing Co., Ltd. 香港北角英皇道 499 號北角工業大廈 18 樓 http://www.hkopenpage.com http://www.facebook.com/hkopenpage http://weibo.com/hkopenpage Email: info@hkopenpage.com
香港發行	香港聯合書刊物流有限公司 香港新界大埔汀麗路 36 號 3 字樓
印　刷	美雅印刷製本有限公司 香港九龍官塘榮業街 6 號海濱工業大廈 4 字樓
版　次	2020 年 2 月香港第 1 版第 1 次印刷
規　格	16 開 (168mm×230mm) 304 面
國際書號	ISBN 978-988-8570-77-5

© 2020 Hong Kong Open Page Publishing Co., Ltd.
Published in Hong Kong

本書由清華大學出版社獨家授權出版發行，原中文簡體版書名為《曉肚知腸：腸菌的小心思》。